长江中游地区典型无机固废低碳资源化利用技术

郅 晓 编著

中国建材工业出版社

北 京

图书在版编目（CIP）数据

长江中游地区典型无机固废低碳资源化利用技术/郐晓编著
. --北京：中国建材工业出版社，2023.12
ISBN 978-7-5160-3786-7

Ⅰ.①长… Ⅱ.①郐… Ⅲ.①长江中游－固体废物
利用 Ⅳ.①X705

中国国家版本馆 CIP 数据核字（2023）第 135263 号

内容提要

典型无机固体废弃物的资源化利用，能够降低建材生产过程的碳排放，降低建材对天然资源的依赖，大幅度消纳固体废弃物。本书首次提出了典型再生建材碳排放核算模型，对建筑行业低碳、零碳发展和固体废弃物资源化利用，均有较强的指导意义。"长株潭"城市群是长江中游地区城市群发展的核心区域，是全国资源节约型和环境友好型社会建设综合配套改革试验区，该区域高温多雨，建设"海绵城市"能有效解决当地易发生城市内涝的问题。本书内容翔实、数据准确，涵盖基础理论、应用技术体系和典型应用案例说明，对长江中游城市利用多源固体废弃物建设"海绵城市"，实现低碳发展有重要指导意义，具有较高学术和工程指导意义。

本书主要面向绿色建材生产企业、城市设计及建设施工企业。本书也可作为高等院校无机非金属材料和环境科学相关专业的教学用书、大专院校学生及工程技术人员的培训和自学用书。

长江中游地区典型无机固废低碳资源化利用技术
CHANGJIANG ZHONGYOU DIQU DIANXING WUJI GUFEI DITAN ZIYUANHUA LIYONG JISHU
郐 晓 编著

出版发行：中国建材工业出版社
地　　址：北京市海淀区三里河路 11 号
邮　　编：100831
经　　销：全国各地新华书店
印　　刷：北京雁林吉兆印刷有限公司
开　　本：787mm×1092mm　　1/16
印　　张：14
字　　数：360 千字
版　　次：2023 年 12 月第 1 版
印　　次：2023 年 12 月第 1 次
定　　价：58.00 元

前　言

我国建筑全过程碳排放约占全国 45% 以上，其中 50% 左右来源于建筑材料生产环节。随着国家工业化和城镇化进程的不断加快，工业固废和建筑垃圾排放量巨大。我国目前各类固体废弃物累计堆存量约 800 多亿 t，年产生量近 120 亿 t，但其资源化利用水平总体偏低。

例如，我国目前在新型城镇化进程中既消耗了大量自然资源，也产生大规模的建筑固体废弃物，建筑垃圾总体资源化率仅为 32%，远低于欧美国家的 90% 和日韩的 95%。工业尾矿因来源复杂、成分波动大等特征，其综合利用率仅为 35.27%。工业固体废弃物在建筑材料中的资源化利用是处理工业固体废弃物的有效途径，利用典型多源无机固体废弃物的资源化利用成套技术，能够较大程度地降低建材生产过程的碳排放，降低建材对天然资源的依赖，大幅度消纳固体废弃物。"长株潭"城市群是长江中下游地区城市群核心区域，是全国资源节约型和环境友好型社会建设综合配套改革试验区，该地区及周边高温多雨，建设"海绵城市"能有效解决当地易发生城市内涝的问题。2022 年国家发展改革委发布《"十四五"新型城镇化实施方案》，住房城乡建设部办公厅发布《关于进一步明确海绵城市建设工作有关要求的通知》，相继对海绵城市建设提出了新的要求，进一步明确了建设理念、实施路径、建设规划和项目设计等多个方面内容，对"长株潭"地区及长江中下游城市利用多源固体废弃物建设"海绵城市"有重要指导意义。

本书基于"十三五"国家重点研发计划项目"长江中游典型城市群多源无机固体废弃物集约利用及示范"（2019YFC1904700）研究成果总结凝练而成，主要内容以长江中游城市群为主要研究对象，系统梳理了在建筑垃圾、道路垃圾、花岗岩废料、工业尾矿、冶炼废渣 5 种典型无机固体废弃物的资源化利用技术研究成果及其在海绵城市建设中的典型工程案例，建立了针对海绵城市建设急需的固体废弃物资源化利用技术标准体系，并提出了相关政策建议。本书内容翔实、数据准确，涵盖基础理论、应用技术和典型应用案例。全书包括 5 部分：

第一章总结了建筑垃圾、道路垃圾、冶炼废渣、工业尾矿、花岗岩废料 5 种典型无机固体废弃物国内产生量、国内外资源化利用现状、主要资源化低碳技术和产品，以及利用领域等。

第二章主要介绍长江中游三省的 5 种典型无机固体废弃物的产排特性，主要包括产量分布特征、主要来源、资源化利用方向及上游企业特征等方面；以湖南省为空间边界，建立了基于 4 阶段（产生阶段、加工阶段、使用阶段、处理阶段）的 5 种典型无机固体废弃物静态物质流分布图；以建筑垃圾为研究对象，提出了结合经济与碳减排效益的动态物质流分析模型，并完成湖南省建筑垃圾产排预测；同时基于公路系统的系统动力学模型，对道路垃圾的动态物质流进行了分析与产排预测；通过再生建材、再生骨料和再生沥青混凝土等实例，阐明典型无机固体废弃物资源化利用碳排放核算方法。

第三章介绍了研发的固体废弃物资源化新技术，针对建筑垃圾，主要是再生骨料高效分选、骨架孔隙型再生水稳、透水型再生水稳等技术；针对道路垃圾，主要是旧水泥混凝土路面原位再生、道路工程中多源粉状固体废弃物固化、高掺量 RAP 厂拌热再生等技术；针对花岗岩废料，主要包括保温隔声材料和地质聚合物等技术；针对工业尾矿，主要包括制备透水材料、制备轻骨料和掺和料等技术；针对冶炼废渣，主要介绍钢渣沥青混合料、轻质高强保温材料、制备轻骨料等技术。

第四章主要介绍了固体废弃物资源化新技术应用于海绵城市建设的典型工程案例，包括长沙圭塘河海绵城市建设项目、常德生态智慧城项目、常德芙蓉公园桥西片区等示范工程的海绵城市建设和检测技术、再生骨料强化技术、有机无机复合再生透水材料技术应用，并总结了这些示范工程成功推广的商业模式。

第五章总结了国家及湖南、江西、湖北各省有关促进资源循环利用和发展循环经济的政策文件；并从固体废弃物资源化利用全链条过程各方面，包括运输与收集、加工技术、产品应用、应用技术、检测技术、施工验收、环境评估，总结了现有规范标准。

本书主要目的是将项目取得的研究成果进行总结凝练，以供企业、高校和科研院所等机构的学者借鉴使用。本书由郅晓、邓鹏、陈宇亮、房晶瑞、蹇守卫、阳栋、安晓鹏、刘恩彦、郭徽等编写。全书由郅晓、权宗刚、王科颖负责统稿和审校。

本书的编写过程中得到了湖南省交通科学研究院有限公司、湖南大学、中国建筑材料科学研究总院有限公司、中国建筑第五工程局有限公司的大力支持，也得到张兰英和邓嫔等同志的鼎力帮助，在此向他们表示衷心的感谢！

限于编者水平，不妥和疏漏之处在所难免，恩请读者批评指正。

编著者

2023 年 8 月

目　录

1 典型无机固废研究现状

目前，国内固废种类和数量都很多，由于各地资源的分布不同，其产生的固废在种类和数量上也存在较大的区别，并且由于经济发展水平和政策的不同，其综合利用水平和现状也有较大差异。本书选择建筑垃圾、道路垃圾、工业尾矿、冶炼废渣和花岗岩废料作为典型无机固废，介绍其国内外发展和研究现状。

1.1 建筑垃圾

我国每年产生建筑垃圾 35 亿 t 以上，且建筑垃圾存量已经超过 200 亿 t。作为我国城市单一品种排放数量最大、最集中的固废，近年来建筑垃圾的产生量逐年递增，大量建筑垃圾堆存，不仅占用土地资源，还破坏土壤和水体环境，造成的环境问题十分突出。

建筑垃圾来源多变，成分复杂，以拆除垃圾、装修垃圾和工程渣土为主。拆除垃圾主要包括废弃混凝土、废弃砖瓦、木料、金属材料、沥青、玻璃、废弃土、塑料等成分。装修垃圾主要包括砂浆块、砂浆粉、瓷砖、轻质砖、轻物质、木质材料、金属材料、不可利用物质等成分。工程渣土主要包括废弃土、砂浆块、砂浆粉、废弃混凝土、废弃砖瓦、金属材料等成分。具体排放量占比见表 1-1。

表 1-1 建筑垃圾排放量占比情况

垃圾类型	拆除垃圾	装修垃圾	工程渣土
废弃混凝土	30%～70%	—	1%～4%
废弃砖瓦	20%～60%	—	0.5%～3%
木料	1%～6%	—	—
金属材料	3%～5%	0%～0.5%	0%～0.5%
沥青	0%～1%	—	—
玻璃	0%～1%	—	—
废弃土	0%～1%	—	80%～90%
塑料	0%～0.1%	—	—
砂浆块	—	36%～40%	2%～5%
砂浆粉	—	46%～48%	
瓷砖	—	3.5%～5%	
轻质砖	—	6%～8%	—
轻物质	—	1.5%～2%	—
木质材料	—	1.5%～2%	—
不可利用物质	—	0%～0.2%	—

1.1.1 建筑垃圾资源化利用现状

早在 2000 年，日本就在路基和回填中使用了 95％的废弃混凝土，自 2007 年起建立了建筑垃圾再生计划，制定了一系列提高建筑垃圾再生骨料利用率、建筑垃圾减量化的政策，当年日本建筑垃圾再生利用率就超过了 90％。目前，发达国家的建筑垃圾资源化利用率已达到比较高的水平，多数国家的建筑废弃物资源化利用率达到 90％以上，德、日、韩等国建筑垃圾资源化利用率更高，已超 95％。具体见表 1-2。

表 1-2　建筑垃圾资源化利用率

国家	资源化利用率（％）	高级资源利用率（％）
韩国	97	83.4
日本	95	65
德国	95	—
荷兰	90	70
丹麦	90	—
美国	75	—

虽然我国有关建筑垃圾利用技术的研究已达到较高水平，但全国建筑垃圾的资源化利用率仅 10％左右，远低于日本、美国等发达国家。影响我国建筑垃圾资源化利用水平的主要原因为：

（1）缺乏相关建筑垃圾处置强制性政策、法规。虽然国家制定了一些建筑垃圾处置与环保的相关政策和法规，但各级政府更注重建筑垃圾对市容市貌的影响，涉及建筑垃圾再生利用的内容较少，且多为建议性条文。

（2）建筑垃圾处置工作缺乏统一规划和监督管理机构。各政府部门权责不明确，部门间缺乏联动执法，导致监管效率低。现建筑垃圾处理的责任主体不明，对违法行为处罚力度小，违法成本低。

除了提高建筑垃圾的利用率外，我们应该追本溯源，从源头进行科学控制和管理，科学规划城市建设，提高建筑物的使用年限和耐久性，减少对未达到使用年限建筑的拆除，加大相关模板及材料的重复利用，准确估算原材料的使用量，避免不必要的材料浪费，方可减少建筑垃圾所带来的生态环境问题。

1.1.2 建筑垃圾资源化利用技术

目前，建筑垃圾资源化利用主要有以下几种方式：

1. 建筑垃圾生产再生粗骨料。再生粗骨料可应用于道路材料、再生骨料混凝土、再生混凝土墙板等。

2. 废弃混凝土和废弃砖瓦生产再生细骨料。再生细骨料主要应用于再生砂浆。

3. 废弃混凝土和废弃砖瓦生产再生微粉。适当细度、掺量的再生微粉可以保持甚至提高水泥、砂浆和混凝土的力学性能。

4. 工程渣土用于生产烧结多孔砖、烧结保温砌块和烧结保温砖等。

5. 盾构渣土用于生产烧结砖（砌块）、板材和轻骨料等。

1.1.2.1　再生骨料

普通制备工艺生产的再生骨料密度小、压碎值大、吸水率高、变异性大，工程应用时的质量稳定性差，由此增加了建筑垃圾的处置成本，制约了建筑垃圾规模化的资源化利用。因此，扩大建筑垃圾再生产品应用市场必须首先提高再生骨料生产制备工艺水平。

1. 再生骨料强化方法

各国均致力于研究再生骨料强化技术，其中美、德、日等发达国家起步早，已达到了比较高的研究水平，所采用的再生骨料强化方法包括为物理法和化学法两类。

（1）物理法一般是利用机械设备对再生骨料进行挤压、冲撞、摩擦，去除骨料表面强度较弱的砂浆，以获得强度更高、粒形更好的再生骨料。日本三菱公司发明了加热研磨法，将再生骨料先经 300℃ 左右的高温加热，再进行研磨处理，比一般的研磨处理效果更好；竹中工务店研发了立式偏心装置研磨法，在再生骨料高速旋转时起到了研磨作用；太平洋水泥株式会社提出了卧式强制研磨法，利用设备研磨块、衬板以及骨料之间相互作用对再生骨料进行研磨；德国较早研究了再生骨料混凝土的技术，通过前后两个颚式破碎机的分级破碎处理，制备出不同粒径大小的再生粗骨料和再生细骨料；美国提出了转筒式搅拌机干拌法，原理与日本立式偏心装置研磨法类似，也是通过骨料在搅拌机中的高速旋转而得到强化。我国在再生骨料物理强化方面也取得了一定的研究成果，青岛理工大学李秋义教授提出了一套实用且效果显著的颗粒整形强化法，在高于 80m/s 的线速度下，利用再生骨料间的反复冲击与相互摩擦，打磨再生骨料表面所附着的旧砂浆，有效地解决了再生骨料的强化问题，并且效果显著优于国外的强化工艺。

（2）化学法指利用水泥类活性浆液或具有特殊作用的化学试剂对再生骨料进行处理，此类浆液或化学试剂能对再生骨料表面的微裂缝起到修补作用，从而改善其界面结构，提高再生骨料品质，减小再生骨料因自身强度问题对制备的再生产品性能的不利影响。国外学者 Ryu Js 利用水泥浆液对再生粗骨料进行强化，效果没有达到预期；国内学者丁箐、朱勇年、丁天平、王海超等分别利用水玻璃溶液、纳米 SiO_2 溶液、有机聚合物、渗透结晶材料等化学试剂对再生骨料进行强化，均取得了较好的效果。

2. 再生骨料生产工艺

目前，国内已经研发出多种再生骨料生产工艺，主要包括固定式建筑垃圾处理生产线工艺及可移动式建筑垃圾处理生产线工艺。以中国建材集团西安墙体材料研究设计院有限公司为例，其研发的固定式建筑垃圾处理生产线工艺（图1-1）主要包括消毒、粗破、二次破碎、筛分、水洗、除尘等步骤。对不符合要求的再生骨料进行再次破碎，如此循环，符合粒径的骨料经过水洗、二次消毒等工序，输送到成品料仓。可移动式建筑垃圾处理生产线工艺较为简单（见图1-2），主要由破碎设备、筛分设备、磁力除铁器和必要的运送设备组成，可分为四种形式，一是粗破＋中破＋筛分，二是中破＋筛分，三是粗破＋筛分，最后一种是振动给料＋中破＋筛分，最后制成再生骨料，但移动式破碎制备的再生骨料形状较差，杂质较多，利用率不高。

生产的建筑垃圾再生骨料组分见表1-3。根据不同粒径，可以将再生骨料用于制备干粉砂浆、再生混凝土砌块、再生轻质板、混凝土砖、再生混凝土等产品的原料（图1-3）。

现有的建筑垃圾制备再生骨料工艺较为粗犷，一方面是因为对建筑垃圾无法高效精细化分类，建筑垃圾原料品质低、质量难以控制；另一方面再生骨料性能改性与再生产品难以匹配，再生产品性能差。因此建筑垃圾的精细化分选与再生骨料的性能提升及高品质利用是建筑垃圾再生骨料的发展方向。

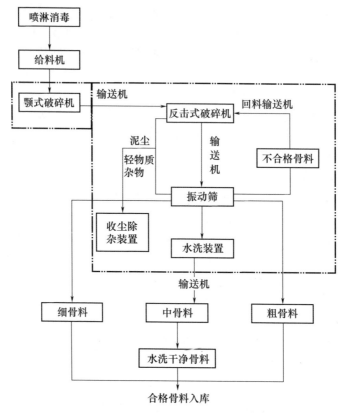

图 1-1　固定式建筑垃圾处理生产线工艺流程图

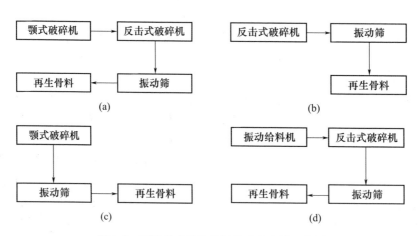

图 1-2　可移动式建筑垃圾处理生产线工艺图

表 1-3　建筑垃圾再生骨料组分

骨料名称	粒径（mm）	生产比例（%）	杂质（%）
再生细骨料	0～5	40	2
再生粗骨料Ⅰ	5～10	30	1
再生粗骨料Ⅱ	10～30	30	1

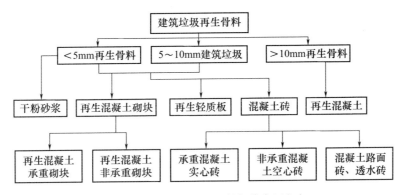

图 1-3 建筑垃圾再生骨料部分应用方向

1.1.2.2 再生混凝土

再生混凝土是指掺有再生骨料的混凝土。近年来，随着建筑垃圾再生骨料强化技术越来越成熟，国内外相关专家、学者开始研究再生混凝土应用技术，并取得了一系列的研究成果。如 Sallehan 利用 0.5mol/L 浓度的 HCl 和 $CaSiO_4$ 溶液对再生粗骨料进行强化处理，有效地提高了再生混凝土力学性能，但增大了其干燥收缩；Cuenca-Moyano 利用化学强化后的再生细骨料替代天然砂制备了砌筑砂浆，提高了砂浆的抗压、抗折强度；Houria Mefteh 等研究了再生粗骨料绝干状态、预湿状态和饱和面干状态等对再生混凝土坍落度和坍落度损失的影响规律；肖建庄、曹万林、张向冈等分别对 GFRP 管、再生混凝土框架-剪力墙结构模型及圆形钢管再生混凝土柱的抗震性能进行相关研究；郝彤、王继娜、姜健等学者分别在不同的方向研究了再生混凝土的力学性能，均具有较高的研究价值。

1.1.2.3 再生砂浆

再生细骨料可用于制备再生砂浆，再生砂浆主要分为再生砌筑砂浆和再生抹灰砂浆，再生砂浆应具有足够的工作性能、力学性能及耐久性能等。

再生砌筑砂浆适用于市政排水沟、检查井砌筑、电缆沟砌筑、挡土墙、护坡及其他交通设施砌筑，常用强度等级为 M7.5、M10、M15。

再生抹灰砂浆适用于市政排水沟、电缆沟砌筑抹灰、挡土墙、护坡及其他交通设施砌筑抹灰，常用强度等级为 M10、M15。Ferro、Bektas、Imane Raini 等人研究再生细骨料的取代率对再生砂浆的力学性能、流动性和收缩性的影响，由于再生骨料的高吸水率和低活性，再生细骨料的取代造成再生砂浆的性能下降，再生砂浆的抗压强度随着再生细骨料替代率的增加而逐渐降低，再生细骨料高吸水率也导致再生砂浆的和易性降低，流动性变差，力学性能下降。

1.1.2.4 再生微粉

再生微粉是指利用建筑垃圾生产的粒径小于 $75\mu m$ 的粒料。建筑垃圾再生微粉具有一定的火山灰活性，可替代部分水泥用作胶凝材料，有望进一步提高建筑垃圾的使用价值，将间接减少建筑材料工业（特别是水泥工业）CO_2 排放量。Fediuk 等、张平等将再生微粉进行机械研磨，再生微粉的比表面积增大，平均粒径降低，在一定程度上提高了再生微粉活性，研磨后的再生微粉替代部分水泥，其制备的胶砂试块的力学性能得到了改善。再生微粉原始活性较低，可通过碱、氯盐等化学激发剂降低 SiO_2 与 Al_2O_3 形成网络聚合体的聚合度，提高再生微粉的活性。李琴研究了氯化钙、硫酸钙、氢氧化钠、氢氧化钙和硫酸钙等 5 种化学激发剂对再生微粉活性的激发效果，发现氯化钙对再生微粉的激发效果最好。高闻利用废弃砖渣制备的再生微粉和再生细骨料配制了一种绿色自流平砂浆，该砂浆抗压强度和抗折强度分别达到了 C25 等级与 F7 等级。

1.1.2.5　再生非烧结制品

工程渣土再生非烧结制品，指采用以 SiO_2、Al_2O_3 为主要成分的工程渣土等固废，添加粗骨料及石灰、水泥等胶凝材料，经配方设计、搅拌、混合、压制成型后自然养护或蒸压养护而形成的制品，符合绿色清洁、可持续发展的要求。

1. 再生混凝土砖

冯志远等在深圳市进行了弃土免烧砖的试点应用项目，发现采用非烧结、免蒸压、压制成型、自然养护的固化生产工艺，可以将工程渣土转化为实心砖、空心砖等砌块产品，并成功将其应用到了建设工程中，取得了良好的效益。时浩等依照矿物聚合机理，以粉煤灰、细粒级石英砂为主要原料，加入长英质尾矿作为粗骨料，并添加硅酸钠溶液，制备出了一种高强度、透水性好的非烧结路面透水砖。当粉煤灰的质量分数为 80%、液相模数为 1.35、固液比为 2.7 时，所得尾矿砖的抗压强度最高为 52.25MPa。杨久俊等将含有砖渣和混凝土块的建筑垃圾制备成再生微粉，以再生微粉为主要原料并添加水泥、石灰等胶凝材料制成非烧结砖。研究表明：该非烧结砖经自然养护 7d，强度达到 MU15 等级要求。

2. 再生蒸压加气混凝土制品

再生蒸压加气混凝土制品是利用建筑垃圾、粉煤灰、矿渣等固废和水泥、石膏等为原料，并加入发气、调节、气泡稳定等外加剂，经拌和、浇注、静置、切割和高压蒸养等工艺过程而制成的一种多孔混凝土制品。张惠灵等研究了建筑垃圾掺量、蒸压压力和保温时间等对再生蒸压加气混凝土制品性能的影响，研究发现，最佳蒸压条件为建筑垃圾掺量 50%、蒸压压力 1.5MPa、保温时间 6h，加气混凝土性能满足《蒸压加气混凝土砌块》（GB 11968—2020）要求；通过微观分析，混凝土内部水化产物相互交织、结构致密。何博晗等利用建筑垃圾、粉煤灰、水泥、石膏制备了蒸压加气混凝土砌块。研究发现：建筑垃圾 0.080mm 筛筛余 10%~20%、水料比 0.42~0.46、入模温度 39~41℃、铝粉掺量 0.075%~0.09%、蒸压时间 6~7h 时，制得的砌块产品各项性能均符合 A5.0、B06 级制品的技术要求。

1.2　道路垃圾

21 世纪以来，我国进入高速公路飞速发展时期，据交通运输部统计，我国在 2021 年新通车公路 8.26 万 km，截至 2021 年年末，全国公路达到 528.07 万 km。高速公路也在持续建设之中，2021 年总里程达 16.91 万 km，比上一年度增加 8100km。在我国，几乎所有的高速公路都是沥青路面。目前，高等级路面广泛采用半刚性基层沥青路面，长期使用后需要对沥青路面进行大面积维修，有时甚至对沥青全段路面进行重新梳理和修整，因此会产生数以亿吨计的废旧沥青路面材料。近年来我国平均每年产生的沥青路面废旧材料就多达 1.6 亿 t，水泥路面旧料达 3000 万 t。

1.2.1　废旧沥青路面材料国内外资源化利用技术

国外对沥青路面再生利用的历史最早可以追溯到 1915 年，美国对路面沥青层加热软化后进行了重新利用，但因为当时受再生设备生产再生沥青混合料效率的制约，该技术没有得到推广应用而进入停滞阶段。19 世纪 70 年代美国开始大规模研究、推广沥青混合料再生技术。1981 年出版了《路面废料再生指南》和《沥青路面热拌再生技术手册》，1983 年出版了《沥青路面冷拌再生技术手册》，2001 年出版了《沥青路面再生技术手册》。从 2007 年起，美国的道路行业开始致力于提高废旧沥青混合料（reclaimed asphalt pavement，简称 RAP）在沥青路面中的掺量，2011 年，美国一些地方对上面层沥青混合料中 RAP 掺量作了较为严格的限制，规定不得超过 25%，对沥青路面中、下面层中 RAP 掺量限制则相对宽松。在 2009 年到 2016 年期间，RAP 的使用量从 5600 万 t 增加到 7690 万 t，增幅接近 40%。同时根据相关调查，沥青混合料中 RAP 掺量平均值在此期间也增长了 5%，目前美国沥青路面材料重复利用率已经超过 80%，节约成本达 30%。

欧洲许多国家同样也是 1970 年前后开始对沥青再生技术进行研究，虽然相对于美国起步较晚，但发展速度较快。在不到十年里，德国沥青再生技术发展迅猛，RAP 利用率几乎达到 100%，是欧洲国家中利用率最高的，此项技术在高速公路养护作业中得到了广泛应用与快速发展。芬兰同样十分重视沥青路面再生技术研究，芬兰的旧路面材料回收主要源自城镇路面。再生沥青混合料使用也从最初的轻载交通道路推广到重载交通道路，从低等级公路面层到高等级公路面层。随着技术成熟，法国的研究也取得丰硕的成果，已经可以将旧沥青路面回收的材料应用到高速公路和交通维修养护中。相关文献指出，在欧盟 28 个成员国中，2016 年共生产了 2.268 亿 t 沥青材料，RAP 的使用量达到 0.385 亿 t，约占总生产量的 17%，可见再生沥青技术已经广泛应用。

亚洲国家中，日本由于其能源匮乏，对沥青材料回收利用非常重视，从 1976 年开始重视沥青路面再生技术的研究，至今，厂拌热再生技术趋于成熟。随着此技术应用于越来越多的工程，日本经过总结后，出台了一系列再生技术指南。1990 年前后，由于日本国民经济低迷，因此基础设施建设活动相对减少，虽然再生沥青混合料产量有所降低，但 RAP 掺量却呈现逐年增加的趋势，21 世纪初到此后的 13 年间，混合料中的 RAP 掺量稳步增加，从 32.5% 提升到 47%，增长了近 15%。相关调查指出，截至 2013 年，日本沥青道路面层铺筑过程中约 76% 为再生沥青混合料。日本对回收的沥青路面材料十分重视，并且在回收之后进行循环利用已经常态化，日本全国 RAP 循环利用率已经在国际上遥遥领先。截至目前，日本厂拌热再生沥青混合料中 RAP 掺量维持较高水平，可到 30%～50%。

1.2.1.1 厂拌热再生技术

我国厂拌热再生技术研究始于 2000 年左右。2003 年，引进了美国 ASTEC 公司双滚筒沥青再生拌和设备，将厂拌热再生沥青混合料应用于广佛高速路面大修工程的下面层，其中 RAP 掺量为 20%。2008 年 5 月，交通运输部颁布了关于沥青路面再生领域的首个行业标准《公路沥青路面再生技术规范》（JTG F41—2008），明确了 RAP 的回收处理及检测要求，规定了再生混合料的设计方法及技术标准，并提出了各种再生方法的施工工艺、质量控制、验收标准等内容。2019 年，交通运输部颁布了新的《公路沥青路面再生技术规范》（JTG/T 5521－2019），其中明确指出当厂拌热再生混合料用于面层时，RAP 掺配比例超过 30% 需专门论证确定。目前部分高校和科研机构针对厂拌热再生路面技术相关的再生机理、再生剂的开发、配合比设计方法、混合料路用性能等诸多方面进行了较为系统深入的研究，以期提高 RAP 掺量。

为进一步推广厂拌热再生技术，我国也陆续铺筑了多条试验段，2003 年广佛高速公路大修工程中沥青路面应用了连续式厂拌热再生技术，效果明显。同年，交通运输部西部科技项目办立项，由浙江兰亭高科与长沙理工大学等合作开展了"沥青路面再生利用关键技术研究"，系统研究了旧沥青路面等应用技术，并成功铺筑了多条试验路，取得了满意的效果。2005 年西安市政工程管理处在市政道路中应用了厂拌热再生技术，效果较好。2006 年湖北汉十高速利用 Remixer4500 型热再生机组铺筑了 2km 的试验段，取得了良好的效果。随着低掺量厂拌热再生技术的日趋成熟，近年来，各科研院、科技公司和高校也陆续对高掺量 RAP 进行了尝试。2017 年 10 月，宿淮盐高速淮徐段铺筑了 40％RAP 掺量的 SMA 厂拌热再生路段；2019 年 12 月，北京将 50％RAP 掺量厂拌热再生技术应用于大兴区市政道路南十路大修工程中；2020 年 4 月，广东佛山一环西拓旧路改造和景观提升工程中铺筑了 40％RAP 掺量的厂拌热再生中面层；2021 年 9 月，山西交控集团在太原东环高速公路开展了 30％RAP 掺量的厂拌热再生路面铺筑后，同年 10 月，在太旧高速进行了高比例厂拌热再生上面层和中面层试验路段的铺筑，从试验路段的效果来看，配合比设计方法和混合料的性能可以进一步提升。国内研究表明，相较于其他沥青路面再生技术，厂拌热再生混合料的变异性最小，同时路用性能最优。随着 RAP 掺量的增加，热再生沥青混合料的抗压回弹模量、劈裂强度等力学性能有所增加，其抗水损害性能和高温稳定性能均有所提高，而低温抗裂性、抗疲劳性、抗渗性和抗滑性会有所下降。近年来，随着研究的不断深入和研究手段的不断丰富，热再生技术研究逐渐从单一的再生沥青及其混合料的路用性能研究向微观机理揭示、细观结构分析和宏观性能表现的多尺度表征方向发展，并取得了一系列成果。

目前，厂拌热再生技术在国内外得到了广泛应用，并取得了显著的经济效益。分析国内外沥青混合料再生利用技术研究发展的状况可以得到以下结论：

1. 欧美发达国家特别重视再生利用工艺及设备的研究，在再生沥青混合料的拌制工艺，以及与之配套的各种挖掘、铣刨、破碎、拌和等机具的研制方面，都取得了很大的成就，已经形成了一套比较完善的再生利用技术，并且达到了规范化和标准化的成熟程度。

2. 厂拌热再生技术在国内的使用仍以干线公路和市政路为主，在高速公路中的使用尚未达到大规模使用的地步，其使用层位基本在下面层及以下层位，在中上面层的高掺量 RAP 应用缺乏成熟的技术指导。

3. 国内 RAP 的掺量普遍在 20％～30％，在一些较低等级的道路中有过 60％以上 RAP 掺量应用，高掺量 RAP 因难以满足路用性能，很少用于高等级道路中铺筑。

4. 国内厂拌热再生设备在使用过程存在诸多问题，有设备设计方面的原因，也有热再生工艺不明确导致的施工混乱。前期我国引进吸收的国外沥青再生技术大多是以沥青再生机械设备厂商为前导，缺乏再生设备与再生混合料配伍性的深入研究。此外，对于如何提高 RAP 的利用率方面以及提高 RAP 掺量后的应用效果也缺乏研究。

1.2.1.2 就地热再生技术

技术成熟度以及推广应用范围也较低，前期较少用于高等级公路，其主要原因是相对其他再生技术，就地热再生设备庞大、施工组织复杂，施工工艺尤其是对既有路面加热难以控制，对再生沥青混合料级配仅可有限程度地改善。然而，由于就地热再生技术具有对旧料的利用率高和对交通影响小等优势，近些年来，美国、德国、日本等国家均已开发出高效、再生效果优良的就地热再生成套设备，进一步推动了就地热再生技术的推广与应用。美国联邦公路局编制的沥青路面再生指南针对就地热再生技术难点提出了一般性应用指导原则。美国佛罗里达州对就地热再生试验段的长期跟踪观测结果表明，其对旧路 100％的再生利用是可行的。

就地热再生技术适合用于处置既有路面的车辙和坑槽等非结构性病害，而上述病害类型是我国高等级公路的主要病害。因此，近几年就地热再生技术在我国得到了快速发展和应用。我国陆续引入了多个厂家的现场热再生机组，并成功在多条高速公路大、中修工程中进行了示范应用。例如，2002 年华北高速公路股份有限公司在京津塘高速公路采用德国维特根公司的就地热再生设备对 4cm 表面层进行就地热再生施工，取得了令人满意的效果。2003 年上海浦东路桥建设公司在沪宁高速公路上海段采用维特根就地热再生机组对既有路面进行了修复处理，全面修复了病害路面的外观和路用性能，竣工验收实测数据均符合相关规范要求。2004 年山东进行了高速公路现场热再生试验段的施工，有效提高了原路面的平整性和抗车辙性能。2006 年江苏、福建等省采用英达公司现场热再生机组进行了沥青路面现场热再生修复。2010 年江苏省连徐高速公路采用我国自主研制的 SY4500 型沥青路面就地热再生重铺机组，进行了大规模的就地热再生处置工程，取得了较好的效果。此后，就地热再生技术在江苏省得到了大力推广和应用。湖南省在 2010 年衡大高速中修工程中首次采用就地热再生技术对高速公路进行病害处置。2013 年，湖南省交通科学研究院有限公司在耒宜高速大修改造工程进行了就地热再生路面工程示范，编制了就地热再生沥青混合料施工指南，成功将就地热再生沥青混合料在高速大修改造中大规模实施，再生路面质量优异。2014年，湖北省武黄高速进行了 10km 的就地热再生试验段施工。同年，河南省郑州市首次引进就地热再生技术，并且实现了 RAP 的 100％利用。2017 年，安徽省交通投资集团引进就地热再生技术，铺筑了 7km 试验段。随着就地热再生技术的不断推广和发展，各地相继编制了就地热再生地方标准，使得该技术有了规范性引导和支撑，就地热再生技术凭借技术的优势必能成为在今后的养护工程领域发挥核心作用。

1.2.1.3 厂拌冷再生技术

国外关于乳化沥青冷再生技术的研究开始较早。自从乳化沥青进入工业化生产以后，便用于沥青表面处置与常温铺筑工艺，1950 年起作为路拌材料使用。再到 20 世纪 80 年代乳化沥青开始用于沥青路面冷再生施工。随着乳化沥青冷再生技术应用范围的不断扩大，欧美等发达国家对该项技术的研究也日趋深入。美国先后在乳化剂的开发、配合比设计及施工设备等方面取得一系列研究成果。德国在冷再生设备的研发方面进展较快，其生产的冷再生设备得到了广泛应用。南非也在乳化沥青冷再生技术的研究与应用做了大量的工作。随着研究和应用的不断深入，促进了该项技术迅速发展。目前在法国、德国等欧洲国家，已经常采用乳化沥青厂拌冷再生混合料进行双层沥青路面处置。

我国关于乳化沥青冷再生技术的研究起步较晚。近年来，随着绿色低碳建材的发展理念深入人心，人们逐渐重视沥青路面冷再生技术，开始对沥青路面乳化沥青冷再生技术进行研究和应用。同济大学通过对乳化沥青冷再生混合料设计方法进行研究，提出了采用肯塔堡飞散试验来评价再生混合料的初期抗松散性以及采用修正的冻融劈裂试验来分析成型过程中用水量对再生混合料初期路用性能的影响。哈尔滨工业大学针对乳化沥青再生混合料初期易松散破坏的特点，借鉴了 Superpave 体积设计法，验证得到该设计方法比传统马歇尔设计方法更适合冷再生混合料。江苏省交通科学研究院对乳化沥青冷再生技术进行了室内研究，并结合工程实践优化了施工工艺。随着乳化沥青冷再生技术研究的不断深入，其应用范围也不断扩大，先后在京沪高速公路、沪宁高速公路、京哈高速公路、西汉（西安—汉中）高速公路和惠河（惠州—河源）高速公路等示范工程中铺筑了试验路段，均取得了较好的效果。2008

年在陕西省铜黄（铜川—黄陵）高速公路大修工程中采用乳化沥青冷再生技术对既有路面的基层进行改造升级，应用里程达到18km，截至目前该路段路面运营状况良好。2016年湖南省将乳化沥青厂拌冷再生沥青混合料成功应用于在潭邵高速大修改造工程路面基层中，冷再生路面质量优异，南北两幅冷再生路面摊铺长度达到33km。2017年，长沙绕城高速西南段大修改造工程进行了厂拌冷再生路面工程示范，将厂拌冷再生沥青混合料用于路面下面层，共完成南北两幅冷再生路面，摊铺长度21.8km，再生路面质量优异。上述示范工程为乳化沥青冷再生技术在我国更大范围的推广应用积累了丰富经验。

虽然国内对该项技术的研究已经取得一系列成果，但与欧美等发达国家相比，仍然存在一定差距。

1.2.1.4 就地冷再生技术

欧美发达国家在20世纪80年代开始致力于发展冷再生技术。1983年美国首次出版的《沥青路面冷拌再生技术手册》为沥青路面冷再生的具体施工提供了技术支撑。1985年美国宾夕法尼亚州交通运输主管部门共计完成了90个冷再生项目，涉及包括就地冷再生、厂拌冷再生和全深式冷再生等技术。从1986年起，美国内华达州在20余年时间里始终坚持对中、低交通量的旧沥青路面采用就地冷再生技术进行养护和处置。2011年美国弗吉尼亚州第一次在州际公路修建了一条就地冷再生试验路段，上述研究应用为美国冷再生技术的应用打下了基础。加拿大在冷再生技术方面的研究也有着悠久的历史。1983年加拿大首次采用冷再生技术对道路进行养护。在过去的20年时间里，加拿大使用冷再生技术修复沥青路面的面积超过4000万 m^2。欧洲多国对冷再生技术也十分重视，经过多年的研究已取得了巨大的进步。2006年，希腊因为道路原材料价格日益昂贵，开始采用冷再生技术修筑路面，并根据路面平整度、行驶舒适度等指标来综合评价路面冷再生效果。2009年，西班牙通过南部地区的3项就地冷再生项目研究了不同压实工序对现场冷再生混合料密度的影响，建立了现场芯样与室内成型试件的关系函数，从而确定了施工现场机械压实工序和压实次数。

我国冷再生技术的研究开始于20世纪80年代末。江苏、湖南等省份开始进行了冷再生相关室内试验并铺筑了试验路，然而试验路的再生效果并不理想，该阶段仍属于前期的探索。1998年河北省邯郸市交通局引进了一台大型冷再生设备，首次利用泡沫沥青冷再生技术对一条试验路段进行了改造。进入21世纪，国内重新对冷再生技术重视起来，并陆续在一些试验路段进行了应用。2004年辽宁省交通厅引进了就地冷再生专用机械，将水泥作为添加剂优化了乳化沥青冷再生混合料性能，并铺筑了试验路，经过多年的跟踪观测，路面状况良好，其中营大路的试验段是当时我国最早也是规模最大的示范工程。2005年在京哈高速公路进行了长度500m的乳化沥青冷再生试验段，再生效果良好。2007年河北省廊坊市在大香线上进行了长度2.25km的大规模乳化沥青就地冷再生大修工程，取得了很好的效果。随着研究的不断深入，冷再生技术的应用范围和应用规模也不断扩大，先后在沪宁高速公路、京沪高速公路、渝涪高速公路、罗宁高速公路等多条高等级公路中应用了乳化沥青冷再生技术，应用效果均良好，经济效益和环境效益显著。从2007年开始，江苏省开始大规模推广乳化沥青就地冷再生技术，将其用于一、二级公路的中、下面层，经过多年跟踪观测，应用效果良好。2019年广东省揭普惠高速公路采用就地冷再生工艺处理既有路面的破损、唧浆等病害，再加铺4cm GAC-16沥青混凝土罩面，取得了良好的应用效果。上述工程应用为乳化沥青冷再生技术在我国的推广实施积累了丰富的经验，为进一步扩大应用面奠定了基础。

1.2.1.5 全深式冷再生技术

全深式水泥稳定冷再生基层是目前我国研究应用较为广泛的技术形式，主要是指对道路基层（有时包括部分面层）进行的就地冷再生的技术处理手段。

2008 年颁布的《公路沥青路面再生技术规范》（JTG F41—2008）将沥青层就地冷再生和全深式就地冷再生统称为就地冷再生，这主要是因为全深式就地冷再生主要采用水泥稳定的工艺来进行再生。为了方便国内外的学术交流，2019 年颁布的《公路沥青路面再生技术规范》（JTG/T 5521—2019）将全深式就地冷再生独立于就地冷再生方法之外。

在发达国家，以水泥为稳定剂的道路基层冷再生技术的研究和应用较为普遍。各个国家根据各自道路特点和需求，开发出了能够实现道路破碎和翻松的再生机械，为道路就地冷再生的实现提供了基础。其中德国利用维特根公司生产的就地冷再生机，通过对一条 2km 长的旧路砂砾基层进行全深式冷再生处理，获得了水泥稳定冷再生基层，确定了水泥稳定冷再生基层的水泥用量和摊铺厚度等技术指标，同时确定了水泥稳定冷再生基层的施工工艺，为后续研究者作出了良好的示范。法国对公路基层的冷再生研究实践中，初期只是对轻型交通公路进行基层冷再生的研究应用，后期随着技术成熟，全深式冷再生技术逐渐应用到了高速公路当中。日本和芬兰等国的道路旧料回收率也很高，并有相当多比例的道路旧料进行了水泥稳定全深式冷再生基层的应用。众多发达国家的水泥稳定全深式冷再生基层技术已经比较成熟，配套再生机械的研发日趋完善，并越来越多地应用于实际的维修工程当中。

我国全深式冷再生技术的研究虽然起步较晚，但发展较快。早在 2003 年，山东省临沂市的道路养护工程中便采用了水泥稳定基层就地冷再生技术。2006 年左右，东北三省多条公路也利用维特根再生机，进行了超过 60 万 m^2 水泥稳定全深式冷再生道路维修工程。近十几年，国内对水泥稳定基层的全深式冷再生技术进行了一系列的研究和探索。王宏通过室内试验研究在短期试验条件下评价了水泥就地冷再生基层的耐久性能。贾敬立等针对现行规范中全深式冷再生级配范围过宽的问题，通过对贝雷法指标对级配范围优化修正，得到了更加适应实际的级配范围。马在宏等研究了不同表面类型铣刨料对水泥稳定冷再生效果的影响，提出采用弯沉和横向均匀性指标作为基层冷再生施工的质量控制指标。王周凯在水泥稳定冷再生基层研究中首次提出了水泥稳定剂的适用条件和范围，并对整个配合比设计方法、施工工艺、质量控制标准、验收标准等进行了优化。王勇则对全深式冷再生路面的设计方法进行了研究。除了传统的水泥稳定全深式冷再生技术外，攀友庆等研究了泡沫沥青对半刚性基层的冷再生性能。综上可以发现，与西方国家相比，我国水泥稳定基层就地冷再生技术的研究和应用尚处于起步阶段，无论是从再生类型方法，还是在设计方法、施工工艺、施工机械和质量控制标准等方面，还没有形成更加细致和完善的体系。

1.2.2 废旧水泥路面材料国内外资源化利用技术

对于旧水泥混凝土路面，主要利用方式有就地碎石化、就地发裂和集中破碎，就地发裂包括板式打裂压稳法和冲击压裂法，就地碎石化法又分为共振碎石化法（RPB 法）、多锤头碎石化法（MHB 法）。

1.2.2.1 就地碎石化技术

就地碎石化技术是指将水泥混凝土路面面板就地破碎为碎石层，碾压后作为结构层再利用。就地破碎化根据使用设备的不同，又分为多锤头碎石化技术（MHB）和共振碎石化技术（RPB）。二者的区别在于，多锤头碎石化技术是采用多锤头破碎机通过液压泵提升多个锤头，利用自重将高幅低频的波动冲击能量传递给旧水泥混凝土面板，形成破坏。而共振碎石化技术则是根据水泥混凝土路面面板固有频率，利用能够产生高频低幅振动的共振碎石化设备，通过共振锤头将合适频率的振动能量传递到水泥混凝土路面面板内，形成共振后，达到对水泥混凝土路面面板破碎的目的。二者的共同点在于，破碎较为彻底，能够有效减少反射裂缝的产生，并且仍保有一定的路面强度，能够作为结构层使用。多锤头碎石化技术和共振碎石化技术均于 20 世纪后期起源于美国，其中多锤头碎石化技术由美国 Antigo 设备有限公司开发，1995 年开始实施，随着实施项目的增加，其不能真正有效地防止反射裂缝产生的问题也暴露出来，美国多个州开始禁用多锤头碎石化技术。与此同时，以美国共振机械公司（RMI）为代表的共振碎石化技术迅速发展并走向世界，形成垄断。共振碎石化技术在白俄罗斯 M6 公路、智利沥青摊铺碎石化项目、乌克兰切尔尼戈夫市附近的 M-02 公路、莫斯科 sheremtyevo 机场以及东欧机场和公路等项目进行了广泛的应用。我国就地碎石化技术发展较晚，直到 21 世纪初，在我国大量的旧水泥路面需要处理的情况下，2002 年，我国首次引入多锤头破碎技术，开始在山东等地推广。2005 年，我国首次引入共振破碎技术，开始在上海等地推广。随着就地利用技术的不断推广，从 2010 年开始，多锤头碎石化技术和共振碎石化技术开始在国内大规模应用。在国外技术垄断和庞大市场需求的双重刺激下，行业人员开始认识到设备国产化的重要性。2010 年，中铁科工集团和中铁工程机械开发了全浮动式共振破碎机，首先实现了共振破碎机的国产化。其他企业紧随其后，山东公路机械厂研发的梁式共振破碎机在 2011 年进行了初步实施。同时，山东路德公司和湖南天立公司也为多锤头设备的国产化作出了重要贡献。随着就地利用技术的日趋成熟，交通运输部于 2014 年颁布行标《公路水泥混凝土路面再生利用技术细则》（JTG/T F31—2014），对就地碎石化技术进行了规范性要求。目前，就地碎石化施工工艺已经比较成熟，但设备经过不断迭代后依旧有较大进步空间。

1.2.2.2　就地发裂技术

《公路水泥混凝土路面再生利用技术细则》（JTG/T F31—2014）对就地发裂技术也作出了规范性要求。与就地碎石化技术类似，就地发裂技术也是一种对旧水泥混凝土路面进行破碎化施工的方法。其区别主要有三个方面，一是采用的设备不同。就地发裂技术采用的设备为板式打裂压稳设备或冲击压路机；二是破碎程度不同。就地发裂技术破碎程度较低，破碎后水泥混凝土路面呈现大量的不规则块状嵌挤体。三是就地发裂技术破碎后的水泥混凝土路面不能直接加铺沥青面层，需设找平层，否则仍容易产生发射裂缝。

就地发裂技术可分为板式打裂压稳法和冲击压裂法，其中冲击压裂法的起源要追溯到 20 世纪 80 年代，美国冲击压路机将业务拓展至水泥混凝土路面的破碎与稳固，鉴于该技术用于水泥混凝土路面破碎化施工的良好效果，美国多个州开始进行自适应改进及应用。20 世纪 90 年代，该技术开始走向全球。其中，南非改造了一种集冲击、碾压、剪切等功能于一体的多边形压路机，用来取代原来的圆形压路机，实践效果更好。板式打裂压稳法的基本原理与冲击压裂法一致，区别在于其使用的设备为板式打裂压稳设备，又叫门式破碎机。其锤头有 5 吨重，并且高度和锤击频率均可调节，故其具有较高的灵活性。就地发裂技术的另一个关键点是"压"，即在打裂后，需重型压路机静压 3～5 遍，将全板各点压实与基层紧密接触的同时，检验路面的动态稳定性，只有在最大沉降变化量小于 5mm 时，方才视为施工合格。

1.2.2.3 集中破碎再生技术

集中破碎是将旧水泥混凝土板在集中破碎厂进行钢筋剔除，生产成再生粗、细骨料，其中再生粗骨料经配比验证后可用于水泥混凝土面层，再生细骨料不宜用于水泥混凝土面层，可根据规范要求用于基层。

废旧混凝土在国外的研究和应用较早，并且已经有了相对成熟完整的成套再生技术和相关规范标准。美国从20世纪70年代开始就开展了对废旧混凝土再生骨料的相关研究，并验证分析了混凝土再生骨料应用于新建道路或路面大修工程的可行性、经济性，现在已有超过20个州在公路建设中采用旧混凝土再生骨料。

我国于2010年颁布实施了《混凝土用再生粗骨料》（GB/T 25177—2010）和《混凝土和砂浆用再生细骨料》（GB/T 25176—2010）两部关于再生混凝土骨料的国家标准，对再生骨料的规范化应用起到了重要作用。2016年以来，肖杰、纪小平等研究了水泥稳定再生骨料的力学性能、收缩性能、抗冻性能和抗冲击性能，验证了再生骨料用于高等级公路基层的可行性。2017年，吕会等研究了42%混凝土再生骨料掺量、4.3%水泥用量的再生混合料力学性能，其无侧限抗压强度、劈裂强度、抗压回弹模量等达到了100%天然骨料、4.0%水泥用量的混合料水平，并将其应用到江苏省某省道改扩建工程。李万举等以2017年北京市某大修工程为背景，对水泥稳定再生材料路用性能进行了试验研究，认为砖混类建筑垃圾再生骨料强度较低，可用于二级以下公路底基层；混凝土再生骨料可用于高等级公路基层。2019年，郭一枝等研究了碱激发再生道路水泥稳定材料性能，研究表明，在材料掺量相同条件下，经碱激发处理的水泥稳定再生骨料材料各项性能均高于一般的水泥稳定再生骨料，并在长沙市马桥河路改建工程中进行了示范应用，实现原材料成本节约40%。

1.3 冶炼废渣

近年来，我国一般工业固废产生量基本维持在35亿t以上，其中综合利用量为20.4亿t，处置量为8亿t（图1-4）。而其中电力、热力的生产和供应，黑色金属冶炼及压延加工，黑色金属矿采选，煤炭开采和洗选，有色金属矿采选五大行业的固废产生量占总量的75%以上。

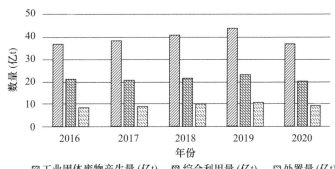

图1-4 2016—2020年全国一般工业固废产生量、综合利用量及处置量

自1995年颁布《中华人民共和国固废污染环境防治法》以来，我国相继出台了一系列

法律法规来约束和促进固废的资源化利用，并通过加大科研投入、规范当前的标准体系等手段积极推进固废资源化利用产业的壮大。2020 年，我国一般工业固废综合利用率达55.45%，其中，煤矸石、粉煤灰、工业副产石膏的综合利用率均超过了 8%。"十三五"期间更是产出了多种固废资源综合利用产品，不仅缓解了目前我国部分地区原材料紧缺的问题，同样也改善了生态环境质量，产生了较好的经济与社会效益，促进了建材、钢铁、电力等行业的高质高效发展。

随着我国工业固废的增加，也产生了大量的冶炼废渣。冶炼废渣一般指的是工业生产过程中产生的不具有危险特性的固废，包括采矿废石、燃料废渣、冶炼及化工过程废渣等。目前，我国的冶炼废渣仍存在着年产出量大、资源综合利用率低、资源综合利用产品附加值不高等问题，这也是由于我国资源禀赋悬殊、能源结构较为单一所致。根据冶炼厂工艺调研，每生产 1t 金属铅或锌，产出约 1~1.2t 尾渣，每生产 1t 金属铜产出约 3t尾渣。全国每年有色冶炼产出废渣量约为 1.5 亿~2 亿 t，其中重金属冶炼产出废渣约为4000 万 t。

结合长江中游城市群工业特点，以下将对铅锌渣、电解锰渣、铜渣、钢渣、锂渣等典型工业固废建材资源化利用技术进行介绍。

1.3.1　铅渣资源化利用技术

目前，铅精矿的冶炼以火法冶炼为主，铅渣是火法冶炼过程中生成的固废，其化学组分一般以 Fe_2O_3、FeO、SiO_2、CaO、Al_2O_3、ZnO 和 MgO 等为主，根据不同的冶炼工艺所产生的铅渣组分也有所差别。同时，由于铅的可再生率极高，2021 年中国精炼铅中再生铅占 47.1%。

通常，铅渣作为酸性矿渣，其组分中的氧化钙等碱性氧化物含量远低于其他废渣，而铁氧化物含量却较高，这导致铅渣难以制备胶凝材料。部分学者研究了铅渣作为混凝土细骨料的可行性，由于其本身具有极高的硬度以及良好的粒径分布，研究表明，铅渣代替细河砂作为细骨料能提高混凝土的机械强度。但是，由于铅渣组分中仍存在着大量重金属元素，导致其应用推广需要进一步进行研究。铅渣作为道路材料有两方面的研究，一部分将其作为细骨料与沥青混合在一起，形成沥青-炉渣混合体，一部分将其作为细骨料。

总体而言，由于技术不够成熟，铅渣的资源化利用与其他同类型的炉渣相比还未形成规模。在冶炼过程中提升有价元素回收率的同时，也要对铅渣中的有害元素进行固化研究，避免其潜在的环境危害。

1.3.2　锌浸渣资源化利用技术

2021 年我国锌产量达到 656.1 万 t，其中湿法炼锌工艺的锌产量占总锌产量的 85% 以上，而每生产 1t 锌就会产生 0.96t 废渣。湿法炼锌的主要工艺流程是：采用稀硫酸作溶剂，将温度、压力和酸度控制在适当的范围内，以炼锌原料如锌焙砂、氧化锌矿、氧化锌烟尘、锌浸出渣中的锌化合物溶解成硫酸锌进入溶液。其中，如果以硫化锌精矿作为原料，需先将其焙烧至锌焙砂，再作为炼锌原料进入湿法炼锌工艺中。锌浸出渣中的锌主要以铁酸锌、硫化锌和部分氧化锌的形式存在，其中铁酸锌具有尖晶石结构，性质较为稳定，难以被解离浸出。

目前，国内针对湿法锌冶炼渣的研究仍然集中在回收有价贵金属上，其中有研究通过一系列焙烧—酸浸出—氯盐浸出技术，对湿法锌冶炼渣进行处理，最终得出废渣中有价金属总回收率分别为：铟＞75％、银＞80％、锌＞70％、铅＞70％、废渣量＞50％；提取完有价金属后的废渣中的铅含量降到≤0.8％，可直接用于制备水泥。

1.3.3 电解锰渣资源化利用技术

电解锰渣是电解锰生产工艺中产生的冶炼废渣，由于我国的锰矿平均品位只有12％左右，每生产1t金属锰要产生8～10t电解锰渣。目前，我国现堆存的电解锰渣有上亿吨，每年新排放上千万吨。根据相关规定，电解锰渣属于第Ⅱ类一般工业固废，企业须按照国标《一般工业固体废物贮存和填埋污染控制标准》（GB 18599）进行安全堆存。

电解锰渣的主要成分为氧化硅、硫酸钙，还含有一定量的氧化铝、氧化铁、氧化钙和少量的锰、硒、铅等多种有价金属。目前，国内对电解锰渣的处置方式以干式露天堆存的方式进行，不仅极大地危害了环境和人类的健康，也是对资源的浪费。近年来，国内外对电解锰渣资源化利用开展了大量的研究，除了回收电解锰渣中的锰和氨氮外，目前对电解锰渣资源化利用的一大重要途径就是用以制备建材及其制品。利用电解锰渣生产建材及其制品，是实现锰渣无害化、资源化、减量化的最可行技术路线，符合清洁生产和可持续发展理念。电解锰渣中含有大量二氧化硅、氧化铝、氧化铁以及二水石膏、半水石膏等矿物质，具有潜在的活性，可用来生产水泥、混凝土、墙体材料等建材制品。

南非MMC公司采用了电解锰渣生产了烧结砖（230mm×113mm×65mm），其各方面指标达到了相关产品标准要求，但由于生产工艺过程未对可溶性污染物进行有效的稳定和固化，其在使用过程中陆续出现了黄褐色的污点，极大地影响了建筑物的美观，这也致使该烧结砖未在后续进行实际应用。国内科研机构围绕电解锰渣制备建材开展了大量的研究，包括用作缓凝剂、矿化剂、水泥混合材，混凝土掺和料，用于制作陶瓷砖、免烧砖等，但多数是在实验室研发阶段证明了技术的可行性，应用过程中会受到消纳能力、经济性、相关标准政策等方面的限制，还未实现大规模应用。电解锰渣资源化利用是个复杂的过程，虽然国内外已开展了大量的研究，但大部分工作还处于实验室探索阶段，有待进一步探索和完善，短期内难以大规模利用。

1.3.4 铜渣资源化利用技术

由于我国95％以上的企业采取火法冶炼工艺，故铜渣一般指火法冶炼铜渣，是高温炼铜工程中产生的一种熔融状态的废渣，从排渣口排出后通过自然冷或强制冷却形成，其表面疏松多孔，质地脆。火法冶炼铜渣中除了铜以外，还含有铁、砷、锌、铅、钴等有价元素，具有很高的利用价值。铜渣属于$FeO\text{-}CaO\text{-}SiO_2$渣系，具有良好的耐磨性、稳定性，同时强度高，被广泛应用在建材领域，同时也被应用在道路的修筑中。

铁含量高的铜渣可作为铁原料直接制备熟料，也可作为水泥混合料，其成分中的氧化硅可与水泥中的氢氧化钙发生微弱反应，生成水合硅酸钙等物质。同时，铜渣具有良好的耐磨性和稳定性，也可作为细骨料用于混凝土的生产，其掺入极大地提高了混凝土的强度，同时也使其内部结构更加紧实。部分学者研究发现铜渣具有较强的缓凝性能，在提高混凝土后期强度的同时也能够降低混凝土的吸水性和渗透性，可用作缓凝剂使用。但由于铜渣中仍存在砷、铅、铬等有毒元素，限制了其大规模应用。对有害元素的固化或脱出是铜渣资源化利用领域未来的研究方向。

铜渣亦可用作道路材料使用，掺杂了铜渣的路基具有较好的水稳定性和耐腐蚀性，力学强度也有极大的提升。铜渣作为骨料生产的沥青混合料也具有较高的稳定性，沥青膜中的沥青能够中和掉铜渣产生的渗滤液，相对来说环境安全性比较高。有学者研究了铜渣取代骨料石灰岩用于冷再生混合料的级配，发现其性能优于再生混凝土骨料，拥有较好的嵌挤力和力学性能。进一步加强铜渣在道路领域内的研究，推进其在该领域的规模化利用是铜渣资源化利用的最佳路径。

1.3.5　钢渣资源化利用技术

根据不同的钢铁冶炼工艺以及钢铁冶炼工艺中的不同环节，钢渣主要分为转炉渣、平炉渣、电炉渣、平口罐渣、铸余渣、不锈钢渣等。其中，转炉渣是最常见的钢渣种类之一。虽然钢渣的组分受到原材料、冶炼工艺等因素的影响，含量波动较大，但主要成分一般为 SiO_2、CaO、Fe_2O_3、FeO、Al_2O_3、MgO、MnO、P_2O_5 等，同时钢渣具有较强的耐磨性，其密度可达 $3.5g/cm^3$。

目前，发达国家总体的钢渣利用率较高，其中日本的钢渣利用率可达 98.4%，其资源化利用领域主要集中于内部消耗、道路、水泥、建筑、土木工程。钢渣在钢铁企业内循环的资源化利用方面，我国与发达国家存在较大的差距，目前我国钢渣的综合利用率不到 30%，累计堆存 10 亿吨。

钢渣中存在 C_3S、C_2S 等成分，其水硬凝胶性较好，可作为凝胶材料应用于水泥和混凝土的生产，不过需要通过活性激发技术增加钢渣活性。但近年来由于钢渣的安定性问题在结构混凝土圈内"谈渣色变"。因此，钢渣在混凝土领域的应用一定要经过反复的试验验证。

基于钢渣良好的耐磨性、稳定性以及高硬度，在发达国家中将钢渣作为道路材料使用是热门路径之一。在美国，近 50% 的钢渣用于公路行业；英国则使用 98% 钢渣用作道路骨料。我国的乌鲁木齐市新建钢渣沥青混凝土试验段的结果表明，该段满足《公路工程质量检验评定标准第一册 土建工程》（JTG F80/1—2017）技术要求。目前，国内在钢渣预处理技术上处于国际先进状态，技术已趋于成熟，有望进一步加大应用规模。

1.3.6　锂渣资源化利用技术

锂渣是生产碳酸锂等锂盐过程中产生的废渣，每生产 1t 碳酸锂要排放 8～10t 锂渣。锂渣颗粒细小，含水量较高，外观呈土黄色，因来源地不同颜色略有差别。不同锂盐生产工艺所产生的锂渣成分有所差别，但酸性锂渣的化学组成与含量相对来说比较单一且稳定，这是由于锂辉石硫酸法提取碳酸锂是当前较为成熟的提取工艺，所以产出的酸性锂渣也相对稳定，其化学成分与黏土质材料相似，主要是氧化硅、氧化铝和氧化钙等，其中硅铝质成分占总质量的 70%～85%。锂云母锂渣的化学成分也以 SiO_2、Al_2O_3 为主，约占总质量的 61%～88%、64%～88%）。相比之下，采取用食盐压煮法提取锂产生的锂渣成分中的钾、钠和氟含量较高，这与酸法锂渣差异很大。

酸法锂渣的典型特征为质量轻、颜色浅、气孔丰富等，是作为填充剂和吸附剂的极佳材料。同时，酸性锂渣具有一定的火山灰活性，这是由于其化学组分均为高温煅烧后的产物，这使其可用作水泥混合材或者混凝土掺和料，亦可用于制备陶瓷、陶粒、沸石等。

1.4 工业尾矿

尾矿是矿山企业在选矿中分选出的有用组分含量较低而无法用于生产的部分。根据行业划分，尾矿主要分为黑色金属尾矿、有色金属尾矿和非金属尾矿，其具体分类如图 1-5 所示。

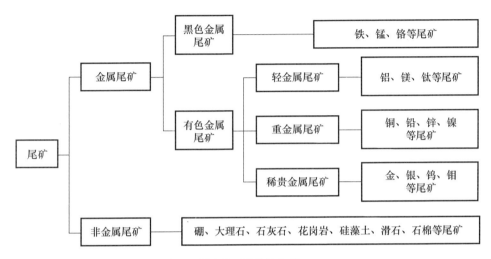

图 1-5 尾矿的分类

黑色金属主要指铁及其合金，如钢、生铁、铁合金、铸铁等，因此，黑色金属尾矿包括铁尾矿、锰尾矿和铬尾矿等。

黑色金属以外的金属称为有色金属，有色金属主要分为轻金属、重金属和稀贵金属。轻金属尾矿包括铝尾矿、镁尾矿、钛尾矿等；重金属尾矿包括铜尾矿、铅锌尾矿、镍尾矿等；稀贵金属尾矿包括金尾矿、银尾矿、钨尾矿、钼尾矿、铌钽尾矿等。

非金属指通常状况下没有金属特性的固体或液体。非金属尾矿包括硼尾矿、大理石尾矿、玄武岩尾矿、花岗岩尾矿、石灰石尾矿、滑石尾矿、石棉尾矿、硅藻土尾矿等。

不同种类和不同结构构造的矿石，需要不同的选矿工艺流程，而不同的选矿工艺流程所产生的尾矿，在工艺性质上，尤其在颗粒形态和颗粒级配上，往往存在一定的差异。

我国是矿石储备和开采大国，开采过程中产生的尾矿长期堆积在矿山周围，尾矿中的粉尘颗粒随风飘散，造成了严重的大气粉尘污染，且尾矿中往往含有大量的易溶性盐和重金属元素，会随着雨水流入附近的水源，各元素进入土壤后，通过溶解、沉淀、络合、吸附等各种反应，形成不同的化学形态，不仅对周围水土环境造成影响，而且会经食物链进入动物和人的体内，严重危害人类身体健康。

根据生态环境部发布的《2020 年全国大、中城市固废污染环境防治年报》统计，2019年我国重点工业企业总尾矿产生量为 10.3 亿 t，综合利用量为 2.8 亿 t，综合利用率为27.2%；行业分布如图 1-6 所示，尾矿产生量最大的两个行业是有色金属矿采选业和黑色金属矿采选业，占尾矿总量的 44.5% 和 42.5%，产生量分别为 4.6 亿 t 和 4.4 亿 t，综合利用率分别为 27.1% 和 23.4%。截至 2020 年年底，我国尾矿堆积量已达 222.6 亿 t，其中 2020年尾矿产生量为 12.75 亿 t，但是尾矿的利用率仅为产生量的 31.8% 左右。

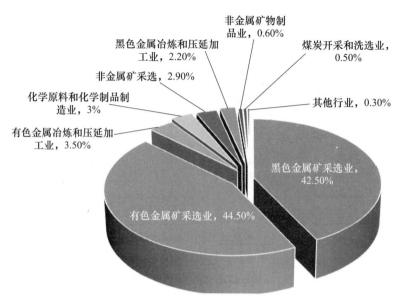

图 1-6　2019 年中国重点企业尾矿产生量行业分布

目前，我国对于残余尾矿的处理方式主要有两种，一是通过建立尾矿库进行集中堆积处理，二是进行尾矿回填。堆积的尾矿经过长期的自然风化，其中含有的重金属很容易释放到环境中，造成尾矿和周围土壤的重金属污染，严重破坏附近的水体和环境。

1.4.1　工业尾矿国内外资源化利用技术

近年来，国外对于尾矿的广泛利用开始引起极大关注。俄罗斯、美国、加拿大、澳大利亚、南非等矿业发达国家，加上日本、德国、英国等资源匮乏的经济技术发达国家，纷纷投入资金和人力，加强尾矿的开发利用研究，积极发展"二次原料工业"。当前，上述国家尾矿的利用率均已超过 60％，尤其是德国对工业废弃物，包括尾矿在内的回收率已经达到80％以上。欧洲其他一些国家也在努力实现无废料矿山的目标。

20 世纪 60 年代，俄罗斯着手研究和制造尾矿建材，使用了黑色冶金矿山尾矿的 20％来铺设道路，7％用于生产墙板。此外，他们还建立了一个实验室联合体，负责处理矿物废料，并涉及、加工、化学和非金属工艺，即从矿物废料的处理一直到实验工厂的各个环节。其矿物原料综合利用率达到了 50％至 70％，尾矿用于建筑材料的比例约为 60％。目前，已成功利用铁矿尾矿生产微晶玻璃、耐化学性玻璃产品以及化学管道等。

乌克兰 Krivoy Rog 铁矿积累了大量的铁质石英岩尾矿，将富含铁石英岩的尾矿进行分级处理。此外，他们还通过对尾矿进行合适的分级处理，以获得细粒级的尾矿来生产硅酸盐建筑材料。在俄罗斯的 Kurskaya Oblast 铁矿，将尾矿作为主要原料建造了水泥厂和玻璃厂；大部分美国尾矿用作混凝土填充物和道路材料，并利用铁矿石尾矿制造轻质砖块；美国相关的研究表明，可通过堆存的金矿尾矿生产具有钙质的加气砖，且价格仅为普通摊土砖的1/2～1/3。一些国外矿山则将浮选尾矿、磨细的石灰和重晶石与颜料混合，压制成彩色灰砂砖。

我国对于尾矿利用研究工作起步较晚，但近年来尾矿综合利用率已获得稳步提升，尾矿综合利用途径主要有回收有价组分、制备高附加值产品、制备农用产品、制备建筑材料和用作填充材料等方向。如图 1-7 所示，使用尾矿制备建筑材料和用作填充材料的应用规模较大，两者合计占尾矿综合利用率 85% 以上。目前，利用尾矿资源生产的建材已经有无机保温棉、水泥、承重砌块和小型空心砌块、加气混凝土砌块、烧结陶粒、烧结砖、蒸压砖、高强度双免浸泡砖、大体积混凝土、泵送混凝土、高低强度等级混凝土、砂浆材料、陶粒、陶瓷装饰材料、微晶玻璃、海绵城市使用的透水砖等产品。由于建材化利用具有应用规模大、无二次污染、可产生高价值产品等显著优势，是尾矿资源化利用的核心方向。

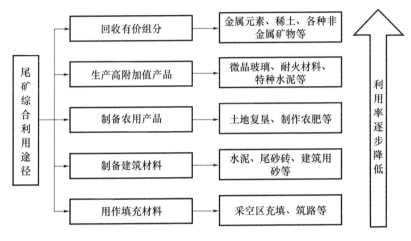

图 1-7　尾矿的综合利用途径

1.4.2　工业尾矿资源化建材利用技术

目前，工业尾矿资源化建材利用主要以替代胶凝材料，制备混凝土、墙体材料制品为主，辅助生产其他高附加值建筑产品。

1.4.2.1　胶凝材料

胶凝材料是指将塑料膏状物通过物理化学的方式转化为石质体，并将其他材料黏合成一个整体，同时具有一定的机械强度的材料。常用的无机胶凝材料有水泥、石膏和石灰等。由于尾矿的化学成分和特性与普通胶凝材料有着一定的相似之处，因此可以使用尾矿替代胶凝材料使用。由于尾矿的种类不同，所制成的胶凝材料也不相同。

铜尾矿的化学成分见表 1-4，其中 SiO_2、Al_2O_3、Fe_2O_3、CaO 等成分含量较高，含有水泥生产必须的硅、铝、铁等氧化物成分，可在煅烧后替代部分水泥熟料。另外，铜尾矿中的微量元素氧化物如 MnO、Cr_2O_3、TiO_2 等成分，有利于生料煅烧时液相提早出现、降低水泥熟料的烧成温度，从而减少耗能，虽然使用铜尾矿制备的水泥样品早期强度会略微降低，但仍然能达到 P·O 42.5 硅酸盐水泥的标准。从经济角度来看，可使用铜尾矿生产的熟料替代部分普通硅酸盐水泥熟料。

表 1-4　铜尾矿的化学成分　　　　　　　　　　　　单位:%

成分	SiO_2	Al_2O_3	Fe_2O_3	CaO	MgO	K_2O	Na_2O	TiO_2	P_2O_5	SO_3
铜尾矿	60.9	17.03	3.86	2.9	1.53	2.63	0.60	0.40	0.34	4.50

铁尾矿的化学成分见表 1-5，相较于铜尾矿而言，铁尾含有更多的赤铁矿杂质，胶凝活性较差，直接煅烧替代水泥熟料会大幅降低水泥产品的强度性能，对于这类含有赤铁矿/硫化物较多的尾矿，可以将尾矿磨细后与偏高岭土混合，加入 NaOH、水玻璃等激发剂后制备聚合物砂浆，从稀土尾矿化学成分表 1-6 来看，其更适合于制备烧结墙体材料。

表 1-5 铁尾矿的化学成分 单位：％

成分	SiO_2	Al_2O_3	Fe_2O_3	CaO	MgO	P_2O_3	MnO	S_2O_3
铁尾矿	73.3	4.1	16.5	3.0	4.2	0.3	0.1	0.3

有些稀土尾矿则可以替代水泥原料中的黏土，如云南、鲁南地区（化学成分，见表 1-6）生产的稀土尾矿中有较高含量的 SiO_2 和 Al_2O_3，和水泥中使用的黏土的化学成分有相似之处，使用 50％的稀土尾矿替代黏土，在减少黏土用量、降低成本的同时，还使水泥制品的各龄期抗压强度提高了 10％～13％，性能得到明显提升。

表 1-6 稀土尾矿的化学成分 单位：％

成分	SiO_2	Al_2O_3	Fe_2O_3	CaO	MgO	烧失量
稀土尾矿	70.87	13.55	5.03	0.38	3.09	5.43

1.4.2.2 混凝土

近年来，随着中国基础设施发展，建筑行业对混凝土的需求显著增加。由于大部分尾矿的主要矿物成分一般为石英和长石，基本矿物组成与天然砂相似，因此，可以使用尾矿代替天然砂用作混凝土骨料，但具体作用效果会受到尾矿的粒径大小影响。

当尾矿粒径较粗时，可以将尾矿粉和水泥、胶粉等原料混合制造尾矿球，制备混凝土的粗骨料。根据国内学者研究，当使用铁尾矿替代混凝土粗骨料，尾矿球粒径在 9.5～16mm 时，压碎值与坚固性高于天然卵石骨料，符合混凝土粗骨料的各项指标要求，可用于生产 C40 等级的混凝土。当使用石墨尾矿替代粗骨料时（化学成分，见表 1-7），粗骨料混凝土抗压强度随着石墨尾矿掺量的增加呈现先上升后下降的趋势。当石墨尾矿替代率为 20％、再生粗骨料替代率为 30％时混凝土抗压强度最佳。

表 1-7 石墨尾矿主要化学成分 单位：％

成分	MgO	Al_2O_3	SiO_2	Fe_2O_3	SO_3	K_2O	CaO	TiO_2
含量	2.33	10.21	62.50	5.07	0.54	2.26	15.55	0.59

当尾矿粒径较细时，可以作为混凝土中的细骨料制备砂浆使用。国外一些研究表明，使用铁尾矿矿石替代混凝土细骨料，可以一定程度上提高混凝土的和易性、强度性能和强度模量。国内学者对比了石英砂、河砂、北京密云铁尾矿砂、河北迁安铁尾矿砂（化学成分，见表 1-8）几种不同原料作为细骨料制备的超高性能混凝土（UHPC）的性能，测试结果如图 1-8 所示，结果说明，尾矿砂制备出的 UHPC 强度均高于河砂制备出的 UHPC，因此，铁尾矿砂作为混凝土的细骨料使用有很优异的性能优势。

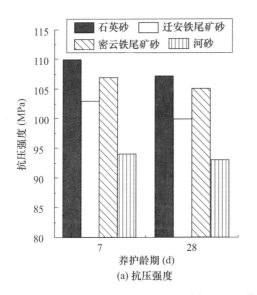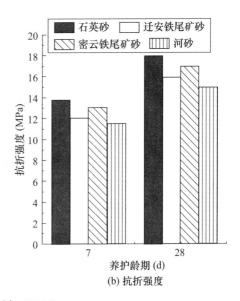

图 1-8　四种砂制备 UHPC

表 1-8　两种铁尾矿砂的化学成分　　　　　　　　　　　　　　　单位：%

矿物名称	SiO₂	Al₂O₃	CaO	MgO	SO₃	Fe₂O₃	Na₂O	K₂O	烧失量
密云铁尾矿砂	65.27	7.46	3.80	5.27	0.24	11.80	—	—	2.13
迁安铁尾矿砂	68.44	8.27	4.46	3.04	0.35	7.46	2.29	1.90	2.73

　　尾矿替代砂石用作混凝土骨料在国内已经有了实际应用，如某集团在河南投标的 1500t 矿山废石再加工高品质机制砂项目中，通过对花岗岩尾矿的再利用制出高达 360 万 t 的高品质砂石骨料，可供生产轻质墙板、PC 预制构件、干混砂浆等高附加值产品，恢复耕地山林 120 公顷左右，彻底解决了驻马店地区花岗岩产业开采废石及加工废料的排放难题。尾矿破碎生产线工艺流程如图 1-9 所示。

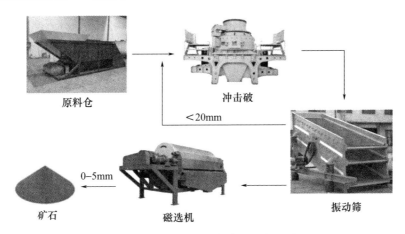

图 1-9　尾矿破碎生产线工艺流程图

　　除此之外，由于现在许多矿产企业为选出更多的精品金属矿，加强了对金属矿石的粉磨程度，使某些金属矿石粒度过细，不再适合用作混凝土骨料。此时可以将尾矿矿粉作为矿物掺和料替代部分粉煤灰掺入到混凝土中。根据国内学者研究，铁尾矿微粉替代矿物掺和料时虽然会使中低强度等级混凝土拌和物的流动性有所降低，但黏聚性却得到显著增强，可以改善中低强度等级混凝土由于胶凝材料用量较少而造成的混凝土离析泌水等和易性不良的现象。

如若将尾矿粉进一步研磨至纳米级别，由于尾矿具有合理的颗粒级配，可以作为泡沫混凝土的填充料使用。由于尾矿在泡沫混凝土中起到一定的骨架作用，可以提高混凝土的抗压强度和耐久性。国内研究人员利用纳米级湿法研磨铜渣颗粒，使其在浆料中起泡，形成大量分布均匀、密度低、稳定的泡沫颗粒，不仅可同时替代化学发泡剂和稳泡剂，而且使工艺灵活、简单、有效，显著提高了固废铜尾矿的活性，使其成为混凝土的有效应用材料。铜尾矿制备泡沫混凝土流程如图 1-10 所示。

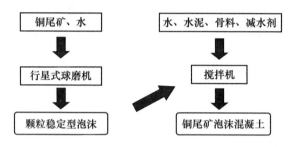

图 1-10　铜尾矿制备泡沫混凝土流程

1.4.2.3　墙体材料制品

世界上很多国家生产传统黏土砖的天然原材料资源十分稀缺。为了实现环境保护和可持续发展的目标，许多学者在利用尾矿生产建筑制品方面作了大量研究，特别是在使用尾矿制造墙体材料制品方面，相关研究已经取得了相当大的进展，采用尾矿为原料研发的制品按照制作工艺可分为非烧结制品和烧结制品两大类。

非烧结制品是利用煤矸石、尾矿渣等固废为原料，不经过高温煅烧而制备的新型环保建筑材料，具有强度高、耐久性好、尺寸标准等优点。非烧结制品的制造原理是将含量较高的氧化硅、氧化铝、氧化铁的工业废渣混合"轮辗"，而尾矿中含有大量非烧结制品所需的化学和矿物成分，可以作为原料使用。如当钼尾矿、水泥与粉煤灰质量比为 80∶10∶10，拌和水用量为 10%，成型压力为 15MPa 时，样品抗压强度达到 22.4MPa，可满足行业标准《非烧结垃圾尾矿砖》（JC/T 422—2007）MU15 要求（钼尾矿和粉煤灰化学成分，见表 1-9）；或者以铅锌尾矿为主要原料，掺入石膏、石粉、水泥等，可以发现当成型压力为 20MPa，尾矿∶石膏∶水泥∶石粉＝2.5∶1.5∶1∶5 时，制备的产品满足《非烧结垃圾尾矿砖》（JC/T 422—2007）MU25 级别要求，固废使用量达到 25%，可以很好地实现固废的资源化。

表 1-9　钼尾矿和粉煤灰的化学成分　　　　　　　　　　　　　　　　单位:%

原料	SiO_2	Fe_2O_3	Al_2O_3	K_2O	Na_2O	MgO	CaO	TiO_2	MnO_2	SO_3	烧失量
钼尾矿	77.54	4.73	4.25	2.48	1.34	1.50	1.85	0.95	0.70	2.86	1.69
粉煤灰	41.24	3.28	35.65	2.75	5.81	2.24	4.23	0.43	0.11	1.54	1.96

除了使用蒸压工艺以外，还可以向尾矿中加入某些活化剂，从而使非烧结砖更易成型。根据国外学者研究，通过将硅酸钠作为活化剂添加到铁尾矿粉末中，当水玻璃溶液含量31%、初凝时间15min、固化温度80℃时，试样7d的无侧限抗压强度达到了50.35MPa，符合美国材料试验协会和澳大利亚普通砖的最高强度标准，铅锌尾矿非烧结制品制备工艺流程如图1-11所示。

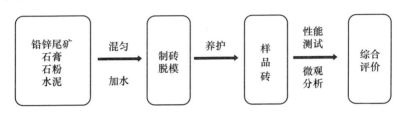

图1-11　铅锌尾矿非烧结制品制备工艺流程

凡以黏土、页岩、煤矸石或粉煤灰等无机材料为原料，经成型和高温焙烧而制得的用于砌筑承重和非承重墙体的砖统称为烧结砖。普通烧结砖的主要原料为粉质或砂质黏土，其主要化学成分为 SiO_2、Al_2O_3 和 Fe_2O_3，通过表1-10 金尾矿和黏土的化学成分对比可以发现，尾矿中 SiO_2、Al_2O_3 和 Fe_2O_3 的含量很高，完全可以成为制造普通烧结砖的原料。当以金矿尾矿为主料、黏土为辅料来制备烧结砖时，在尽量利用金矿尾矿的前提下，制备的金矿尾矿烧结砖存在最佳烧制参数，即金矿尾矿：黏土（质量比）＝7∶3、成型水分25%、烧结温度1000℃、保温时间2h，满足建筑用烧结砖的要求。如表1-11和1-12所示，龙岩市的煤矸石和高岭土尾矿的化学成分也很相似，因此，以煤矸石和高岭土渣为主要原料，以氢氧化钠为助熔剂，在恒定成型工艺中，当煤矸石含量为80%、高岭土渣含量为20%、烧结温度为1100℃、烧成时间为48h时，可以生产出煤矸石/高岭土渣烧结砖，并且生产的烧结砖抗压强度达到23.7MPa，具有良好的物理机械性能。

表1-10　金矿尾矿和黏土的化学成分　　　　　　单位：%

项目	SiO_2	CaO	Fe_2O_3	Al_2O_3	Na_2O	MgO	P_2O_5	SO_3	K_2O	其他
金矿尾矿	46.90	6.02	28.54	8.95	0.23	4.65	0.13	0.79	2.62	1.17
黏土	61.37	12.40	4.74	14.32	1.03	2.36	0.21	0.03	2.59	0.95

表1-11　高岭土尾矿的化学成分　　　　　　单位：%

项目	SiO_2	Al_2O_3	Fe_2O_3	CaO	MgO	K_2O	Na_2O	TiO_2	烧失量	总量
含量	73.93	16.05	0.08	0.01	0.08	4.90	0.54	0.01	3.90	99.50

表1-12　煤矸石的化学成分　　　　　　单位：%

项目	SiO_2	Al_2O_3	Fe_2O_3	CaO	MgO	K_2O	Na_2O	TiO_2	烧失量	总量
含量	60.17	15.20	6.37	0.57	1.79	2.12	0.56	0.71	6.22	99.71

1.4.2.4　其他高附加值建筑产品

除制备建筑用砖以外，尾矿还可用于制备某些高附加值建筑产品。例如采用硅烷偶联剂改善环氧树脂和铁尾矿砂之间的界面，以铁尾矿砂为主要原料生产出性能优异的道路透水材料，采用高温熔融黏结工艺使用铜尾矿制备连通孔陶瓷透水材料，采用铅锌尾矿、粉煤灰、铜渣等原料制备固化重金属的轻骨料，采用铁尾矿、煤矸石球团法协同制备高强轻骨料等。

1.4.3　工业尾矿资源化环境影响分析

虽然目前尾矿建材化利用具有低成本的优势，但由于很多尾矿中含有重金属等有害物质，如若制备成建筑材料后内部的有害物质流失，会对周边水域和生态环境造成一定破坏。因此，需要对尾矿制备的建筑材料进行一定的环境影响评估，确保其环境保护性。

为了探索尾矿制品对环境的影响，国内外专家研究了掺加铜尾矿的混凝土与普通混凝土在高强度、中强度和低强度三种条件下对全球变暖、水域污染、耗水量、陆地酸化、矿产资源应用等多方面的环境影响（Felipe），结果表明，在高强度条件下，混凝土中尾矿掺入量较少，此时掺入尾矿的混凝土的环境保护性比普通混凝土更强，而抗压强度较低时，普通混凝土仅使用少量水泥即可达到强度标准，此时普通混凝土的环境保护性更强。

Saeed 等人研究了尾矿制备的土工聚合物砖块和粉末在酸性环境和中性环境下的耐久性和浸出行为，浸出液浓度见表1-13。研究结果表明，相较于尾矿粉末，尾矿聚合物砖块的浸出液中的金属含量明显降低，pH＝4时浸出液的金属浓度相较于pH＝7时更高，但重金属含量都符合希腊限制标准要求，这表明对于无机聚合物砖块，重金属能被有效地固定在其中，具有良好的重金属固化作用。

表1-13　尾矿粉末-聚合物砖块浸出液浓度　　　　　　　单位：mg/L

项目		Al	Cr	Mn	Cu	Zn	Fe	Ni
尾矿粉末	pH＝7	0.2	0.1	1.0	0.0	0.0	0.0	0.1
浸出液	pH＝4	1.2	0.0	8.8	3.9	1.9	1.4	0.1
土工聚合	pH＝7	0.6	0.0	0.2	0.1	0.1	0.0	0.0
砖浸出液	pH＝4	0.6	0.0	0.1	0.3	0.1	0.9	0.0
希腊限制标准		2.5～10.0	1.0	1.0～2.5	0.2～0.5	2.5～5.0	无	0.2～0.5

各种研究表明，尾矿可用于制造水泥、砖和混凝土等建筑材料。通过消耗大量尾矿库中的固废，不仅可以解决尾矿相关的问题，如水、土壤和空气污染，还为建筑行业提供了低成本原料去代替昂贵的天然材料，有着很好的经济效益和环境效益。然而目前国内尾矿的应用技术体系仍然不够成熟，想要进一步推进尾矿的建材化利用，还需要攻克以下几个难点：

1. 完善尾矿大规模利用技术及使用标准

目前，尾矿在生产各类建材产品上都表现出很大的应用潜力，但由于尾矿存在成分波动大、产品性能不稳定等问题，始终不能在建材领域获得大规模应用。因此针对不同产地、不同种类的尾矿，建立不同的技术体系产品标准及使用标准，对推动尾矿建材化利用有着重大意义。

2. 开发尾矿新型功能化利用技术

除了使用尾矿制备传统建筑材料外，还可以开发尾矿的新型功能化利用技术，如使用尾矿制备高性能陶瓷、透水材料、轻骨料等高附加值制品，或者利用某些化学组成，如高铝、高钾等较为单一的尾矿，制备某些特种混凝土、特种陶瓷等功能材料，提高尾矿的利用价值，从而推动其建材化利用。

3. 确保尾矿产品的环境安全性

由于工业尾矿是一种固废，因此在制成建筑材料之前，有必要对其环境安全性进行研究。但尾矿的研究主要集中在短期性能上，而缺少对尾矿制品长期使用的耐久性、稳定性和环境安全性的研究，特别是对尾矿的长期浸出行为进行研究的文献很少。只有确保尾矿产品的环境安全性，才能在实际生产中将工业尾矿大规模用于制备建筑材料。

1.5　花岗岩废料

随着我国经济建设的发展，石材加工业得到了迅猛发展，由此产生的废弃物污染问题也日益严重，对生态环境造成了严重破坏。石材加工业的主要原材料为天然石材，且以花岗岩为主，所以石材加工业的污染以花岗岩废料污染为主。由于花岗岩废料的污染，迫使国家对花岗岩产量大省山东和福建部分企业下了停产令，但建筑业还在不断地发展，大量的市政、公共工程及家庭装饰仍需消耗大量的花岗岩。据中国石材协会统计数据，2019—2021 年全国规模以上企业花岗岩板材及废料产量见表 1-14。

表 1-14　全国规模以上企业花岗岩板材及废料产量

项目	花岗岩板材产量（亿 m²）	花岗岩边角料产生量（万 t）	锯泥产生量（万 t）
2019	4.4	1440	576
2020	5.3	1590	623
2021	7.1	2130	834

目前，针对花岗岩废料的理论和应用研究主要集中在混凝土和水泥的生产、陶瓷（包含釉料）、建筑微晶玻璃等领域。

1. 在混凝土领域的应用研究

花岗岩本身坚硬耐腐蚀，可用作性能稳定的填充材料。为了降低生产成本，提高经济效率，许多研究人员尝试用废弃的花岗岩取代混凝土中的骨料和水泥添加剂。国际上也有学者研究过石灰石、石英岩和花岗岩对力学性能的影响，并将这三种物质配制成混合混凝土材料（communication hybrid）。本研究在 25～65℃ 的温度范围内进行了 2h 的隔离试验。同时也对混凝土性能、热膨胀性能及相组成的影响进行了分析，如抗压强度、抗拉强度、弹性模量及抗压应变等力学性能。研究显示，混凝土的力学性能受到高温和骨料类型的显著影响。在不同温度下机械性能最好的是原花岗岩混凝土，石英岩次之，石灰岩混凝土再次之。高温下的骨料降解相变和热膨胀不均匀的水泥浆料、骨料等是影响混凝土力学特性的主要因素。

经研究发现，对河砂的更换分别采用花岗岩废料 0%、10%、25%、40%、55%、70%，对混凝土的抗压强度、抗弯强度、耐磨性、抗渗性、吸水率等性能进行测试，并对其外形变化及水化作用进行观察。花岗岩下脚料以 25%～40% 的河砂替代河砂时，具有更好的性能。混凝土中花岗岩下脚料的用量在很大程度上由混凝土中的水灰比决定。一些国内研究员通过使用花岗岩渣粉作为硅质原料制备蒸压加气砖，研究了蒸压养护体系与性能之间的关系。研究表明，蒸压温度和时间对硅酸钙水合物的产率和结晶度起着决定性作用，二者互为条件。合理的配合比和蒸压体系是形成良好孔隙结构和优异性能的重要因素。在试验条件下，水料比设定为 0.60，配料为矿渣粉：生石灰：水泥：石膏＝66：19：10：5，铝粉膏含量为 0.13%；在 1.2MPa（188℃）的恒压下保温 7h 后，获得了热导率为 0.119W／（m·K）、密度为 493.8kg/m³、抗压强度为 4.4MPa 的制品。

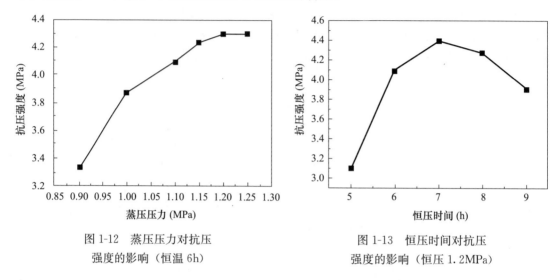

图 1-12　蒸压压力对抗压
强度的影响（恒温 6h）

图 1-13　恒压时间对抗压
强度的影响（恒压 1.2MPa）

一些学者为了进一步利用花岗岩废料，根据碱激发原理，选用水玻璃提高水泥活性，达到提高花岗岩石粉作为水泥掺和料利用率的目的，并分析了水玻璃激发花岗岩石粉的活性机理。水玻璃模数 1.2～1.4m，掺量 3%，花岗岩石粉掺量 30%，水泥净浆抗压强度达到 64MPa。相关数据如图 1-14、图 1-15 所示。

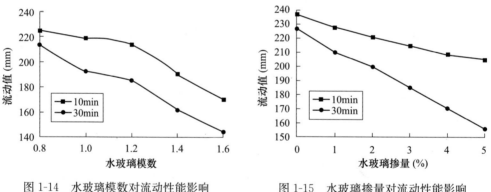

图 1-14　水玻璃模数对流动性能影响

图 1-15　水玻璃掺量对流动性能影响

在混凝土骨料和水泥混合材料中，可采用花岗岩废料，提高混凝土的抗压和耐磨强度。但使用量一般不会超过 30%。它的使用比例在水泥里是比较小的。

2. 在陶瓷领域的应用研究

三种主要原材料：黏土、长石和石英，是陶瓷制作所需。长石既可做熔剂原料，又可做瘠性原料，石英则是根据陶瓷原料的工艺特点而制成的，在传统陶瓷制作中，硅质原料和铝质原料也是必不可少的成分之一。废弃的花岗岩除含有石英、长石等主要矿物外，还可作为陶瓷原料的选料。

国外研究学者以碳化硅为发泡剂，研究利用花岗岩废料和黏土尾矿制备闭孔泡沫陶瓷。85% 的花岗岩废料加上 14% 黏土尾矿以及 1%SiC 的坯样在 1250℃下烧结 30min，制备的泡沫陶瓷的性能见表 1-15。这类泡沫陶瓷材料可以应用于建筑保温方面。

表 1-15 制备的泡沫陶瓷的性能

项目	体积密度（kg/m³）	抗压强度（MPa）	抗弯强度（MPa）	孔隙率（%）	吸水率（%）	导热系数［W/（m·K）］
数值	237.4	0.85	0.42	83.31	2.21	0.051

在以花岗岩废料为原料方面，使用造纸厂的固废和污水处理厂的污泥辅以花岗岩研磨料，分别在 850℃、950℃和 1050℃下烧制，通过这些试验得到了包括钙长石、钠长石、黄钙铝长石、莫来石在内的具有良好机械性能的结晶相。试验时将 15% 的花岗岩废料加入细骨料中；加入 30% 的花岗岩废料做助熔剂，经线性收缩、吸水率、抗折强度等测试，在 1200℃的温度下煅烧而成。试验结果显示，花岗岩废料的助熔剂使得黏土陶瓷强度提高、吸水性降低。

上述花岗岩废料作为陶瓷材料的替代物的研究发现，花岗岩废料的添加量一般小于 40%，最佳添加量一般不会超过 30%。

3. 花岗岩废料在釉料领域的研究

釉是一层质感连续的玻璃质或玻璃与晶体混合而成的面层，附着在陶瓷坯体表面。此面层附着在制品表面可以使其拥有不透水、不透气的特点，而且还可以改变共热稳定性、机械硬度等。目前，有多种方法可以制备釉料，包括生料釉法和熔块釉法。生料釉法中，釉料原料未经预先熔融处理，但需要达到一定细度要求。制备釉料的过程是先按准确配方称取所需原料，然后将其直接加水入球磨机进行研磨。

在耐化学腐蚀方面，釉料质量损失在 0.1% 以下，是经过 96h 酸碱腐蚀试验得出的。同时，釉料莫氏硬度达到 6~7 级，维氏硬度达到 3~3.7GPa 级，抗磨损性达到 3~4 级，均符合商用陶瓷釉料的使用要求。一些学者为提高表面硬度，在釉配方中超量添加石英，使维氏硬度达到 2.48GPa。究其原因，是在釉料中形成了石英、方石英等分散的晶粒。同时，这种釉比陶瓷胎的热膨胀性稍低，能在釉面上形成压应力，对强化坯体有一定帮助。

生料釉还没有经过高温熔融，造成其成分无法溶于水中。这使可溶性釉原料的用途受到限制。相反，这种缺陷可以通过熔块釉来弥补。此外，也可将一些有毒原料熔融于熔块中，使其存在状态发生变化，即熔块釉。不过，熔块釉也有制备成本较高等缺点，一般需要配合生料釉来进行。国外学者研究利用商业透辉石熔块和花岗岩熔块，在 K_2O-ZnO-MgO-CaO-Al_2O_3-SiO_2 体系中探索 Fe_2O_3 含量对透辉石微晶玻璃釉面结晶性的影响。铁离子（Fe^{3+}）在晶相中的分布受原釉中含铁量的影响，含铁量分别高于 2% 和 15%，会形成锌铁矿相和赤铁矿相，铁离子在晶相中的分布受到影响。

4. 在墙体材料领域的利用

花岗岩尾矿的化学成分见表 1-16，相较于尾矿而言，花岗岩尾矿中含有更多的二氧化硅和三氧化二铝，胶凝活性较好，除了直接煅烧替代水泥熟料外，它的化学成分更适合于制备烧结墙体材料。

表 1-16 花岗岩尾矿的化学成分   单位：%

成分	SiO_2	Al_2O_3	Fe_2O_3	TiO_2	MnO	MgO	CaO	K_2O	Na_2O	SO_3	P_2O_5
尾矿	60.51	17.49	8.71	1.42	0.16	3.27	1.64	3.72	1.95	0.28	0.34

5. 在微晶玻璃领域的研究

目前，大多数研究者均采用整体析晶法（玻璃化-晶化）制备各体系微晶玻璃。其最大特点是可延续任意一种玻璃的成型方法，如压延、压制、吹制、浇注等，适合自动化操作和制备形状复杂、尺寸精确的制品。某些学者采用 DSC、XRD、FESEM 等手段研究了 TiO_2 对花岗岩尾矿微晶玻璃析晶行为的影响。随 TiO_2 含量增加，析晶温度先降低后增加，最佳 TiO_2 添加量为 8%，此时样品表面与内部析出的晶相一致，均为辉石。辉石的分相和析晶活化能分别为 321.75kJ/mol 和 698.83kJ/mol。此试验花岗岩尾矿的最大添加量为 62.6%，铁含量为 1.0%。

当以花岗岩废料（50%～68%）作为主要原料时，国外学者通过熔融法制备了 CaO-MgO-Al_2O_3-SiO_2（CMAS）系微晶玻璃。前期主要研究了 CaO/MgO 比率对透辉石微晶玻璃析晶行为的影响，最佳 CaO/MgO 比为 1.25，具有高的透辉石相含量并且晶粒细小，微晶玻璃的抗弯强度（152±5.4）MPa 低于两步热处理（187±6.1）MPa。在这一研究中，作者选用了含铁量（≤0.7wt%）低的花岗岩废料；国内学者以 CaF_2 为晶核剂，外加适量碱式碳酸镁和碳酸钙，采用熔融法制备 R_2O-CaO-MgO-Al_2O_3-SiO_2-F 系微晶玻璃。原料经高温熔融，浇注成型后立即退火，得到均匀透明基础玻璃，在 1010℃ 晶化后力学性能达到最大值（抗弯强度为 125MPa，显微硬度为 5.2GPa）。相关数据见图 1-16。

综上，微晶玻璃领域中的花岗岩尾矿使用量明显增加，增幅高达 68%。说明花岗岩废料在大幅度提高其资源利用率、获得良好经济效益的同时，还能对生态环境起到积极的保护作用，未来发展前景十分可观。

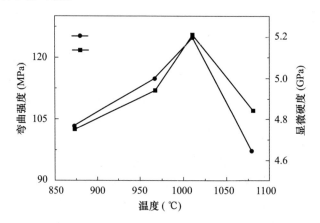

图 1-16　不同晶化温度制备的微晶玻璃样品的四点抗弯强度和显微硬度

2 典型无机固废产排特性及物质流分布

基于长江中游地区的工业特征和城市建设规划，梳理湖南省、湖北省和江西省的建筑垃圾、道路垃圾、花岗岩废料、工业尾矿、冶炼废渣五种典型无机固废产生量，重点分析湖南省典型无机固废的产排特性和物质流分布规律，以指导典型无机固废的源头减量化及资源化利用。

2.1 典型无机固废产排特性

2.1.1 建筑垃圾

根据湖南省住房和城乡建设厅和各市州统计局相关数据，湖南省 2020 年建筑垃圾总产量约 17260 万 t，其中工程弃土（工程渣土及盾构土）产量在建筑垃圾产量中占比最大，约为 12891 万 t（74.7%），工程垃圾总产量约为 1957 万 t（11.3%），拆除垃圾总产量约为 1648 万 t（9.6%），装修垃圾总产量约为 764 万 t（4.4%）。2021 年度湖南省建筑垃圾总产量约为 19008 万 t，其中工程弃土（工程渣土及盾构土）产量占比最大，约为 73.5%，而工程垃圾、拆除垃圾、装修垃圾占比分别为 10.8%、9.5%、6.2%。同 2020 年相比，各类型建筑垃圾的比例并未有太大的变化。

2020 年及 2021 年湖南省各市州的各类建筑垃圾产生量分别见表 2-1、表 2-2，其中每个市州的工程弃土在建筑垃圾产生量中占比最大，各市州工程弃土产生量如图 2-1 所示。各市州工程垃圾、拆除垃圾、装修垃圾产生量分别如图 2-2～图 2-4 所示。从图 2-1 到图 2-4 可以看出，湖南省大多数城市的各类建筑垃圾产生量在近两年时间里并未出现较大的变化，而长沙、岳阳、邵阳市的 2021 年装修垃圾产生量却较前一年有大幅度增加，这与 2021 年三市的常住人口户数增加有关。

表 2-1　2020 年湖南省十四个市州各类建筑垃圾总产生量　　　　单位：万 t

项目	工程弃土	工程垃圾	拆除垃圾	装修垃圾
长沙	3912.0	1097.7	153.3	104.9
株洲	601.0	152.7	69.5	50.3
湘潭	781.0	61.6	66.1	36.0
张家界	87.3	24.5	113.3	21.4
岳阳	886.3	55.7	94.9	18.5
永州	1702.8	65.2	53.8	68.1
益阳	334.0	47.5	174.1	59.1
湘西	63.8	37.4	23.4	33.0

续表

项目	工程弃土	工程垃圾	拆除垃圾	装修垃圾
邵阳	274.6	64.9	155.1	31.2
娄底	137.5	38.6	94.8	56.8
怀化	1524.2	68.8	57.2	62.3
衡阳	1532.3	92.9	285.2	91.3
郴州	415.2	60.4	21.8	59.4
常德	638.6	89.5	282.5	72.2

表 2-2　2021 年湖南省十四个市州各类建筑垃圾总产生量　　　　　单位：万 t

项目	工程弃土	工程垃圾	拆除垃圾	装修垃圾
长沙	4268.0	1256.7	167.2	182.8
株洲	652.1	70.0	75.3	69.3
湘潭	842.0	70.0	71.3	48.4
张家界	91.2	13.5	118.4	27.0
岳阳	958.0	67.1	102.6	90.0
永州	1830.5	71.0	57.9	92.7
益阳	361.7	50.4	188.6	68.4
湘西	69.4	8.0	25.4	44.2
邵阳	297.9	154.1	178.0	115.5
娄底	148.1	45.1	102.1	67.8
怀化	1652.2	2.2	80.6	81.4
衡阳	1656.4	94.0	308.3	118.2
郴州	451.7	63.5	23.7	83.2
常德	687.8	89.4	304.3	93.5

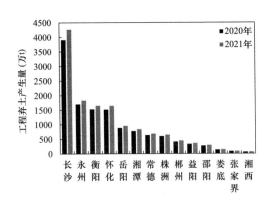

图 2-1　湖南省十四个市州
工程弃土总产生量

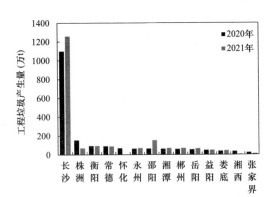

图 2-2　湖南省十四个市州
工程垃圾总产生量

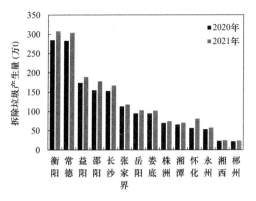

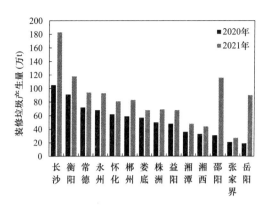

图 2-3 湖南省十四个市州拆除垃圾总产生量　　　图 2-4 湖南省十四个市州装修垃圾总产生量

湖北省 2020 年产生渣土、废旧混凝土、废旧砖石等各类建筑垃圾约 19874 万 t，其中工程弃土（工程渣土及盾构土）产生量在建筑垃圾中占比最大，约为 14677 万 t（73.9%），工程垃圾总产生量约为 2989 万 t（15.0%），拆除垃圾总产生量约为 575 万 t（2.9%），装修垃圾总产生量约为 1633 万 t（8.2%）。2021 年度湖北省建筑垃圾总产生量约 22397 万 t，工程弃土、工程垃圾、拆除垃圾和装修垃圾的产生量分别约 16848 万 t、3167 万 t、660 万 t、1722 万 t。2020 年、2021 年湖北省各市州工程弃土产生量见图 2-5，工程垃圾产生量见图 2-6，拆除垃圾产生量见图 2-7，装修垃圾产生量见图 2-8。同湖南省相比，湖北省的建筑垃圾中的拆除垃圾所占比例大幅度降低，这也与过去几年时间湖南全省实施的城镇棚户区和城乡危房改造及配套基础设施建设工作相关。

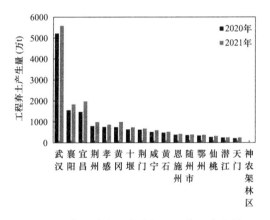

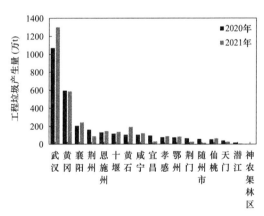

图 2-5 湖北省十七个市州工程弃土产生量　　　图 2-6 湖北省十七个市州工程垃圾产生量

江西省 2020 年度建筑垃圾总产生量约为 13279 万 t，其中工程弃土（工程渣土及盾构土）产生量在建筑垃圾产生量中占比最大，约为 8731 万 t（65.8%），工程垃圾总产生量约为 3023 万 t（22.8%），拆除垃圾总产生量约为 342 万 t（2.6%），装修垃圾总产生量约为 1183 万 t（8.9%）。2021 年度江西省建筑垃圾总产生量约为 14172 万 t，其中工程弃土、工程垃圾、拆除垃圾和装修垃圾总产生量分别约 9723 万 t、2841 万 t、381 万 t、1227 万 t。与湖南、湖北两省相比，江西省 2020 年度、2021 年度建筑垃圾总产生量均较少，但也存在建筑垃圾资源化利用率低、建筑垃圾回收和资源化利用产业链不完善等问题，需要大力发展建筑垃圾资源化利用。2020 年、2021 年江西省各市镇工程弃土产生量见图 2-9，工程垃圾产生量见图 2-10，拆除垃圾产生量见图 2-11，装修垃圾产生量见图 2-12。

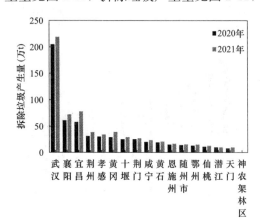

图 2-7　湖北省十七个市州拆除垃圾产生量

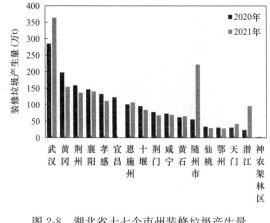

图 2-8　湖北省十七个市州装修垃圾产生量

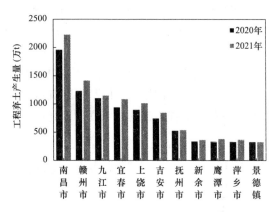

图 2-9　江西省十一个市镇工程弃土产生量

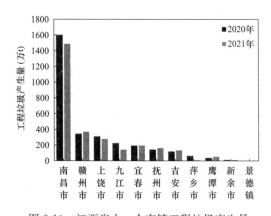

图 2-10　江西省十一个市镇工程垃圾产生量

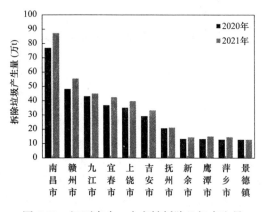

图 2-11　江西省十一个市镇拆除垃圾产生量

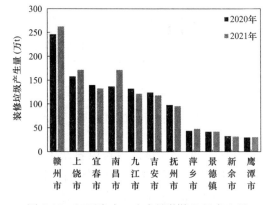

图 2-12　江西省十一个市镇装修垃圾产生量

在建筑垃圾排放特性方面，以湖南省为例，2016—2018 年，湖南省 14 个市州的建筑垃圾处理总量约 3.6 亿 t，2018 年底的存量垃圾约 1 亿 t，而 2018 年资源化利用总量为 400 多万 t，资源化利用率不足 10%，故湖南省建筑垃圾处置水平仍然较低，还需进一步发布更多政策和采取措施。湖南省各市州拆除垃圾资源化利用率排列，长沙市最高（约 40%），邵阳（30%）、湘潭（25%）、岳阳（20%）次之，其他市州的资源化利用项目刚起步或还未开始。工程渣土占建筑垃圾产量中最高比例，其处置方式主要采用回填、作为生活垃圾填埋场中覆盖土和填埋等，并未能够得到合理利用，而其他建筑废物分类并用于生产再生建筑材料和填埋，较少量实现了资源化利用。经初步统计，长沙市建筑垃圾的资源化利用率达到 40% 左右，而省内其他市州的利用率约 5%，大部分县级地区还未进行资源化利用。但相比发达国家 80%~90% 的资源化利用率，长沙市建筑垃圾管理和资源化利用还存在较大差距。

从当前湖南省建筑垃圾资源化利用企业发展情况和技术路线看，据有关数据统计，湖南建工集团环保公司通过物理破拆、筛选分类等方式，将大部分建筑垃圾回收再生为骨料成品，广泛应用于道路水稳层，年生产再生骨料 30 万 t，再生产品营收 2000 万元。2020 年长沙市建筑垃圾资源化利用项目共 10 项，2 项为新规划建设，其中有 4 项资源化利用项目累计处置量超过 100 万 t，其中云中科技梧桐厂累计处置量最大，已累计处置建筑垃圾 280 万 t，长沙八处已开始处置建筑垃圾资源化项目，共累计处置 696.6 万 t。2020 年湘潭市建筑垃圾资源化利用项目仅有三项，其中一项还在建设，其余两项共累计处置建筑垃圾 135 万 t。2020 年株洲市建筑垃圾资源化利用项目共有八项，其中有三项还未开始处置建筑垃圾，其余五项共累计处置 320 万 t 建筑垃圾。由实际工程可知，湖南省实现资源化高效利用可行且前景广阔，但由于各种因素的影响，湖南省建筑垃圾资源化利用大型企业数目较少，技术路线还不够成熟，仍需要发展。

湖北省积极建立健全建筑垃圾综合利用体系，提高建筑垃圾资源化水平，完善建筑垃圾处置工艺手段，引进可移动式建筑垃圾资源化处置、环保土体稳定技术等建筑垃圾资源化处置工艺，探索建筑垃圾再生骨料及制品在建筑工程和道路工程中的应用。

江西省积极探索建筑垃圾高效利用模式，建立建筑垃圾处置收费制度，吸引社会资本参与建筑垃圾资源化项目的投资建设，鼓励使用移动破碎筛分设备对建筑垃圾进行预处理，结合市场需求生产环保建材。鼓励在市政道路、园林绿化等政府投资建设项目中优先采用符合相关建材标准的建筑垃圾再生产品。

2.1.2　道路垃圾

我国经济飞速发展离不开道路的不断建设，根据交通运输部发布的《2020 年交通运输行业发展统计公报》显示，截至 2020 年年底，我国公路总里程已经达到 519.81 万 km，其中高速公路里程达到 16.10 万 km，里程数稳居世界第一。在我国，几乎所有的高速公路都是沥青路面，地方公路也逐渐由水泥混凝土路面改建或新建成沥青路面，随着部分道路经过多年使用到了大中修阶段，不可避免地产生了大量废旧沥青路面材料和废旧混凝土路面材料。据不完全统计，我国每年产生的沥青路面废旧材料就多达 1.6 亿 t，水泥路面旧料达 3000 万 t。

湖南省 2019 年完成沥青路面挖补 31.8 万 m²、面层修补 189.7 万 m²、裂缝处置 124.4 万 m，水泥路面清灌缝 876.8 万 m、裂缝处置 100.1 万 m，路面预防性里程 1559km，全年大中修完工 735.03km。从现在起每年约有 12% 的沥青路面需要翻修，预计每年产生的废旧沥青混合料会达到 120 万 t，并且还将以每年 15% 的速度增长。2020 年湖南省的道路垃圾产生量大约为 267 万 t，其中废旧沥青混合料占 43%，废旧水泥混凝土占 57%。湖南省常德和张家界在中修过程中采用铣刨重铺方式，产生的垃圾综合利用率达 100%；长沙市、怀化市和衡阳市采用精细注浆、就地热再生等处置方式，垃圾产生为零。近两年湖南省各市州地方公路大中修过程中产生的废旧水泥混凝土，基本上全部通过共振破碎原位利用。根据湖北省交通厅发布的养护数据，湖北省近 5 年的公路大中修里程为 10000km，平均每年产生 140 万 m³ 的道路垃圾。根据江西省交通厅发布的养护数据，江西省近年来平均每年产生 80 万 m³ 的道路垃圾。下面从高速公路道路垃圾和地方公路道路垃圾两方面重点对湖南道路垃圾的具体情况进行分析。

2.1.2.1 高速公路道路垃圾

根据湖南高速集团统计数据，2019 年，湖南省高速公路里程达 6802km，较 2018 年底增加了 77km，近年来，湖南省内各地区高速公路大中修养护里程在逐年增加，大中修养护比例不断上升。2020 年湖南省公路路面大中修养护单车道里程约为 311km，由此而产生的道路垃圾总量约为 4.79 万 m³，而 2020 年湖南省地方公路路面大中修养护工程中废旧沥青混凝土产生量和废旧水泥混凝土产生量分别约为 40.715 万 m³ 和 64 万 m³。图 2-13 为湖南省 2020 年路面中修处置里程。由图 2-13 可以看出，岳阳市的路面中修工程里程数最长，行车道、超车道以及慢车道的总车道公里数达到 107.169km，远多于湖南省其他地区的修建里程。另外，总车道修建里程数较少的地区有张家界、湘西、湘潭和株洲，其修建里程数分别为 7.63km、2.95km、2.587km 和 2.358km。

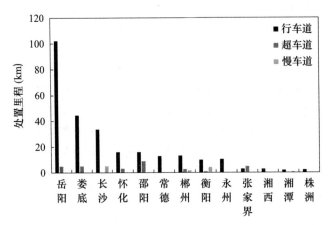

图 2-13 湖南省各地区高速公路路面分车道铣刨重铺里程数

根据以上中修里程数据，按照单车道铣刨宽度 3.85m、铣刨厚度 4cm，估算湖南省各地区 2020 年高速公路道路垃圾产生量如图 2-14 所示。全省高速公路道路垃圾产生量总量为 47915 万 t，其中岳阳市产生量最大，达 16504 万 t，占总产生量的 34%；娄底、长沙和邵阳分别占 16%、12% 和 8%；其他市区占比较小。

湖北省和江西省道路垃圾利用率与湖南省相似，废旧水泥混凝土基本通过共振破碎全部原位利用，沥青路面回收料再生利用率为 30% 左右。

2.1.2.2 地方公路道路垃圾

随着大中修养护工作的持续推进，湖南省各市州地方公路产生的废旧水泥混凝土和废旧沥青混凝土产生量也在大幅增长。根据湖南省交通厅统计，2019 年至 2021 年湖南省路面大中修养护工程中废旧沥青混凝土产生量分别约为 11.79 万 m³、40.71 万 m³ 和 46.79 万 m³，2020 年相比于 2019 年增加了 245%，增长量约为 28.915 万 m³，2021 年相比于 2020 年增加了 14.9%，增长量约为 6.08 万 m³。2019 年至 2021 年湖南省路面大中修养护工程中废旧水

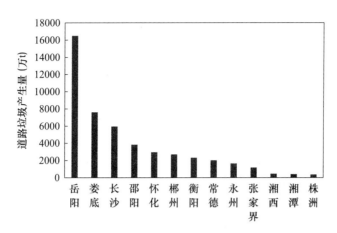

图 2-14　湖南省各地区高速公路路面铣刨重铺道路垃圾产生量

泥混凝土产生量分别约为 37.32 万 m³、64 万 m³ 和 141.64 万 m³，2020 年相比于 2019 年增加了 71%，增长量约为 26.681 万 m³，2021 年相比于 2020 年增加了 121.3%，增长量约为 77.64 万 m³。

1. 废旧沥青混凝土产生情况

据湖南省交通厅公布的普通国（省）道养护数据，湖南省 2019 年地方公路大中修里程为 39.331km，至 2020 年，其大中修里程为 274km，大中修养护工程量增长迅速。图 2-15 所示为 2019 年至 2021 年湖南省境内各市州的国省干线修建中废旧沥青混凝土产生情况。

湖南省 2020 年产生的废旧沥青混凝土总量为 40.715 万 m³，相比于 2019 年的 11.795 万 m³ 增长了 245%。其中增长比较明显的有长沙、株洲、邵阳、岳阳、怀化、湘西等地。以长沙为例，2020 年湖南省长沙市地方公路产生的废旧沥青混凝土为 9.93 万 m³，相比于 2019 年的 3.905 万 m³ 增加了 154%。至 2021 年，各地方均产生了相当数量的道路垃圾，相比于 2020 年，总体道路垃圾产生量增长了 79.1%。具体到各市州，有产生量急剧增加的，如张家界、益阳，也有产生量稳定的，如衡阳、岳阳。其中，根据张家界地方公路实际情况，张家界在 2021 年通过厅审的道路改造项目占了较大比例，实施的道路养护工程较多，因此与 2020 年相比产生了较多的道路垃圾。

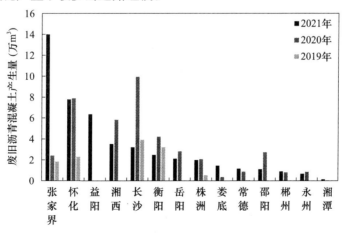

图 2-15　湖南省 2019 年至 2021 年各市州地方公路废旧沥青混凝土产生量

2. 废旧水泥混凝土产生情况

图 2-16 所示为 2019 年至 2021 年湖南省境内各市州的国省干线修建中废旧水泥混凝土产生情况。由图 2-16 可知，湖南省各市州地方公路产生的废旧水泥混凝土由 2019 年的 37.319 万 m^3 至 2020 年增加到了 64 万 m^3。其中"长株潭"地区的废旧水泥混凝土产生量较少，尤其是 2020 年，基本没有废旧水泥混凝土的产生。但与"长株潭"不同的是，其他地区的废旧水泥混凝土产生量较大，并且 2020 年的产量较 2019 年大。有些是从无到有，如衡阳和湘西，有些地区是由少增多，如常德、张家界、益阳、郴州、永州、娄底。另外，在 2019 年废旧水泥混凝土产生量较大的地区如邵阳和岳阳，数量达到 4.581 万 m^3 和 14.388 万 m^3，其在 2020 年的产生量相应减少，数量分别为 3.909 万 m^3 和 9.319 万 m^3。

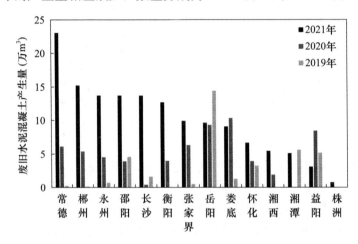

图 2-16　湖南省 2019 年至 2021 年各市州地方公路废旧水泥混凝土产生量

水泥混凝土路面由于强度高、刚度大、耐久性好，且原材料易得，在 20 世纪 80 年代，国内开始使用水泥混凝土开展公路的大基建。在公路建设前期，路面基本采用的是水泥混凝土，随着经济的快速发展，由于行车舒适、不扬尘、噪声低等优点，沥青混凝土路面逐渐替代水泥混凝土。进入 21 世纪，国内道路开始大量采用沥青混凝土铺筑，并且早期建成通车的水泥混凝土路面在经历十多年的服役期后通过"白改黑"工程改建成了沥青混凝土路面。水泥混凝土路面不断翻修、重建，产生了大量的废弃水泥混凝土。据统计，我国因公路新建和改造产生的废弃混凝土占道路垃圾的 50%～60%。例如一条宽 9m、混凝土面板厚 24mm 的二级公路，每 1km 产生的废弃混凝土量达 2160m^3。根据对湖南省道路垃圾的调研数据，近两年湖南省各市州地方公路大中修过程中产生的废旧水泥混凝土基本上全部通过共振破碎原位利用。

2.1.3　花岗岩废料

湖南省各类饰面石材已发采矿权证和规划矿权证共 184 个，资源储量共 25203 万 m^3，其中装饰花岗岩矿权数和资源储量均占绝对优势地位，其资源储量占比达 72.14%，省内花岗岩采矿场主要分布在岳阳、衡阳、郴州、永州、邵阳等地，花岗岩采矿场主要分布点见图 2-17。据中国石材协会统计数据，2019 年湖南省花岗岩产量 1649 万 m^2，2020 年为 4373 万 m^2，2021 年为 5593 万 m^2。根据花岗岩相关生产工艺可知，近三年长江中游三省花岗岩边角料及锯泥产生量见表 2-3。

表 2-3　湖南省花岗岩边角料及锯泥产生量　　　　　　单位：万 t

省份	类别	2019 年	2020 年	2021 年
湖南	花岗岩边角料	18.2	48.2	61.7
	锯泥	10.9	28.9	37.0
湖北	花岗岩边角料	81.0	97.5	152.4
	锯泥	48.6	58.5	91.5
江西	花岗岩边角料	0.4	0.5	2.8
	锯泥	0.2	0.3	1.7

　　湖北省共有已查明储量的固体矿产地 1916 处，其中，特大型 2 处，大型 164 处，中型 333 处，小型及小矿 1417 处。湖北省的武当山—大别山成矿带盛产饰面石材等矿产，该地区主要包括鄂西北（十堰、襄阳）、鄂北（随州）和鄂东北（孝感北部、黄冈）。黄冈市下辖的麻城市以及随州市下辖的随县是湖北省花岗岩的主要产区。其中，麻城市的花岗岩有 55 处，主矿区白鸭山面积约 60 km²，已探明储量达 5.15 亿 m³，年生产花岗岩板材 1.1 亿 m² 以上。随县的建筑用花岗岩、饰面用花岗岩等非金属矿产丰富，但分布较为分散，有多家大型花岗岩矿石开采加工一体的石材公司，省内花岗岩采矿场主要分布在随州（58%）、黄冈（40%），采矿厂主要分布点见图 2-18。据中国石材协会统计数据，2019 年湖北省花岗岩板材年产量 17996 万 m²，2020 年为 21644 万 m²，2021 年为 33852 万 m²，近三年湖北省花岗岩边角料及锯泥产量见表 2-3。

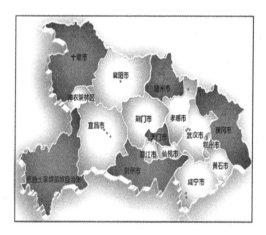

图 2-17　湖南省花岗岩采矿厂分布图　　　　　　图 2-18　湖北省花岗岩采矿厂分布图

　　江西省的花岗岩主要分布在九江市下辖的庐山市、都昌县，上饶市下辖的德兴市等江西西部区域，该区域也具有大量花岗岩矿山开采及生产加工的公司，省内花岗岩采矿场主要分布在九江（64%）、上饶（12%）、南昌（12%）等市，采矿厂主要分布点见图 2-19。据中国石材协会统计数据，2019 年江西省花岗岩板材年产量 83 万 m²，2020 年为 114 万 m²，2021 年为 618 万 m²，近三年江西省花岗岩边角料及锯泥产量见表 2-3。

　　随着政府和企业逐渐重视石材的资源化利用，花岗岩在加工过程中产生的废料被利用于多个方面。湖南省花岗岩加工厂通常将切割花岗岩产生的边角料和锯泥经过脱水处理，降低

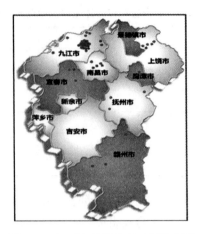

图 2-19　江西省花岗岩采矿厂分布图

泥浆中的含水率，使得泥浆体积大幅减少，从而大幅度降低后续处理费用，最终可直接售卖给加气混凝土厂。花岗岩废料还可以当作仿石涂料原料，产生可观的经济效益，但对粉体粒径和纯度要求较高。改性花岗岩石粉可以取代水泥作为水泥掺和料。废弃花岗岩边角料还可以用作路基填筑，具有快速、简单、可靠的优点，能够有效达到压实效果和稳定要求。高温熔融后的花岗岩废料可替代普通黏土砖在工程中进行应用。

2.1.4　工业尾矿

湖南省成矿地质条件优越，矿产资源禀赋突出，资源潜力较大，素有"有色金属之乡"和"非金属之乡"之称。根据主要矿产企业数据和生产工艺统计，湖南省年产尾矿约为1200万 t，尾矿库共有 529 个，主要集中在株洲市（40 个）、岳阳市（71 个）、郴州市（103个）、怀化市（58 个）、湘西州（126 个）。

根据湖南省环境统计年报，2020 年湖南省尾矿产生量为 1223 万 t。图 2-20 所示为湖南省 2020 年各市州尾矿产生量情况。湖南省尾矿产生量最大的是郴州市，郴州是我国矿产资源大市，享有"中国有色金属之乡"美称，其中柿竹园矿区被誉为"世界有色金属博物馆"，富含矿物有价元素达 143 种，包括有色金属、稀贵、稀土及分散元素矿产资源，因此尾矿产生量较大。由图 2-20 可以看出，郴州市尾矿产生量约占全省总量的 40%；其次为湘西州，尾矿产生量约占全省总量的 32%。娄底市占比 7%左右，怀化市和衡阳市各占比 5%左右，岳阳、邵阳和益阳占比在 2%～4%，长沙和永州各占比 1%以内，常德市以煤矿和化工矿山为主，尾矿比重极少，张家界、湘潭和株洲工业固废以电力和化工为主，基本没有尾矿。

根据湖北省自然资源厅相关报道，湖北省矿产种类较多，资源储量丰富，优势矿产明显，已发现 149 个矿种，其中有查明资源储量矿种 92 个，分别占全国已发现 172 个矿种和已查明 162 个矿种的 86.6%和 56.8%。其中金属矿产以铜铁为主，矿床规模总体偏小，主要矿产集中度高，地域特色显著，集中分布于鄂东南、鄂南地区，并且共伴生矿多、中贫矿多、难采选矿多，开发利用难度大。2021 年湖北省主要尾矿库共有 241 个。

江西省具有优越的成矿地质条件，矿产资源丰富，是我国重要的矿产基地之一，主要生产有色、稀有、稀土和铀等，其中有色金属矿产以铜和钨为主。目前，已发现 193 种（含亚种）有用矿产，其中 139 种矿产已被查明有资源储量，83 种矿产资源储量居全国前十位（铀和离子型稀土矿未列入储量排名表），有"世界钨都""稀土王国""中国铜都"的美誉。

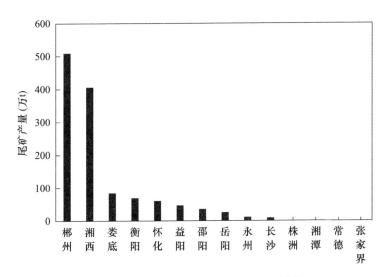

图 2-20　2020 年湖南省各州市尾矿产生量分布

另外，总计 2833 个矿产地被列入资源储量表，其中大型、中型、小型及以下规模矿产地分别为 185 处、376 处、2272 处，2708 个矿区已被开发利用。据统计，2021 年江西省主要尾矿库共计 290 个。

2.1.5　冶炼废渣

根据湖南省环境统计年报，2020 年湖南省冶炼废渣产生量为 660.88 万 t。冶炼废渣产生量最大的为娄底市，产生量为 414.28 万 t，其次为湘潭市，产生量为 118.05 万 t，再次为衡阳市、郴州市和湘西州，分别为 61.97 万 t、28.16 万 t 和 14.07 万 t，其他各市州产生量较少，尤其是长沙市、邵阳市和张家界市产生量仅为几百吨。

同时湖南省也是有色金属之乡，主要生产锌、铅、铜等重金属，还包括铝、镁、锑、镍、锡、钛、汞七种有色金属。根据统计局数据，2019 年湖南省十种有色金属总产量约为 174 万 t，废渣总产量约为 194 万 t（各月度产量见图 2-21），2020 年有色金属约为 215 万 t，废渣总产量约为 235 万 t（各月度产量见图 2-22）。有色金属主要产量分布在衡阳市和郴州市，两地产量占全省有色金属总产量的 70% 以上。其中，衡阳市湖南水口山有色金属集团有限公司年产 10 万 t 铅，年产炉渣 8 万 t；湖南株冶有色金属有限公司年产 30 万 t 锌，年产炉渣 23 万 t；湖南五矿铜业有限公司年产 10 万 t 铜，年产炉渣 30 万 t。郴州全市冶炼企业数量约占有色金属企业数量的 59%，十种有色金属年产量 60 万～70 万 t，8 家规模较大的铅锌冶炼企业年产废渣接近 50 万 t。

湖北省规模以上工业企业十种有色金属 2020 年产量 80.6 万 t，其中以精炼铜为主，全年产量 51.2 万 t，铅锌产量约 30 万 t，根据有色冶炼废渣产生比例，全省每年产生有色冶炼废渣约 180 万 t。湖北省有色金属冶炼企业主要分布在黄石、襄阳等地，其中以铜冶炼为主，最大的企业年产电铜 38 万 t，全省占比接近 70%，产能较为集中。

江西省十种有色金属 2020 年产量 218.9 万 t，其中电铜 160.4 万 t，铅产量约 34.7 万 t，锌产量约 18.2 万 t。根据有色冶炼废渣产生比例，全省每年产生铜冶炼渣约 480 万 t，铅锌冶炼渣约 50 万 t，共计 530 万 t。江西省有色金属冶炼企业主要分布在鹰潭、九江、抚州、上饶等地，其中以铜冶炼为主，最大的铜冶炼企业为江西铜业，电铜产量占全省约 75%，

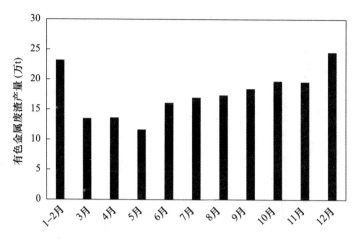

图 2-21　2019 年湖南省各月度十种有色金属废渣产量

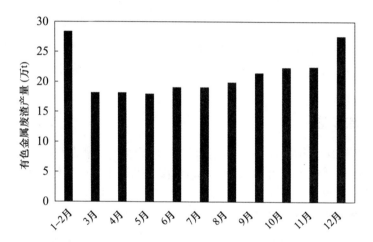

图 2-22　2020 年湖南省各月度十种有色金属废渣产量

产能比较集中。铅、锌产能主要分布于九江，分别占全省约 29％、55％。

我国有色金属冶金炉渣，目前主要直接作为水泥的原料或者经选矿技术或选冶结合的技术处理提取其中有价金属后作为水泥的原料，极少量经固化后进行填埋处理。针对湖南省典型的锌冶炼炉渣、铅冶炼炉渣、铜冶炼炉渣，部分金属含量较高的废渣经选矿处理进一步回收利用渣中铁、铜、锌等金属后再用于生产水泥。由于湖南省有色冶金炉渣中铁、SiO_2 含量较高，还有少量重金属，因此，可以探索炉渣用于生产微晶玻璃、微晶柱石、地质聚合物等高附加值的建材。

2.2　典型无机固废物质流分析

近些年来，我国颁布了大量有关固废再生利用及循环经济发展管理的相关政策、法规等，如《中华人民共和国固体废弃物污染环境防治法》，这些政策与法规均基本明确了固废再生利用的原则——减量化、资源化和无害化。简单的末端治理已不能满足固废的管理需求了，覆盖固废全周期的科学、全面、系统的管理环节即将提上日程。

目前，我国在固废管理方面仍面临一些问题，如固废处置方案不合理、产能不足、处置技术经济性较低、低值固废资源化利用率较低、绿色生产和生活方式尚未较好形成等，亟待提出一种实现全过程系统整合与优化的方法，进而实现管理的协同增效。因此，本书引入物质流分析方法，定量追踪湖南省五种典型无机固废的流量和流向，通过定量分析当前无机固废的流动情况，为未来资源循环利用提供参考。

本节物质流分析模型是以湖南省为空间边界，以 2020 年和 2021 年为时间边界，以建筑垃圾、道路垃圾、花岗岩废料、工业尾矿、冶炼废渣作为研究目标，对其从产生到废弃物的整个流动过程进行跟踪，包括产生阶段、加工阶段、使用阶段、处理阶段，最终达到量化的目的。图 2-23 为物质流分析模型框架。

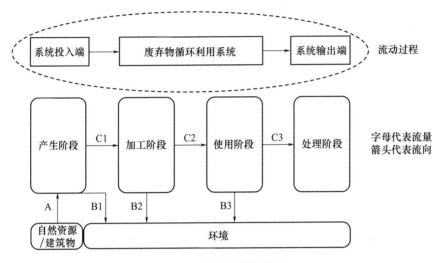

图 2-23　物质流分析模型

2.2.1　建筑垃圾

1. 产生阶段

根据湖南省住房和城乡建设厅数据、企业调研数据以及《建筑垃圾处理技术标准》(CJJ/T 134—2019) 相关计算公式，得到 2020 年和 2021 年湖南省十四个市州建筑垃圾总产生量，并得到湖南省各类建筑垃圾（工程弃土、工程垃圾、拆除垃圾和装修垃圾）的产生量。

2. 加工阶段

通过对长沙云中科技、长沙三树新材、长沙建工环保、长沙磊鑫、株洲中铁环境、常德振华和益阳方成等企业的调研，木材和金属约占工程垃圾和拆除垃圾总量的 4%～6% 和 5%～7%，木材和金属被直接回收利用，废砖瓦和废混凝土块可被加工制成再生粗骨料（65%～75%）和再生细骨料（15%～20%）。

3. 使用阶段

从建筑垃圾再生产品来看，建筑垃圾资源化利用企业（项目）利用建筑垃圾为原料生产的产品主要有再生骨料（直接使用或用于道路垫层和过滤层）、再生水稳料、再生砂浆、再生砌块等。通过对相关企业的调研可知，目前长沙市主要将建筑垃圾制成再生混合料用于市政道路的建设中，其他市州的企业目前以加工再生骨料制品为主，用于建筑、市政、水利等基础设施建设。

4. 处理阶段

再生产品使用后的二次回收情况。再生产品作为一种尚未大规模应用的二次产品,其处理阶段的二次废弃量可忽略不计。

结合湖南省建筑垃圾现状,通过了解和分析,绘制湖南省2020年和2021年建筑垃圾物质流分布,如图2-24和图2-25所示。

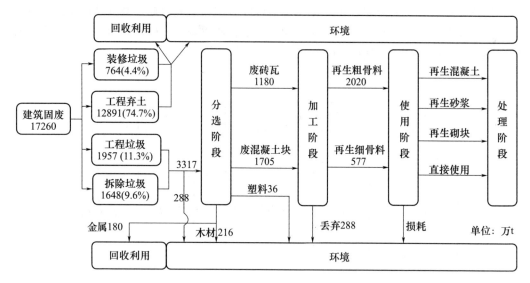

图 2-24　湖南省建筑垃圾物质流分布(2020 年)

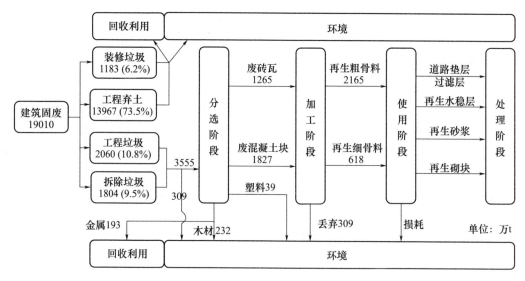

图 2-25　湖南省建筑垃圾物质流分布(2021 年)

2.2.2　道路垃圾

1. 产生阶段

道路垃圾主要是在高速公路、市政道路和地方公路大中修过程中产生的,2020 年"长株潭"及其周边地区的高速公路道路垃圾约为 12 万 t,地方公路道路垃圾产生量约为 102 万 t。

2. 加工阶段

根据道路垃圾回收利用的不同再利用方式，其中需要加工的有废旧沥青混合料的厂拌热再生、厂拌冷再生。废旧水泥混凝土主要是集中破碎，破碎筛分后作为粗细骨或粉料再利用。

3. 使用阶段

道路垃圾主要有废旧沥青混合料和废旧水泥混凝土，由于两者的组成存在一定的差异，因此两者在利用方式上也存在很大的不同。废旧沥青混合料的利用方式主要有就地热再生、厂拌热再生、就地冷再生、厂拌冷再生以及全深式冷再生，其中就地热再生、就地冷再生、全深式冷再生根据路段混合料的级配等指标，重新设计级配，加入新料或再生剂等进行就地原位再利用，不存在工厂加工阶段。废旧水泥混凝土路面再利用的主要方式有移动破碎、集中破碎和原位再生，其中移动破碎和集中破碎都是对旧水泥混凝土板进行破碎筛分后作为骨料用在路面、路缘、护坡等工程中。原位再生是将水泥路面原位破碎，一般作为基层再利用。

结合湖南省道路垃圾现状，通过了解和分析，绘制湖南省 2020 年和 2021 年道路垃圾物质流分布，如图 2-26 和图 2-27 所示。

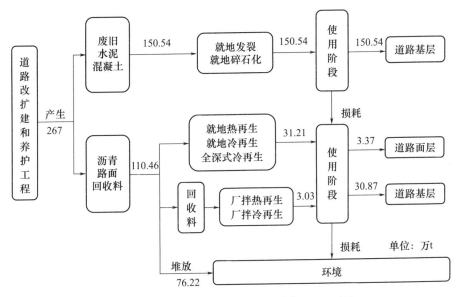

图 2-26　湖南省道路垃圾物质流分布（2020 年）

2.2.3　花岗岩废料

1. 产生阶段

花岗岩荒料在生产加工过程中会产生边角料和锯泥等花岗岩废料，其中产生的边角余料约为花岗岩荒料的 5％，锯泥约占花岗岩荒料的 2％～3％，这些废料将流入下一个加工阶段，进行回收再利用。

根据对各类石材开发利用基本情况的调研，2020 年约有 979.2 万 t 的花岗岩荒料产生并流入生产阶段，2021 年约有 1253.6 万 t 的花岗岩荒料产生并流入生产阶段，根据上述的边角料和锯泥的比例可估算出两者的产生量。

2. 加工阶段

加工阶段是将上一阶段流入的花岗岩边角料和花岗岩锯泥进行加工处理，其中花岗岩边

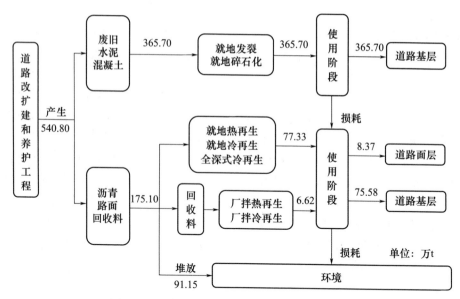

图 2-27　湖南省道路垃圾物质流分布（2021 年）

角料主要是加工制备再生骨料或机制砂，而锯泥需进行脱水处理，降低泥浆中的含水量，减少泥浆体积，然后加工制作成再生粉体。

通过调研湖南省 60 家大中型花岗岩加工厂相关信息，加工阶段中花岗岩边角料加工过程中，有 4％～6％的损耗，可生产 76％～80％的再生骨料以及 14％～18％的石粉。而关于花岗岩锯泥，约 30％无法利用，其余为脱水粉体。

3. 使用阶段和处理阶段

加工阶段产生的粉体和粗细骨料在使用阶段将被用来生产砖、砌块、机制砂和加气混凝土等再生产品。再生产品作为一种尚未大规模应用的二次产品，其处理阶段的二次废弃量可忽略不计。

结合湖南省花岗岩废料现状，通过了解和分析，绘制湖南省 2020 年和 2021 年花岗岩废料物质流分布，如图 2-28 和图 2-29 所示。

2.2.4　工业尾矿

通过对湖南省典型有色金属矿山进行调研，选取柿竹园、水口山及黄沙坪等国内外具影响力的有色金属矿山企业，了解其生产能力和相应工业尾矿的流向、流量。结合湖南省工业尾矿现状，绘制湖南省 2020 年工业尾矿物质流分布，如图 2-30 所示。

1. 产生阶段

2020 年湖南省年产尾矿 1200 万 t，郴州市年产尾矿 400 万～500 万 t，约占全省尾矿产生总量的 33％～40％，湘西州年产尾矿 300 万～400 万 t，约占全省尾矿产生总量的 25％～33％。

2. 加工阶段

通过对衡阳和郴州的工业园区调研，约有 35％的工业尾矿经过浓缩、浓密处理制备充填骨料，12％的尾矿经过浓缩、压滤处理制备建筑原材料，剩余的铅锌尾矿流入尾矿库中堆存。

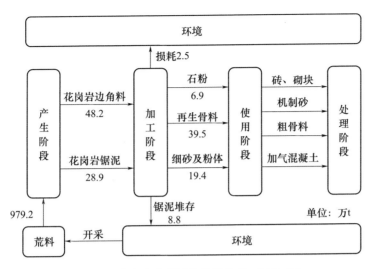

图 2-28 湖南省花岗岩物质流分布（2020 年）

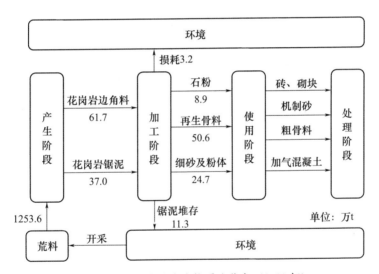

图 2-29 湖南省花岗岩物质流分布（2021 年）

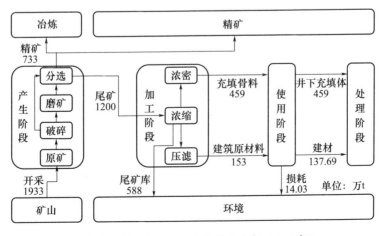

图 2-30 湖南省工业尾矿物质流分布（2020 年）

3. 使用阶段

工业尾矿制备的建筑原材料以砖瓦类为主，干混砂浆、砌块、陶粒也有一定比例。

2.2.5 冶炼废渣

冶炼废渣是在有色金属冶炼过程中产生的废渣，其产生量往往比较固定。此外，不同金属所采用的生产工艺的不同也会导致产生的冶炼废渣有所差异。通过对湖南省重要的有色金属生产基地和湖南省最大的工矿城镇进行调研，选取典型的铜、铅、锌冶炼企业，了解其生产能力和相应冶炼渣的流向、流量，绘制出 2020 年度湖南省冶炼废渣的物质流分布图，如图 2-31 所示。

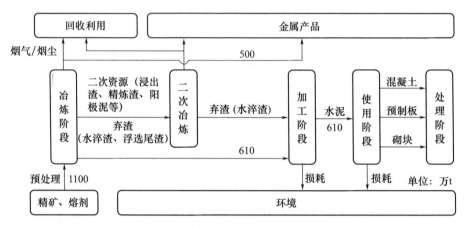

图 2-31　湖南省冶炼废渣物质流分布（2020 年）

1. 产生阶段

湖南省年产冶炼废渣约 200 万 t，郴州市年产尾矿 60 万～70 万 t，约占全省废渣产生总量的 30%～35%，衡阳年产废渣 80 万～90 万 t，约占全省冶炼废渣产生总量的 40%～45%，这两个城市的废渣占比达 70% 以上。

2. 加工阶段

通过对湖南省 11 家典型有色冶炼企业的调研，冶炼废渣在加工阶段根据使用需求被加工成水泥和废渣砖等再生建材产品。

3. 使用阶段

从废渣再生产品来看，废渣资源化利用企业利用有色冶炼废渣生产的产品主要为水泥，用于混凝土、预制板及砌块等建材。

2.3　建筑垃圾动态物质流分析模型与产排预测

据调研，我国绝大多数地区缺乏详细的建筑垃圾统计数据，为了解决这一问题，学者目前多采用动态物质流分析（dynamic material flow analysis，DMFA）方法，对建筑垃圾未来的物质流动进行预测与分析。如 Müller 基于构建的 DMFA 模型，对 1900 年至 2100 年间荷兰建筑垃圾的产生情况进行了评估和预测，效果较好。后来，中国、挪威、德国、美国等国家也相继采用该模型进行相应研究。通过分析国内外现有相关研究，较多针对建筑垃圾的研究仅关注其源头减量化阶段，对其制备成再生产品后的经济与环境效益考虑较少。王地春等以废旧黏土砖为研究对象，通过生命周期评价方法（life cycle assessment，LCA），分析了其资源化利用过程中的环境收益，研究范围较狭窄。Zhang等以重庆市建筑垃圾为研究对象，通过物质流分析和生命周期评价等方法，对其在不同资源化利用路径下的环境效益进行了静态分析，但未对其进行动态和系统分析。综上所述，对建筑垃圾资源化利用过程进行全面分析是十分必要的。

基于Müller构建的库存驱动DMFA模型，本节建立了考虑经济与碳减排效益的建筑垃圾动态物质流模型（图2-32）。该模型以湖南省建筑垃圾为研究对象，综合考虑建筑垃圾减量化与资源化这一动态过程，具体包括其产生阶段、分选处置阶段、资源化利用阶段，评估了湖南省过去30年间建筑垃圾（具体包括拆除垃圾和工程垃圾）的产量情况，预测了不同发展情景下2060年的建筑垃圾产生量及成分组成。与此同时，结合经济成本与碳排放评价方法，分析了不同再生产品的碳减排与经济效益，最终形成了再生产品综合评价方法，可有效指导湖南省建筑垃圾资源化利用相关政策的制定。

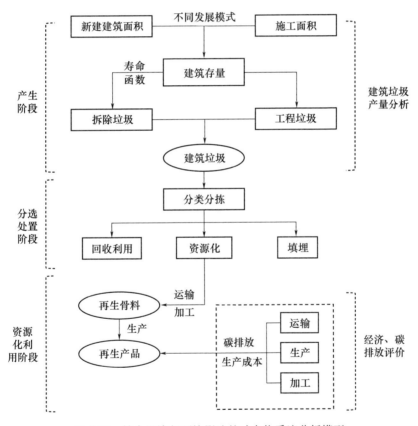

图2-32　结合经济与环境影响的动态物质流分析模型

2.3.1　计算模型

2.3.1.1　建筑垃圾产生量分析模型

以新建建筑面积和施工面积作为建筑垃圾未来产量预测的两个主要驱动因素，提出了下述建筑垃圾产生量分析模型。其中，工程垃圾产量的计算依据为施工面积，具体计算公式见式（2-1）；拆除垃圾产量的计算依据为新建建筑面积，具体计算公式见式（2-2）～式（2-4）。

$$WS_t = S_t \times m_g \qquad (式 2\text{-}1)$$

式中 WS_t——第 t 年产生的工程垃圾量，t；

$\quad S_t$——第 t 年的建筑施工面积，m^2；

$\quad m_g$——单位施工面积的工程垃圾产生量基数，$t/10^4 m^2$。

拆除面积的计算采用数学生存函数，选取正态分布函数来拟合建筑寿命曲线，从而获得拆除面积并计算拆除垃圾量。见式（2-2）～式（2-4）：

$$L(t,t') = \frac{1}{\sigma\sqrt{2\pi}} \times e^{\frac{t-t'-\tau}{2\sigma^2}} \qquad (式 2\text{-}2)$$

$$D_t = \sum_{t'=t_0}^{t} L(t,t') \times N_{t'} \qquad (式 2\text{-}3)$$

$$WD_t = D_t \times m_c \qquad (式 2\text{-}4)$$

式中 $L(t,t')$——建筑物的寿命分布函数，代表在第 t' 年建成的建筑物在第 t 年被拆除概率；

$\quad \tau$——建筑物的平均寿命；

$\quad \sigma$——正态分布标准差，取 0.3τ；

$\quad D_t$——建筑物在第 t 年的拆除面积，m^2；

$\quad N_{t'}$——第 t' 年的新建建筑面积，m^2；

$\quad t_0$——1990 年；

$\quad WD_t$——第 t 年产生的拆除垃圾量，t；

$\quad m_c$——单位面积拆除垃圾产生量基数，$t/10^4 m^2$。

2.3.1.2 碳排放与经济评估模型

上述中建筑垃圾产生量分析模型是基于建筑垃圾资源化利用阶段所构建的，为了评估建筑垃圾资源化利用过程中的经济成本与碳排放效益，本节计算了原材料生产运输阶段、再生产品加工阶段的经济成本与碳排放效益，为了便于比较不同资源化利用路线的差异，本模型的功能单位定义为生产 1t 的再生产品。

1. 碳排放

$$C = C_{sc} + C_{ys} + C_{jg} \qquad (式 2\text{-}5)$$

$$C_{sc} = M_j \times F_j \qquad (式 2\text{-}6)$$

$$C_{ys} = M_j \times D_j \times T_j \qquad (式 2\text{-}7)$$

式中 C——再生产品碳排放总量，$kg\ CO_2\text{-eq}/t$；

$\quad C_{sc}$——原材料在生产阶段碳排放量，$kg\ CO_2\text{-eq}/t$；

$\quad C_{ys}$——原材料运输阶段碳排放量，$kg\ CO_2\text{-eq}/t$；

$\quad C_{jg}$——再生产品加工制造阶段碳排放量，$kg\ CO_2\text{-eq}/t$；

$\quad j$——原材料种类；

$\quad M_j$——原材料 j 的使用量，t；

$\quad F_j$——原材料 j 的排放因子，$kg\ CO_2\text{-eq}/t$；

$\quad D_j$——原材料 j 平均运输距离，km；

$\quad T_j$——运输工具碳排放因子，$kg\ CO_2\text{-eq}/(t\cdot km)$。

公式中的参数及其数据来源见表 2-4。

表 2-4 参数值及数据来源

阶段	进程		值	来源
原材料阶段	建筑垃圾		0	中国生命周期基础数据库（Chinese Life Cycle Database，CLCD）
	P·O42.5水泥		735kg CO_2-eq/t	《建筑碳排放标准》
	工业用水		12.32kg CO_2-eq/t	CLCD
运输阶段	中型货车（满载）		0.042kg CO_2-eq/（t·km）	CLCD
	重型货车（满载）		0.049kg CO_2-eq/（t·km）	
	货车（空载）		0.07kg CO_2-eq/（t·km）	CLCD
	建筑垃圾产生点距再生企业距离		15km	现场调研
	水泥生产企业距离再生企业距离		100km	现场调研
生产阶段	再生骨料生产线	破碎设备	0.4725kg CO_2-eq/t	调研+CLCD
		水浮选设备	1.5576kg CO_2-eq/t	
	再生混凝土生产线		0.3549kg CO_2-eq/t	调研+CLCD
	再生水稳层生产线		0.3169kg CO_2-eq/t	调研+CLCD

2. 生产成本

$$W=W_{yl}+W_{ys}+W_{jg}$$ （式 2-8）

式中 W——再生产品生产成本，元/t；

$\quad W_{yl}$——所用原料价格，元/t；

$\quad W_{ys}$——原料运输阶段费用，元/t；

$\quad W_{jg}$——再生产品加工制造阶段的能源、人工、折旧等费用，元/t。

2.3.2 数据的来源及演变趋势的假设

2.3.2.1 数据来源

数据来源主要为《湖南省统计年鉴》《长沙市统计年鉴》及相关调研报告。部分参数设置参考《湖南省建筑垃圾资源化利用发展规划（2020—2030）》中的有关规定，如单位面积拆除垃圾产生量基数取为 8000（t/10^4m²），单位施工面积的工程垃圾产生量基数取为 400（t/10^4m²）。再生产品的碳排放系数取值源于国家标准《建筑碳排放计算标准》（GB/T 51366—2019）；而碳排放及生产成本数据取值参考有关湖南省再生企业调研数据。

2.3.2.2 建筑垃圾演变趋势的情景假设

由于建筑寿命和城市发展速度是影响未来建筑垃圾产量的主要因素，因此本节分别设置了短、中、长 3 种建筑寿命和 4 种发展速度情景，进而分析不同情况下至 2060 年湖南省建筑垃圾的产量情况。

1. 建筑寿命周期

目前，我国住宅建筑寿命普遍低于设计寿命，调查显示现有城市建筑平均实际寿命仅为

30～40 年。在此基础上，设定短、中、长寿命周期，具体见表 2-5。

表 2-5　建筑寿命设置

建筑寿命周期	1990—2020 年	2021—2060 年
短寿命	30 年	30 年
中寿命	30 年	50 年
长寿命	30 年	70 年

2. 发展情景

通过历年新建建筑面积和施工面积的变化规律来显示湖南省过去的城市发展情况，如图 2-33 所示。

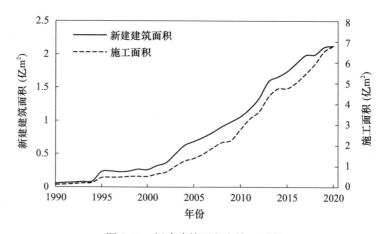

图 2-33　新建建筑面积和施工面积

为了说明湖南省未来的发展情景，定义一个变量，即新建建筑面积的环比发展速度 Z，见式（2-9）。

$$Z = A_t / A_{t-1} \qquad\qquad （式 2-9）$$

式中　A_t——第 t 年新建建筑面积，m^2；

　　　A_{t-1}——第 $t-1$ 年新建建筑面积，m^2。

由图 2-34 可知，在过去的十几年间，新建建筑面积环比发展速度总体呈下降趋势。而在过去 5 年里（2015—2020 年），新建建筑面积环比发展速度进入较稳定状态，呈现平缓的下降趋势，这一现象与湖南省城镇化率增长速度减缓以及全省城镇棚户区和城乡危房改造及配套基础设施建设工作已基本完成密切相关。

情景 1 至情景 4 均反映了未来一段时间内湖南省建设项目总建筑面积将继续上升，但增长率会持续下降，如图 2—35 所示。其中，情景 1 中增长率逐渐下降到 1，保证了经多年开发后建筑面积不会出现指数级增长，情景 4 中开发速度最低，其假设新建建筑面积在 2025 年左右就出现下降。

同时，根据新建建筑面积与施工面积的拟合关系，详情如图 2-36 所示，得到 4 种情景下的施工面积变化趋势，如图 2-37 所示。

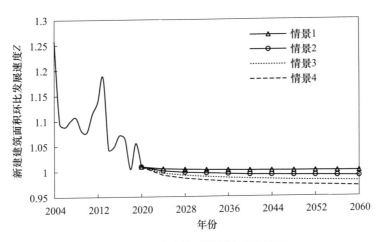

图 2-34　新建建筑面积环比发展速度

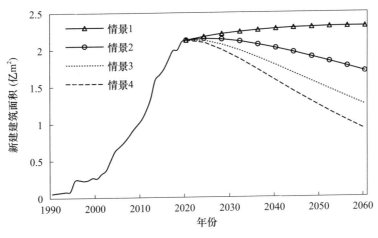

图 2-35　新建建筑面积（1990—2060 年）

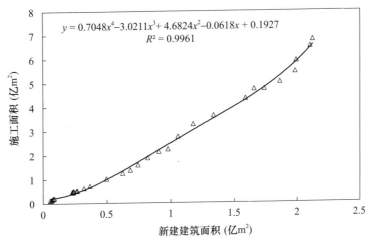

图 2-36　新建建筑面积与施工面积的拟合关系

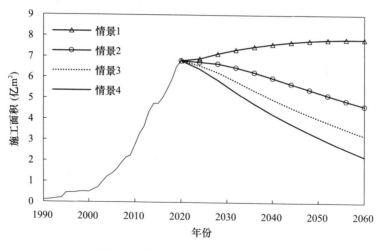

图 2-37　施工面积（1990—2060 年）

2.3.3　模型数据结果及预测

2.3.3.1　模型精确度检验

经过建筑垃圾估算模型计算，可得到湖南省建筑垃圾产生量的动态变化结果，并将预测数据与统计数据进行比较，如图 2-38 所示。由图 2-38 可知，预测结果和统计数据吻合度较好，尤其是 2010 年以后的数据。2010 年前，湖南省建筑垃圾产生量预测值要低于统计值，其原因为拆除活动是从 1990 年开始考虑，并未对在此之前的拆除活动所产生的建筑垃圾进行考虑。总体来看，湖南省建筑垃圾产生量预测值与统计值之间的平均误差为 0.16，小于检验指标，表明本书所提模型具有较高的可靠性，可以利用其进行建筑垃圾产生量的预测研究。

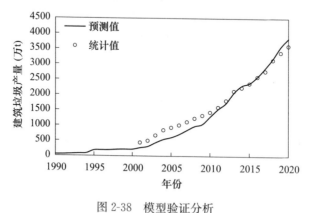

图 2-38　模型验证分析

2.3.3.2　湖南省建筑垃圾产排预测

由图 2-39 可知，虽然不同寿命与不同发展情景下的建筑垃圾产生量存在显著差异，然而其变化规律大多呈现先增后降的变化趋势。未来，建筑垃圾产生量仍将高速增长，在不同的建筑寿命和发展情景下，2020—2060 年间湖南省建筑垃圾累计产生量将达 11.6～50 亿 t，约为 1990—2019 年间建筑垃圾累计产生量的 3.9～16.7 倍，建筑垃圾年产生量达到 0.45～2 亿 t，建筑垃圾处理压力进一步增加。

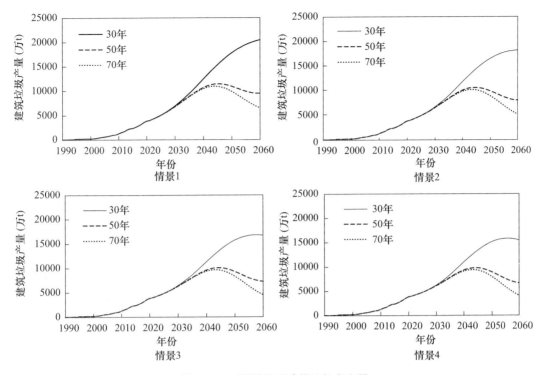

图 2-39 不同情景下建筑垃圾产生量

1. 建筑寿命周期

由图 2-39 可知, 在未来十几年里, 湖南省建筑垃圾数量将快速增长, 尤其是当建筑寿命周期较短时, 同时由于低质量的住宅不断被替换, 会使这种趋势持续至 2050 年左右。与短寿命周期情况相比, 中寿命周期和长寿命周期情况下的建筑垃圾产生量较低。以情景 1 为例, 在研究时间范围内, 中寿命周期和长寿命周期情况下的建筑垃圾产生量在 2020 年迅速增长, 然后于 2045 年前后分别达到峰值, 峰值为 1.14 亿 t/年和 1.09 亿 t/年, 随后分别下降至 2060 年的 0.95 亿 t/年和 0.65 亿 t/年, 短寿命周期情况下的建筑垃圾产生量在研究时间范围内的最大值为 2.04 亿 t, 分别是中、长寿命周期下的 1.8 倍、1.9 倍。由此可见, 通过延长建筑使用寿命这一途径, 可有效减少建筑垃圾的产生量和对资源环境的不利影响。

2. 发展情景

不同建设发展速度也会影响建筑垃圾的产生量。在研究时间范围内, 情景 1 下建筑垃圾最大值为 2.04 亿 t, 情景 4 下建筑垃圾产生量在 2056 年达到峰值, 峰值为 1.58 亿 t, 较情景 1 降低了约 23%。同时, 由于每年仍有大量新建建筑, 使情景 1 下建筑垃圾产生量的达峰时间推迟至 2060 年以后, 对应峰值也会进一步增加, 这会使湖南省资源环境压力增大。

2.3.3.3 建筑垃圾组分分析

在分选处置阶段, 依据成分组成, 建筑垃圾会被分选, 进而直接回收、资源化利用或填埋。

选定发展情景 1 的建筑背景, 分析湖南省建筑垃圾组分, 如图 2-40 所示。建筑垃圾中废砖瓦、废混凝土块都是占比较大的组分, 总占比 87%, 表明该部分是建筑垃圾资源化利用的主要部分。其次是木材和金属, 分别占比 4%~6% 和 5%~7%, 其余的占比 1%。从长远看, 建筑垃圾作为一种可被有效稳定利用的二次资源，其可资源化利用的数量相当可观，建筑垃圾中的废砖瓦、废混凝土块再生利用可生产再生骨料、再生路面透水砖、再生路基路面材料等新型绿色建材。大部分废金属经简单加工处理即可循环利用，如建筑钢筋、铝合金等。

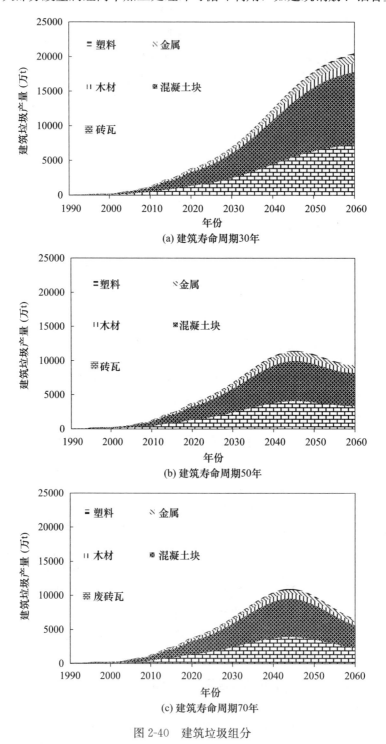

(a) 建筑寿命周期30年

(b) 建筑寿命周期50年

(c) 建筑寿命周期70年

图 2-40 建筑垃圾组分

2.3.3.4 再生产品成本与环境效益分析

建筑垃圾资源化利用过程中带来的经济、碳减排效益是驱动现阶段资源化利用行为的重要因素。通过经济成本与碳排放评估模型，得到再生骨料、全再生混凝土（C30）、全再生水稳层的成本及碳排放，见表2-6所示。

表2-6 再生产品成本效益及碳排放

| 产品 | 阶段 | | | | | | 合计 | |
| | 原材料 | | 运输 | | 生产 | | | |
	碳排放a	成本b	碳排放	成本	碳排放	成本	碳排放	成本
再生骨料	0	0	1.86	0	2.03	7.05	3.89	7.05
全再生混凝土（C30）	150.87	99.39	2.38	—	0.35	0.74	153.60	100.13
全再生水稳层	35.27	27.09	0.52	—	0.32	0.58	36.11	27.67

注：a kg CO_2-eq/t；

b 元/t；

"—"表示成本包含在上一阶段，此处不作统计。

表2-6中，分原材料、运输、生产三个阶段计算建筑垃圾再生产品成本效益及碳排放的具体内容如下：①根据全寿命周期评估（LCA）准则，再生骨料生产所用的原材料（建筑垃圾）为低值废弃物，评估时应忽略其上游产生过程。因此，再生骨料原材料阶段的碳排放和成本均为0，而对于全再生混凝土和全再生水稳层，原材料阶段的碳排放和成本较高，由表2-4中的数值可看出，水泥贡献了很大一部分碳排放和成本；②据调研，建筑垃圾的转运工作是由其产生单位完成，因此，所有再生产品运输阶段的成本均不计入生产企业的成本中；③由于建筑垃圾组分复杂，用于前处理的筛分、水选、破碎等设备价格较昂贵，相应设备折旧费用较高，导致再生产品碳排放和成本主要集中在生产阶段。

将再生产品与天然产品进行对比，可更直观地反映出再生产品的碳减排能力。由表2-7可知，再生骨料、全再生混凝土、全再生水稳层分别减碳可达19.8％、47.9％、22.5％，均具有较好的减碳效果。因此，大力推行建筑垃圾资源化利用可有效实现建筑业碳减排。

表2-7 再生产品碳减排能力

产品名称	类型	碳排放（kg CO_2-eq/t）	减碳（％）
骨料	砾石、砂	4.85	19.8
	再生骨料	3.89	
混凝土	C30混凝土	295.00	47.9
	C30再生混凝土	153.60	
水稳层	水稳层	46.60	22.5
	再生水稳层	36.11	

根据建筑垃圾动态物质流分析结果可知，在未来几十年里，湖南省将面临巨大的建筑垃圾处置压力。不同建筑寿命周期与不同发展速度均对建筑垃圾产量有影响，如短寿命周期下建筑垃圾的峰值产生量为中、长寿命周期下建筑垃圾峰值产量的1.8倍、1.9倍，最低发展速度下的峰值产生量较最高发展速度下峰值产生量降低约23％。数据表明延长建筑寿命周期和发展城市可持续建设可有效减少建筑垃圾产量。

除了建筑垃圾减量化，对其进行资源化利用也是一种缓解建筑垃圾处置压力的重要方式。建筑垃圾组成成分复杂，其中废弃混凝土块废砖瓦、废木材、废金属占比分别为87%、4%～6%、5%～7%，数量较大，可用于资源化利用。再生骨料、全再生混凝土、全再生水稳层减碳分别可达到19.8%、47.9%、22.5%，表明不同资源化利用路线下的再生产品均具有较好的减碳效果。

目前，由于国内有关再生产品质量标准与施工技术的规范体系仍不完善，形成有关再生产品的材料、施工、验收、维护全链条过程的标准和规范体系具有十分重要的意义。

2.4　道路垃圾动态物质流分析与产排预测

本节研究对象为湖南省交通体系中的道路垃圾（高速公路、地方公路），范围为湖南省，时间跨度为1949—2100年。分析框架将道路垃圾生命周期分为产生阶段、加工阶段、再利用阶段。产生阶段是道路改扩建和养护工程产生废旧水泥混凝土和废旧沥青混合料；加工阶段是对产生的道路垃圾进行不同途径的处理使之可以重新成为建筑材料；再利用阶段是指将加工之后的废旧材料重新在道路上使用的过程。

2.4.1　计算模型

以湖南省高速公路和地方公路为系统边界，基于Origin拟合平台构建公路的动力学模型（图2-41），高速公路的拟合时段为1994—2100年，地方公路的拟合时段为1949—2100年。模型包括3个子模块。

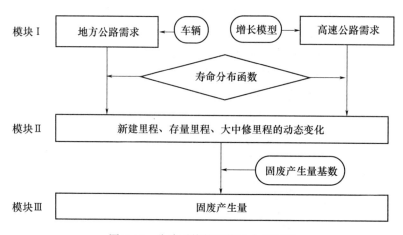

图2-41　公路系统的系统动力学模型

模块Ⅰ是高速公路和地方公路需求模块。高速公路流量受城市规划和建设驱动，地方公路主要与居民生活和经济活动需求有关，当年地方公路需求存量（H^L）为车辆保有量（C）和车均地方公路里程（M）的乘积［式（2-10）］。

$$H^L_t = C^L_t \times M^L_t \qquad\qquad （式2-10）$$

式中　H^L_t——湖南省地方公路在t年的存量，km；

　　　C^L_t——t年的湖南省车辆保有量，万辆；

　　　M^L_t——t年的湖南省车均地方公路里程，km/万辆。

高速公路在资源运输方面有着不可替代的作用，是交通运输的大动脉，其规划和建设往往与城市规划和建设有机地结合起来，因此高速公路的里程增长与城市和区域的发展息息相关，参照《世界城市化展望2018》中高速网的建设以及目前高速网基本建成的发达城市（如上海市）的高速公路里程发展，可对湖南省高速公路需求存量（H^E）采用 logistic 增长函数进行预测，如图 2-42 所示。

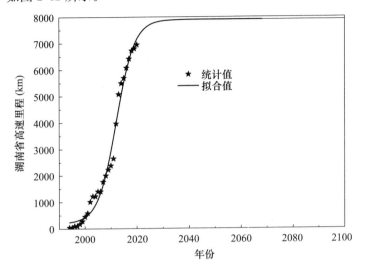

图 2-42　湖南省高速公路里程增长趋势

根据汽车发展预测，到 2045 年湖南省车辆保有量将达到 3200 万辆，用 logistic 增长函数拟合 2021—2100 年的车辆保有量，湖南省 2100 年车辆保有量将达到 3200 万辆，如图 2-43 所示。根据湖南省车均地方公路里程统计数据，假设其增长趋势符合 logistic 函数，最终达到 2500km/万辆，如图 2-44 所示。

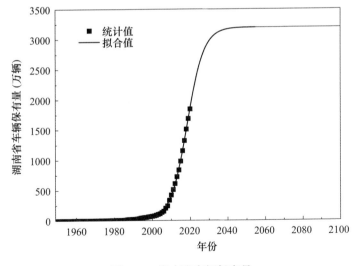

图 2-43　湖南省车辆保有量

模块Ⅱ为流量-存量模块，用来模拟新建里程、存量里程、大中修里程的动态变化，模型汇总每年新建面积等于当年存量里程与上一年存量里程之差，见式（2-11），物质流分析模型中大中修里程的计算方法是利用寿命分布函数并考虑拟合时段内的循环养护，见式（2-12），关于寿命分布函数，不同研究提出了不同的观点。本书选用正态分布函数拟合公路的寿命曲

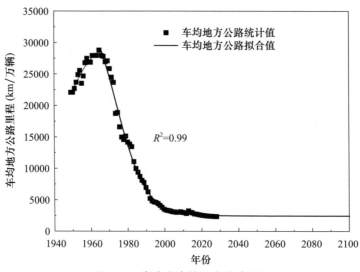

图 2-44 湖南省车均地方公路里程

线，使用正态分布模型表征公路的寿命分布，见式（2-13），建立公路的大中修曲线从而获得大中修里程，该模型已经在多个物质流分析研究中使用。《公路工程技术标准》（JTG B01—2014）中规定，新建水泥混凝土高速公路的设计使用寿命为 30 年，新建沥青混凝土高速公路的设计使用寿命 15 年；普通国、省公路的平均寿命为 10 年。在公路的实际服役过程中，由于承受的荷载、环境等的不同，其使用寿命存在一定的差异，考虑到公路寿命特点，在模型分析中分别设置短寿命（6 年）、中寿命（10 年）、中长寿命（20 年）和长寿命（30 年）四个寿命情景。

各模块中参数计算公式如下：

$$N_t^{E,L} = H_t^{E,L} - H_{t-1}^{E,L} \tag{式 2-11}$$

$$D_t = \sum_{t'=t_0}^{t} L(i,t) \times N_t^{E,L} \tag{式 2-12}$$

$$L(t,t') = \frac{1}{\sigma \sqrt{2\pi}} \times e^{-\frac{(t-t'-\tau)^2}{2\sigma^2}} \tag{式 2-13}$$

式中 $N_t^{E,L}$——t 年的湖南省公路新建里程，km；

$L(t, t')$——公路的寿命分布函数，代表在第 t' 年建成的建筑物在第 t 年需要大、中修的概率；

τ——公路的平均寿命；

σ——正态分布标准差，取 0.3τ；

D_t——公路在第 t 年的大、中修里程，km；

t_0——新建公路的建成年份；

E——高速公路；

L——地方公路。

模块Ⅲ为环境模块，主要考虑高速公路和地方公路在大、中修养护工程活动中的道路垃圾产生量，见式（2-14）、式（2-15）。

$$WD_t^E = D_t \times m_E \tag{式 2-14}$$

$$WD_t^L = D_t \times m_L \tag{式 2-15}$$

式中 WD_t——第 t 年的道路垃圾产生量，t；

　　　　m_E——单位高速公路里程道路垃圾产生量基数，根据调研统计取 880，t/km；

　　　　m_L——单位地方公路里程道路垃圾产生量基数，根据调研统计取 2033，t/km。

2.4.2 数据的来源

数据主要来自 EPS DATA、统计年鉴、行业报告、相关文献以及实际调研等，本部分的重点是对道路垃圾产排预测及再生利用的解析，早期较低的数据对现状的流量及存量影响较小，因此，在对道路垃圾产生量的调研中选取近三年的数据。

2.4.3 模型数据结果与预测

2.4.3.1 公路存量-流量

由图 2-45 可知，地方公路存量和高速公路存量将在 2031 年和 2050 年达到饱和，分别为 451137km 和 11180km，至 2100 年地方公路里程减至 303659km，高速公路里程基本保持不变。地方公路和高速公路新建里程已在 2018 年和 2016 年左右达到峰值，分别为 3688km 和 490km，达到峰值后新建里程下降速度更为显著，地方公路和高速公路分别在 2031 年和 2050 年左右停止新建。

短寿命情景下，高速公路大中修里程 2022 年已达到峰值，地方公路大中修里程于 2028 年达到峰值，分别为 534km 和 3210km，此后至 2100 年，地方公路大中修里程降至 2191km，高速公路的大中修里程基本保持不变。在中寿命、中长寿命和长寿命情景下，地方公路的养护里程将在 2029 年、2037 年和 2046 年达到第一个小高峰，分别为 2197km、1384km 和 1370km，此后，以逐渐降低的趋势波动。高速公路大中修里程将在 2024 年、2032 年和 2043 年达到第一个小高峰，分别为 304km、224km 和 157km，长寿命情景下，大中修里程的峰值出现更晚、波动更大。

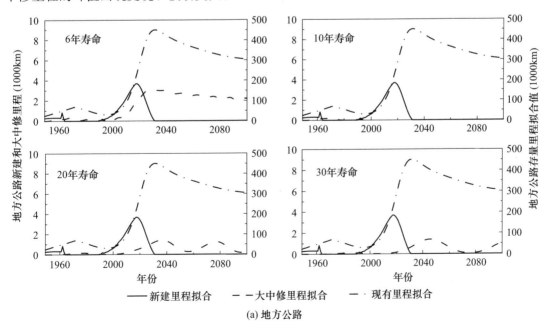

(a) 地方公路

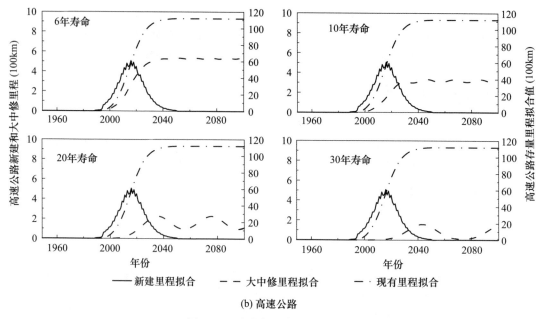

图 2-45 公路存量-流量动态变化

2.4.3.2 道路垃圾产生量

图 2-46 显示了地方公路和高速公路在 4 种寿命情景下 1949—2100 年的公路固废总产生量。在短寿命情景下，地方公路固废产生量在 2028 年达到峰值 652 万 t，高速公路固废产生量在 2022 年达到峰值 238 万 t，此后地方公路固废以下降趋势波动，至 2100 年固废产生量为 445 万 t，高速公路产生的公路固废以峰值为轴波动变化。在中寿命、中长寿命和长寿命情景下，地方公路的公路固废产生量在 2029 年、2037 年和 2046 年达到第一个小峰值，分别为 447 万 t、291 万 t 和 280 万 t，此后以逐渐下降的趋势波动；高速公路的公路固废产生量与地方公路的公路固废产生量变化趋势相似，在 2024 年、2032 年和 2043 年达到第一个小峰值，分别为 183 万 t、139 万 t 和 110 万 t，此后，公路固废产生量以峰值为轴波动变化。设定的公路寿命越长，则大中修里程的峰值出现更晚、波动更大。

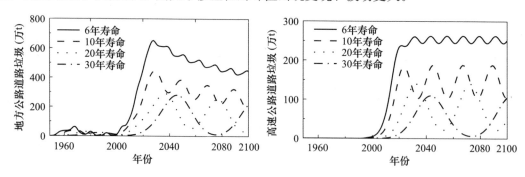

图 2-46 地方公路和高速公路道路垃圾产生量预测

根据近三年湖南省地方公路和高速公路道路垃圾产生量的调研结果，短寿命的道路垃圾产生量更加符合湖南省的道路垃圾产生量实际情况，这意味着目前湖南省公路已经进入了大中修的高峰期，道路垃圾产生量正逐渐增长并很快达到峰值，在未来几年里，道路垃圾急需合理再生利用。

2.5 典型无机固废资源化利用碳排放核算

在避免废弃混凝土填埋、减少运输距离与贮存阶段的碳吸收等方面，再生骨料具有碳减排潜力。我国建筑垃圾年产生量约 20 亿 t，是生活垃圾产生量的 10 倍左右，约占城市固废总量的 40%。一方面，建筑废物处置占用土地资源；另一方面，建筑与道路拆除、废弃物填埋过程中对能源和资源的消耗会带来大量的温室气体排放。因此，在建筑、道路等大型基础设施的废弃过程中推行节能降碳具有重要意义。截至 2021 年底，我国公路总里程 528.07 万千米，公路密度 55.01 千米/百平方千米，公路养护里程 525.16 万千米，其中 90% 以上的路面均为沥青路面。我国 20 世纪 90 年代后建成的高速公路大多进入大、中修期，按照沥青的设计寿命为 15～20 年计算，每年约有 12% 沥青路面面临翻修。大中修养护产生的废旧材料面临循环利用的突出问题，我国高等级公路每年大中修里程数达 3.5 万千米，每年产生沥青混凝土路面废料约 3500 万 m^3。

2.5.1 再生建材碳排放计算方法

再生建材碳排放碳足迹核算依据《2006 年联合国政府间气候变化专门委员会国家温室气体清单指南》中第 1 层级核算方法为依据，计算公式见式（2-16）：

$$TE = \sum (AD_n \times EF_n \times DE_q) \qquad \text{（式 2-16）}$$

式中　TE——产品碳足迹（Total emission）；

　　　AD——第 n 类物质/能源活动水平数据（Activity data）；

　　　EF——第 n 类物质/能源排放因子（Emission factor）；

　　　DE——第 n 阶段中第 q 类温室气体（Greenhouse Gas，GHG）直接排放折 CO_2 当量（kg CO_2-eq）。

根据 PAS 2050 的要求，"摇篮到坟墓"阶段应包括从原材料的提取或获取到废物的回收和处理，"摇篮到坟墓"范围如图 2-47 所示。

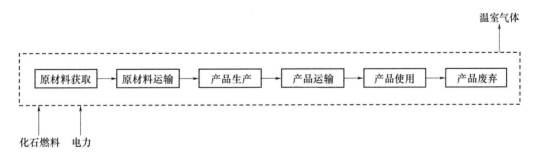

图 2-47 "摇篮到坟墓"各阶段核算范围

"摇篮到坟墓"包括原材料获取、原材料运输、产品生产、产品运输、产品使用、产品废弃共 6 个阶段。其中包含产品生产过程中的化石燃料直接排放与电力间接排放导致的温室气体排放。

2.5.2 再生骨料碳排放

1. 再生骨料碳排放核算

再生骨料的原材料主要是建筑物拆除产生的建筑垃圾，主要排放源为拆除建筑物的机械设备，包含挖掘机、雾炮机等，主要的通过消耗燃油提供动力，通过对相关企业实际运行数据监测，获得建筑物拆除过程中，每万 t 建筑垃圾拆除消耗燃油约 2118L，折算为碳排放约为 0.58kg CO_2-eq/t。在原料运输阶段，碳排放源主要为交通运输工具燃料排放，以平均运输距离 10km 为例，再生骨料在原料运输阶段碳排放约 0.37kg CO_2-eq/t。再生骨料生产阶段碳排放包含直接排放和间接排放，直接排放主要是挖机、铲车、柴油发电机等设备的燃油排放，约 0.72kg CO_2-eq/t；间接排放为给料机、破碎机、振动筛、洗石机等设备的电力消耗排放，约 0.21kg CO_2-eq/t。在产品运输阶段，以平均 30km 运输距离为例，碳排放量约 1.11kg CO_2-eq/t。产品使用阶段碳排放约 3.13kgCO_2-eq/t。

表 2-8　再生骨料各阶段碳排放情况　　　　　　　　　　　　单位：kgCO_2-eq/t

序号	阶段	排放量
1	原材料获取阶段	0.58
2	原材料运输阶段	0.37
3	产品生产阶段	0.93
4	产品运输阶段	1.11
5	产品使用阶段	3.13
6	产品废弃阶段	0
合计		6.12

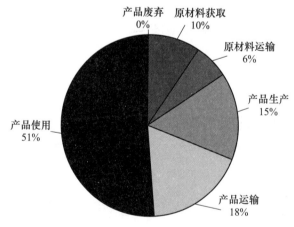

图 2-48　再生骨料全生命周期各阶段碳排放比例

2. 再生骨料生产企业范围三碳排放

企业范围三属于其他间接温室气体排放，考虑了除范围一（即直接温室气体排放）和范围二（即电力产生的间接温室气体排放）外的所有其他间接排放。范围三的排放是一家公司活动的结果，但并不是产生于该公司拥有或控制的排放源。结合企业实际生产工艺与产业链情况，确定企业范围三如图 2-49 所示。由图 2-49 可知，企业范围三核算范围包括原材料获取、原材料运输、产品运输、员工通勤、员工差旅共 5 个部分。其中该范围内，包含化石燃料直接排放与电力间接排放导致的温室气体排放。

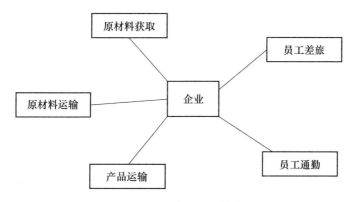

图 2-49　企业范围三核算范围

本节对两个不同再生骨料企业进行了范围三碳排放计算，并与天然骨料碳排放进行了对比。在原材料获取与运输阶段，再生骨料生产企业相比天然骨料生产企业具有减碳效益；现实场景中，移动式生产线生产再生骨料可实现现场再生利用，省去产品运输阶段的温室气体排放，达到更好的减碳效果。总体范围三结果对比见表 2-9，企业一排放强度为 2.30kgCO$_2$-eq/t，企业二排放强度为 2.07kgCO$_2$-eq/t，企业三排放强度为 1.36kgCO$_2$-eq/t。再生骨料生产企业范围三排放比天然骨料生产企业范围三排放低约 40%。

表 2-9　骨料生产企业范围三碳排放量

企业名称	产品类别	范围三各部分	GHG 排放量（kgCO$_2$-eq/t）
企业一	750t/h 天然骨料	原材料获取	0.81
		原材料运输	0.37
		产品运输	1.11
		员工通勤	0.01
		企业范围三排放强度合计	2.30
企业二	250t/h 再生骨料（固定式产线）	原材料获取	0.58
		原材料运输	0.37
		产品运输	1.11
		员工通勤	0.01
		员工差旅	0
		企业范围三排放强度合计	2.07
企业三	250t/h 再生骨料（移动式产线）	原材料获取	0.58
		原材料运输	0.00
		产品运输	0.56
		员工通勤	0.21
		员工差旅	0.01
		企业范围三排放强度合计	1.36

再生骨料集约化利用替代天然骨料在环境方面也有很大价值。一方面，再生骨料的回收解决了城市建筑垃圾的处置问题。城市建筑垃圾的传统处理方式是在城市边缘地区进行填埋，填埋处理存在种种弊端，相关研究表明，建筑垃圾堆放或填埋占用土地面积达 $0.15m^2/t$；建筑垃圾的表观密度为 $1.5\sim1.8t/m^3$，占用土地面积达 $0.24m^2/t$。另一方面，天然骨料的来源包括河砂开采、采石场开采等。对于河砂等天然砂，近年来由于被大量开采，导致河砂数量大幅减少，而且河砂开采后会造成地面塌陷，对环境造成破坏，因此目前我国对于河砂开采也有着更为严格的管制；对于采石场开采生产机制砂，矿山的开发会造成土壤结构及地表植被的破坏，对地表水、地下水、土壤、植被和大气环境造成污染。而采用资源化利用方式回收利用废旧混凝土、废旧砖等建筑垃圾，替代天然骨料的使用，能够在减少碳排放的同时，有效解决上述环境问题。

2.5.3　厂拌热再生沥青混合料能耗和碳排放

《公路工程预算定额》（JTG/T 3832—2018）和《公路工程机械台班费用定额》（JTG/T 3833—2018）中厂拌热再生沥青混合料 AC-20 生产环节能耗计算如下：

①在《公路工程预算定额》（JTG/T 3832—2018）生产 $1000m^3$ 中粒式改性沥青混合料需各种机械的台班数；

②在《公路工程机械台班费用定额》（JTG/T 3833—2018）中查询机械运行设备能源消耗量；

③计算生产 $1000m^3$ 中粒式改性沥青混合料能源累计消耗量。

根据再生沥青混合料目标配合比设计结果，RAP 料掺量为 50%，其中粗铣刨料和细铣刨料比例分别是 38% 和 12%。根据混合料体积指标确定 AC-20 的最佳沥青用量为 4.5%，50%RAP 掺量的高掺量再生沥青混合料，外加沥青用量需扣除粗、细铣刨料中沥青量，铣刨料抽提试验结果表明旧沥青含量为 4.0%。相关数据参见表 2-10、表 2-11、图 2-50。

图 2-10　高掺量再生沥青混合料 AC-20 各矿料比例

RAP 掺量	1♯料（10～20mm）	2♯料（5～10mm）	3♯料（3～5mm）	粗铣刨料	细铣刨料
50%	28	10	12	38	12

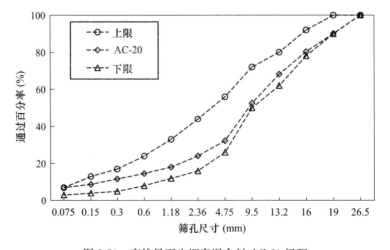

图 2-50　高掺量再生沥青混合料 AC-20 级配

表 2-11　沥青混合料中各材料质量　　　　　（单位：t/1000m³）

混合料类型	沥青	骨料（干燥后）	RAP	矿粉	加热前骨料中的水
改性沥青混合料	105.9	2259.9	—	94.2	67.8
高掺量再生沥青混合料	60.7	1130.0	1175.2	/	69.2

1. 能耗分析

1）原材料生产阶段（原路面铣刨及铣刨料运输）

以某实际工程调研数据为例，路面铣刨机铣刨 1t 沥青混合料，需要消耗柴油 0.052kg，该冷铣刨机的工作参数如表图 2-12 所示。铣刨料的运输采用 10t 自动卸料运输车，假定原路面铣刨地点距离拌和楼为 50km。根据生产 1000m³ 再生沥青混合料所需 1175.2t 铣刨料（691m³ 堆方），计算原路面铣刨及铣刨料运输过程所消耗的标准煤。见表 2-12。

表 2-12　冷铣刨机工作参数

铣刨宽度（mm）	铣刨深度（mm）	工作速度（m/min）
2000	160	29.5

表 2-13　生产 1000m³ 改性沥青混合料所需 RAP 的铣刨、运输过程能耗

环节	台班/1000m³		柴油消耗	柴油消耗量（kg）	标准煤消耗量（kg）
原路面铣刨	—		0.052kg/t	61.11	89.04
铣刨料运输 （10t 自卸式汽车）	第一个 1km	9.79	55.32kg/台班	3558.47	5185.05
	每增加 0.5km	0.85			

2）骨料生产及运输阶段

依据《公路工程预算定额》（JTG/T 3832—2018）中破碎、筛分碎石粒径联合破碎所需的颚式破碎机、反击式破碎机、偏心振动筛等机具台班数量，及《公路工程机械台班费用定额》（JTG/T 3833—2018）中每台班的燃料及电耗。将骨料开采、破碎、筛分能耗列于表 2-14 中。

表 2-14　骨料破碎、筛分的能源消耗　　　　单位：100m³

设备 1 颚式破碎机	台班	电力消耗 （kW·h/台班）	累计消耗量 1 电（kW·h）
	①	②	①×②
600mm×900mm	1.25	272.62	340.78
设备 2 反击式破碎机	台班	电力消耗 （kW·h/台班）	累计消耗量 2 电（kW·h）
	③	④	③×④
120t/h	1.25	344.02	430.03
设备 3 偏心振动筛	台班	电力消耗 （kW·h/台班）	累计消耗量 3 电（kW·h）
	⑤	⑥	⑤×⑥
—	1.25	29.21	36.51

设备4 皮带运输机	台班	电力消耗 (kW·h/台班)	累计消耗量4 电 (kW·h)
	⑦	⑧	⑦×⑧
10m×0.5m	5	21.25	106.25

生产1000m³改性沥青混合料AC-20，需要骨料2259.9t，根据骨料的堆积密度1.7×10^3 kg/m³，需要骨料13.29×10^2m³堆方；对于掺加50%RAP的高掺量再生沥青混合料AC-20，拌和1000m³需要骨料1130.0t，即6.65×10^2m³堆方。相关数据见表2-15~表2-16。

表2-15 生产1000m³高掺量再生沥青混合料所需骨料的破碎、筛分过程能耗

能源类型	标准煤系数	骨料破碎、筛分			
		颚式破碎机	反击式破碎机	偏心振动筛	皮带运输机
电	0.1229kg/ (kW·h)	2266.2kW·h	2859.7kW·h	242.8kW·h	706.6kW·h
标准煤消耗量/kg		278.5	351.5	29.8	86.8
合计/kg		746.6			

表2-16 生产1000m³改性沥青混合料所需骨料的破碎、筛分过程能耗

能源类型	标准煤系数	骨料破碎、筛分			
		颚式破碎机	反击式破碎机	偏心振动筛	皮带运输机
电	0.1229kg/ (kW·h)	4529.0kW·h	5715.1kW·h	485.2kW·h	1412.1kW·h
标准煤消耗量/kg		556.6	702.4	59.6	173.5
合计/kg		1492.2			

采用自卸式汽车运输新骨料至拌和场，假定运距为300km，可以计算得到运输1000m³改性沥青混合料AC-20和高掺量再生沥青混合料AC-20所需骨料的柴油消耗，换算成标准煤分别是40735kg和20383kg。相关数据见表2-17。

表2-17 骨料运输过程能耗

20t自卸式汽车	台班/100m³	柴油消耗/kg/台班	柴油累计消耗量 (kg)	
			1000m³改性沥青混合料	1000m³高掺量再生沥青混合料
第一个1km	0.37	77.11	(0.37+0.09×299) ×	(0.37+0.09×299) ×
每增加1km	0.09		77.11×13.29=27956	77.11×6.65=13989

3) 沥青生产及运输阶段

SBS改性沥青在生产和运输阶段的能耗主要体现在基质沥青的生产、SBS改性剂的生产以及SBS改性沥青的生产加工。将生产1t SBS改性沥青在上述三个环节的能耗列于表2-18中，标准煤的热值为2.9×10^4kJ/kg。

表2-18 生产1吨SBS改性沥青的能源消耗

环节	能耗/MJ	标准煤/kg
基质沥青生产	2689	92.7

续表

环节	能耗/MJ	标准煤/kg
SBS改性剂生产	4286	147.8
SBS改性沥青生产加工	961	33.1
合计	7936	273.7

根据50%RAP掺量的高掺量再生沥青混合料AC-20的配合比设计结果，生产1000m³再生沥青混合料，需要添加SBS改性沥青60.7t；1000m³改性沥青混合料生产AC-20，需沥青105.9t。沥青运输采用液态沥青运输车CZL9350，表2-19列出了1000m³沥青混合料生产需SBS改性沥青能耗。表2-20列出了生产1000m³沥青混合料所需SBS改性沥青的能耗。相关生产阶段能耗见图2-51。

表2-19　生产1000m³高掺量再生沥青混合料所需SBS改性沥青的能耗

能源类型	标准煤系数	SBS改性沥青生产及运输	
		生产	运输
柴油	1.4571	/	90.97×3＝272.9kg
标准煤	1	60.7×273.7＝16613.6kg	/
各施工环节标准煤消耗量/kg		16613.6	397.7
合计/kg		17011.3	

表2-20　生产1000m³改性沥青混合料所需SBS改性沥青的能耗

能源类型	标准煤系数	SBS改性沥青生产及运输	
		生产	运输
柴油	1.4571	/	90.97×5＝454.9kg
标准煤	1	105.9×273.7＝28984.8kg	/
各施工环节标准煤消耗量/kg		28984.8	662.8
合计/kg		29647.6	

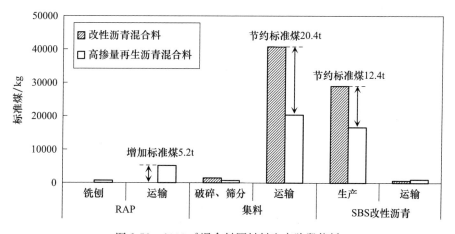

图2-51　1000m³混合料原材料生产阶段能耗

2. 混合料生产阶段

依据《公路工程预算定额》（JTG/T 3832—2018）中1000m³中粒式热拌沥青混合料生产需拌和设备、轮胎式装载机、自卸汽车等装备台班数，及《公路工程机械台班费用定额》（JTG/T 3833—2018）设备单位台班燃料及电耗。将AC-20在生产环节能耗列于表2-21中。

表2-21 改性沥青混合料 AC-20 在拌和环节的能源消耗　　　　　单位：1000m³

沥青拌和设备	台班	重油消耗（kg/台班）	电力消耗（kW·h/台班）	累计消耗量1	
				重油（kg）	电（kW·h）
	①	②	③	①×②	①×③
320t/h 以内	1.23	13787.14	5151.17	16958.2	6335.9

轮胎式装载机	台班	柴油消耗（kg/台班）	累计消耗量2
			柴油（kg）
	④	⑤	④×⑤
3m³ 以内	2.64	115.15	304.00

自卸汽车	台班	汽油消耗（kg/台班）	累计消耗量3
			汽油（kg）
	⑥	⑦	⑥×⑦
5t 以内	1.46	41.91	61.2

采用热力学平衡计算方法，分别计算改性沥青混合料和高掺量再生沥青混合料在拌和环节能耗，并通过生产实际数据进行验证。

混合料拌和环节能耗有：①骨料加热至目标温度能耗 Q_1；②骨料中水升温至100℃能耗 Q_2；③骨料中水汽化能耗 Q_3；④沥青加热环节能耗 Q_4；⑤RAP料加热环节能耗。骨料的加热环节是主要能源消耗环节。能耗 Q 计算公式为公式（2-2）。公式（2-3）给出了能源燃烧过程中产生的能量。

$$Q = \sum_{i=1}^{3} c_i \times m_i \times \Delta T_i + L_v \times m_3 \qquad (式2-17)$$

式中　c_i——第 i 种材料的比热容，kJ/（kg·K）；

　　　m_i——第 i 种材料的质量，kg；

　　　ΔT_i——第 i 种材料的加热温度和初始温度之差，K；

　　　$L_v = 2.256$ kJ/kg，为水的潜伏热。

$$Q = M \times q \times \lambda \times \eta \qquad (式2-18)$$

式中　M——燃料质量，kg；

　　　q——燃料热值，kJ/kg；

　　　λ——燃烧效率；

　　　η——滚筒热交换率。

节约能耗 ΔQ 的相关参数见表2-22～表2-24，结果见表2-25。

表2-22　沥青混合料拌和楼生产温度　　　　　单位：℃

施工工艺	沥青加热温度	骨料加热温度	RAP料加热温度	出料温度
改性沥青混合料	170	190	/	170

施工工艺	沥青加热温度	骨料加热温度	RAP料加热温度	出料温度
高掺量再生沥青混合料	170	200	130	160

表 2-23 加热环节温度计算参数 单位：℃

混合料类型	骨料加热前后温度	骨料中水加热前后温度	RAP料加热前后温度	沥青加热前后温度
改性沥青混合料	25～190	25～100	/	25～170
高掺量再生沥青混合料	25～200	25～100	25～130	25～170

表 2-24 拌和环节材料计算参数 单位：1000m³

施工工艺	第 i 种材料质量 m_i/kg				第 i 种材料的比热容 c_i/kJ/（kg·℃）			
	m_1（骨料）	m_2（水）	m_3（沥青）	m_4（RAP）	c_1（骨料）	c_2（水）	c_3（沥青）	c_4（RAP）
改性沥青混合料	2259.9×10³	67.8×10³	105.9×10³	/	0.92	4.2	1.76	0.95
高掺量再生沥青混合料	1130.0×10³	69.2×10³	60.7×10³	1175.2×10³	0.92	4.2	1.76	0.95

表 2-25 1000m³沥青混合料加热所需能量

施工工艺	骨料加热 Q_1/kJ	骨料中水分加热 Q_2/kJ	沥青加热 Q_3/kJ	骨料中水汽化 Q_4/kJ	RAP加热 Q_5/kJ	ΣQ/kJ
改性沥青混合料	3.43×10⁸	2.14×10⁷	2.70×10⁷	1.53×10⁵	/	3.92×10⁸
高掺量再生沥青混合料	1.82×10⁸	2.18×10⁷	1.55×10⁷	1.56×10⁵	1.17×10⁸	3.37×10⁸

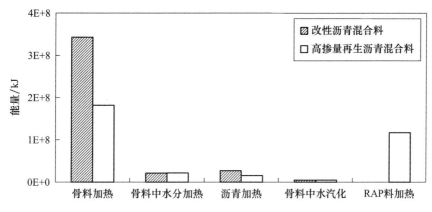

图 2-52 1000m³沥青混合料原材料加热所需能量

根据之前的分析可知，拌和楼生产 1000m³ 改性沥青混合料 AC-20 需要消耗 16958.2kg 重油，重油热值取 $4.0×10^4$kJ/kg。因此，可得到燃烧效率与滚筒热交换效率的乘积。

$$\lambda×\eta=Q/(M×q)=3.92×10^8/(16958.2×4.0×10^4)=57.8\%$$

假定再生沥青混合料 AC-20 拌和生产时，其燃烧效率与滚筒热交换效率的乘积与改性沥青 AC-20 相同。可得到生产 1000m³ 高掺量再生沥青混合料的重油消耗量，为 14576.12kg。

$$M=Q/(q×\lambda×\eta)=3.37×10^8/(4.0×10^4×0.578)=14576.12kg$$

1）运输阶段

如摊铺地点与拌和楼距离约为5km，使用10t装载质量的自动卸料运输车，运输过程能耗主要来自运料车运行过程。采用定额法得到运输1000m³再生沥青混合料需柴油917.8kg。

表 2-26　1000m³ 高掺量再生沥青混合料在运输环节的能源消耗

10t 自卸式汽车	台班	柴油消耗/kg/台班	柴油累计消耗量（kg）
第一个 1km	9.79	55.32	（9.79＋0.85×8）×55.32＝917.80
每增加 0.5km	0.85		

2）铺筑阶段

混合料运输至施工现场，摊铺机摊铺、压路机碾压的涉及汽油、柴油等燃料消耗。在铺筑过程中，再生沥青混合料 AC-20 和改性沥青 AC-20 的能耗基本相同。采用定额法计算再生沥青混合料铺筑过程能耗，计算结果见表 2-27。

表 2-27　1000m³ 高掺量再生沥青混合料在铺筑环节的能源消耗

设备	台班	柴油消耗/kg/台班	柴油累计消耗量（kg）
	①	②	①×②
12.5m 以内沥青混合料摊铺机	1.46	136.23	198.8
15t 以内振动压路机（双钢轮）	6.14	80.80	496.1
16～20t 轮胎式压路机	2.04	42.40	86.5
合计			781.5

3）生命周期全过程

沥青路面施工过程包含原料生产、混合料生产、运输、摊铺、碾压等环节，能源类型包括柴油、重油电力、汽油等。根据《中国能源统计年鉴》折算为标准煤消耗。相关数据见表 2-28、表 2-29、图 2-53。

表 2-28　高掺量再生沥青混合料生命周期全过程能耗　　　　　单位：1000m³

能源类型	标准煤系数	施工过程能耗			
		原材料生产	拌和	运输	铺筑
重油	1.4286	/	14576.1kg	/	/
柴油	1.4571	/	304.00kg	917.80kg	1243.45kg
电	0.1229kg/（kW·h）	/	5445.9kW·h	/	/
汽油	1.4714	/	60.77kg	/	/
各环节标准煤消耗量/kg		43415.0	22025.1	1337.33	1811.83
合计/kg		67550.7			

表 2-29　改性沥青混合料生命周期全过程能耗　　　　　单位：1000m³

能源类型	标准煤系数	施工过程能耗			
		原材料生产	拌和	运输	铺筑
重油	1.4286	/	16958.2kg	/	/

续表

能源类型	标准煤系数	施工过程能耗			
		原材料生产	拌和	运输	铺筑
柴油	1.4571	/	304.00kg	917.80kg	1243.45kg
电	0.1229kg/（kW·h）	/	6335.9kW·h	/	/
汽油	1.4714	/	60.77kg	/	/
各环节标准煤消耗量/kg		71874.8	25537.5	1337.33	1811.83
合计/kg		100561.5			

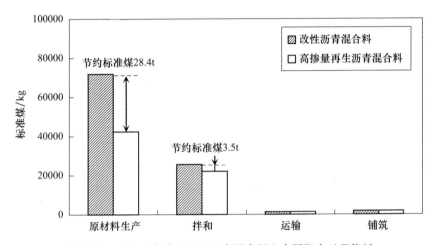

图 2-53　1000m³ 高掺量再生沥青混合料生命周期全过程能耗

根据计算结果，高掺量再生混合料节能主要为原材料生产以及拌和环节，拌和 1000m³ 混合料可以节约重油约 2.38t，即 3.5t 标准煤。

3. 碳排放分析

1）原材料生产阶段

根据原路面铣刨、铣刨料运输、SBS 改性沥青生产及运输、骨料破碎、筛分和运输阶段所消耗的标准煤，计算其 CO_2 的排放量。结果列于表 2-30 中。

表 2-30　生产 1000m³ 沥青混合料所需骨料破碎、筛分和运输过程 CO_2 排放

混合料类型	排放因子/kg/t	煤消耗量/t	气体排放量		
	①	②	③	单位	结果
改性沥青混合料	2620	71.87	①×②	t	188.30
高掺量再生沥青混合料	2620	42.38	①×②	t	111.04

2）混合料生产阶段

生产沥青混合料时，有害气体包括 CO_2、CO、NO_x 和 SO_2，表 2-31 和 2-32 中为拌和阶段有害气体排放因子，及 1000m³ 改性沥青混合料 AC-20 和再生沥青混合料 AC-20 生产时有害气体排放情况。

表 2-31 1000m³ 改性沥青混合料拌和过程气体排放

气体	排放因子/kg/t	混合料质量/t	拌和过程标准煤消耗量/t	气体排放量		
	①	②	③	④	单位	结果
CO_2	2620	2460	25.54	①×③	t	66.9
CO	0.2			①×②	kg	492.0
NO_x	0.06			①×②	kg	147.6
SO_2	0.044			①×②	kg	108.2

表 2-32 1000m³ 高掺量再生沥青混合料拌和过程气体排放

气体	排放因子/kg/t	混合料质量/t	拌和过程标准煤消耗量/t	气体排放量		
	①	②	③	④	单位	结果
CO_2	2620	2460	22.03	①×③	t	57.7
CO	0.2			①×②	kg	492.0
NO_x	0.06			①×②	kg	147.6
SO_2	0.044			①×②	kg	108.2

3）运输阶段

沥青混合料运输环节排放主要为燃料燃烧产生的有害气体。沥青混合料运输过程中，排放的有害气体包括 CO_2、CO、NO_x、VOC 等，表 2-33 中为各气体排放因子，及 1000m³ 沥青混合料运输时有害气体排放数据。

表 2-33 1000m³ 沥青混合料运输过程气体排放

气体	排放因子/kg/km	运距/km	运输过程标准煤消耗量/t	气体排放量		
	①	②	③	④	单位	结果
CO_2	2620kg/t	5	1.34	①×③	t	3.5
NO_x	$0.047×10^{-3}$			①×②	g	0.2
CO	$0.012×10^{-3}$			①×②	g	0.1
VOC	$0.218×10^{-3}$			①×②	g	1.1

4）铺筑阶段

沥青混合料在铺筑时，有害气体有 CO_2、CH_4、N_2O 和 VOC，表 2-34 中为铺筑阶段有害气体排放因子及有害气体排放量。

表 2-34 1000m³ 沥青混合料铺筑过程气体排放

气体	排放因子/kg/t	混合料质量/t	铺筑过程标准煤消耗量/t	气体排放量		
	①	②	③	④	单位	结果
CO_2	2620	2439	1.81	①×③	t	4.7
CH_4	$0.008×10^{-3}$			①×②	g	19.5
N_2O	$0.004×10^{-3}$			①×②	g	9.8
VOC	$0.019×10^{-3}$			①×②	g	46.3

5）生命周期全过程

施工过程包括混合料生产、运输、摊铺、碾压等环节，在整个生命周期全过程，排放的最主要废气是 CO_2，其次是 CO、NO_x 和 SO_2。与改性沥青混合料相比，高掺量再生沥青混合料在全过程中 CO_2 的减排效率为 32.8%，其中最主要的减排环节为原材料生产环节和混合料拌和环节。相关数据见表 2-35、图 2-54。

表 2-35　1000m³ 沥青混合料生命周期全过程 CO_2 减排

施工工艺	不同阶段 CO_2 排放量/t				
	原材料生产	拌和	运输	铺筑	全过程
改性沥青混合料	188.30	66.9	3.5	4.7	263.4
高掺量再生沥青混合料	111.04	57.7	3.5	4.7	176.9
减排百分比/%	41.0	13.8	0	0	32.8

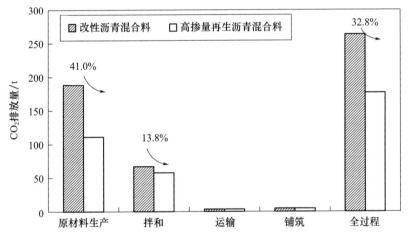

图 2-54　1000m³ 沥青混合料生命周期全过程 CO_2 排放量

3 多源无机固废集约利用技术

针对长江中游地区多源固废的产排特性和海绵城市建设需求，研究固废的资源属性，开发高值化利用技术，制备了一系列生态化再生建材，为各类固废的综合利用提供技术支撑。本章重点介绍建筑垃圾、道路垃圾、钢渣、铅锌尾矿、铁尾矿和锂渣等各类固废，制备生态化再生建材及在海绵城市不同场景中应用的新技术，将固废转变成具有高附加值的功能材料，为构建"生态银行"奠定基础。

3.1 建筑垃圾

3.1.1 技术背景

建筑垃圾在水泥稳定材料中再生利用是促进道路工程建设可持续发展、解决废弃物积累造成的环境问题的重要途径。随着全球环境问题的日益突出，水泥的生产受到严格的管理和限制，当前形势背景下，国内已逐渐将建筑垃圾作为再生骨料应用于道路领域。国内对于半刚性基层旧料再生利用的相关研究，主要以开展相关材料的路用性能试验为主，关于水泥与再生骨料稳定应用于透水基层的研究较少，相关数值模拟方面的研究更寥寥无几。

为进一步确定再生水稳的耐久性，以及透水型再生水稳用于海绵城市建设工程的可行性，本章对密实型再生水稳和透水型再生水稳的材料组成设计、力学性能、耐久性能以及数值模拟等进行了深入的研究，为规模化工程应用奠定了基础。

3.1.2 再生骨料高效分选技术

目前，我国建筑垃圾资源化水平比较低，主要原因是建筑垃圾成分复杂、变异性大、生产的再生骨料品质达不到要求。旧混凝土块和废弃红砖在建筑垃圾中占比较高，而红砖结构疏松、强度低、吸水率高，对建筑垃圾再生骨料整体品质和掺量影响较大，严重制约了建筑垃圾的资源化利用水平。现有建筑垃圾红砖与混凝土块分选方法主要有以下3种：

1. 光电分选。红砖与混凝土块颗粒表面的颜色、纹理、光泽等物理特性有较明显的差异，通过视觉相机对红砖和混凝土块进行识别，以高速智能驱动气阀群作为分选执行部件，对红砖与混凝土块进行精准分离。该方法分选精度较高，但受实际环境影响且建筑垃圾数量巨大，再生骨料逐个识别计算量大、效率低。

2. 强度差异分离。红砖与混凝土块的强度有所差异，可利用回弹仪通过强度判定方法对其进行分离。该方法分选精度较差，一方面红砖与混凝土块强度差异比较小，另一方面因为建筑垃圾再生骨料粒径小，回弹仪精度不够，无法精确判定；此外，逐个对再生骨料的强度进行测定，耗时长，分选效率低，不适合规模化应用。

3. 重力分选。红砖的密度小于混凝土块，可利用红砖与混凝土块的密度差异进行分选。但混凝土块的密度与易吸水的红砖密度差异较小（10%左右），因此该方法也不能有效解决红砖与混凝土块的分离问题。

目前，利用光电分选、强度分离和重力分选等方法，尚不能有效实现红砖和混凝土块在工程应用时的高效分离，鉴于此，我们提供一种基于质量识别的建筑垃圾再生骨料分选装置、方法及可读存储介质，可有效解决从建筑垃圾中获取优质再生骨料的问题。基于质量识别的建筑垃圾再生骨料分选方法为：

（1）获取待测建筑垃圾再生骨料群的湿度信息；

（2）根据所述湿度信息判断所述建筑垃圾再生骨料群是否处于预设的湿润条件，当所述再生骨料群符合所述预设的湿润条件时，对所述建筑垃圾再生骨料群进行分散，获得多份待评估组分；

（3）获取每份所述待评估组分的第一质量信息；

（4）对所述待评估组分进行烘干处理，获取经烘干后的每份所述待评估组分的第二质量信息；

（5）根据预设的算法计算所述第一质量与所述第二质量的质量变化率；

（6）当所述质量变化率小于预设分离阈值时，判定所述待评估组分为待用骨料；

（7）当所述质量变化率不小于所述预设分离阈值时，判定所述待评估组分为待分离骨料。分选流程和分选装置如图 3-1 和图 3-2 所示。

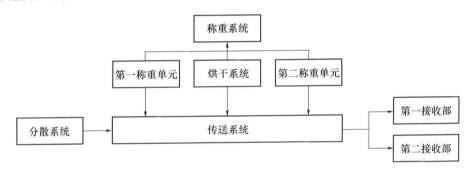

图 3-1　再生骨料分选系统

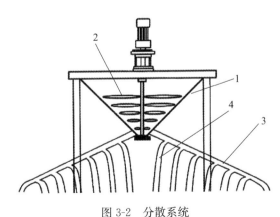

图 3-2　分散系统

1—搅拌槽，2—搅拌组件，3—分离主槽，4—分级导槽

3.1.3 骨架空隙型再生水稳技术

1. 骨架空隙型再生水稳技术定义

透水型水稳基层采用骨架空隙型结构，其强度主要依靠骨料间的嵌挤作用，细骨料用量较少，混合料骨架的空隙较大，可满足基层透水性能要求。

2. 试验研究

通过选用高炉矿渣、粉煤灰、硅灰优化胶凝材料体系，并通过无机结合料稳定材料的物理和力学试验评价不同胶凝材料体系和不同再生骨料掺量下的基层材料性能，优选出性能最佳的再生水泥稳定碎石透水基层胶凝材料体系。

1) 正交试验配合比设计

选取再生骨料掺量、高炉矿渣、粉煤灰和硅灰作为影响因素建立正交试验，见表 3-1，选取综合最优的配比设计。

表 3-1　水泥稳定碎石透水基层正交试验

项目	影响因素			
	再生骨料掺量（%）	高炉矿渣（%）	粉煤灰（%）	硅灰（%）
1	0	0	0	0
2	30	0	10	2
3	60	0	20	4
4	60	5	0	2
5	0	5	10	4
6	30	5	20	0
7	30	10	0	4
8	60	10	10	0
9	0	10	20	2

进一步选取目标空隙率 22%，有效水灰比 0.41。依据正交试验法，水泥稳定碎石透水基层胶凝材料的具体配合比见表 3-2。

表 3-2　水泥稳定碎石透水基层胶凝材料具体配合比

再生骨料掺量（%）	有效水胶比 w/b	目标孔隙率（%）	水泥（%）	高炉矿渣（%）	粉煤灰（%）	硅灰（%）
0	0.41	22	10	0	0	0
	0.41	22	8.1	0.5	1	0.4
	0.41	22	6.8	1	2	0.2
30	0.41	22	8.8	0	1	0.2
	0.41	22	7.5	0.5	2	0
	0.41	22	8.6	1	0	0.4
60	0.41	22	7.6	0	2	0.4
	0.41	22	9.3	0.5	0	0.2
	0.41	22	8.0	1	1	0

通过逐级填充试验确定各级配粒径骨料使用比例,按比例混合各级配骨料后获得混合料完整级配,并根据工程经验控制级配范围,级配控制曲线如图3-3所示,各级配骨料筛孔质量通过百分率见表3-3。

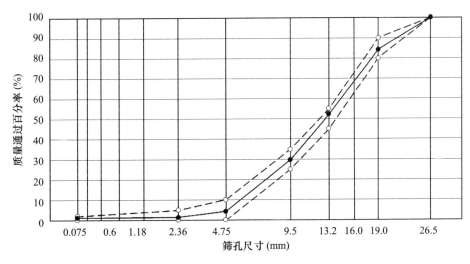

图 3-3 粗骨料级配控制曲线

表 3-3 不同取代率下各级配骨料筛孔质量通过百分率

再生骨料取代率(%)	质量通过百分率								
	31.5mm	26.5mm	19mm	16mm	13.2mm	9.5mm	4.75mm	2.36mm	0.075mm
0	100.0	100.0	84.2	67.8	52.2	29.8	4.3	1.3	1.1
30	100.0	100.0	80.7	67.6	55.2	29.7	1.9	1.0	0.7
60	100.0	99.2	80.3	67.8	54.7	30.0	2.3	1.6	1.0

2)制样方法及过程

采用静压法对混合料压实成型,成型试件分标准圆柱试件(ϕ150mm×150mm)和梁式试件(100mm×100mm×400mm)。

3)无侧限抗压强度和透水系数

依据正交设计,水泥稳定碎石透水基层的90d内强度发展规律和透水系数测试结果分别如表3-4和图3-4所示。

表 3-4 透水系数测试结果

编号	影响因素				透水系数(cm/s)
	再生骨料掺量(%)	高炉矿渣(%)	粉煤灰(%)	硅灰(%)	
0%—1	0	0	0	0	0.46
0%—2	0	5	10	4	0.40
0%—3	0	10	20	2	0.49
30%—1	30	0	10	2	0.51
30%—2	30	5	20	0	0.48

续表

编号	影响因素				透水系数 (cm/s)
	再生骨料掺量（%）	高炉矿渣（%）	粉煤灰（%）	硅灰（%）	
30%—3	30	10	0	4	0.46
60%—1	60	0	10	4	0.45
60%—2	60	5	0	2	0.47
60%—3	60	10	20	0	0.45

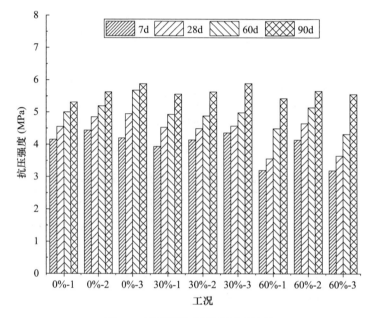

图 3-4　无侧限抗压强度试验结果

透水水泥稳定碎石除了保证透水性能外，还需具有一定强度使之足以承受路面传递的行车荷载，我国《公路排水设计规范》（JTG/TD 33—2012）要求基层的 7d 无侧限抗压强度最低为 3MPa，《透水沥青路面技术规程》（CJJ/T 190—2012）中，对基层的强度要求为 3.5～6.5MPa。由于透水水泥稳定碎石的孔隙率较大，水泥稳定碎石的强度离散性较大，同时强度随着龄期均出现一定增长。由上述试验结果可知，以上各组不同再生骨料取代率和不同胶凝材料使用工况下的基层强度均大于 3MPa，满足一般基层强度要求。即使再生骨料 60% 高掺量下，通过优化胶凝材料配比也能满足 7d 无侧限抗压强度要求。我国《公路排水设计规范》（JTG/T D33—2012）建议排水材料的透水系数不小于 0.35cm/s。由表 3-5 试验结果可知，不同掺量下的基层透水系数均能满足要求。除硅灰对早期强度有较好提升外，高炉矿渣与粉煤灰对早期强度均有副作用，随着再生骨料掺量提升强度下降；透水系数则基本只与再生骨料掺量相关，试验过程中含再生骨料的骨架空隙型结构更易压碎破坏，透水系数随着再生骨料掺量的提升显著下降。

4）弯拉强度

不同配合比下，水泥稳定碎石透水基层试件的极限破坏荷载及其弯拉强度见表 3-5。

表 3-5　90d 水泥稳定碎石试件弯拉强度试验结果

编号	再生骨料掺量（%）	高炉矿渣（%）	粉煤灰（%）	硅灰（%）	破坏极限荷载 P（kN）	弯拉强度 RS（MPa）
0%-1	0	0	0	0	5.55	1.67
0%-2	0	5	10	4	5.38	1.61
0%-3	0	10	20	2	5.54	1.66
30%-1	30	0	10	2	4.74	1.42
30%-2	30	5	20	0	5.02	1.50
30%-3	30	10	0	4	5.53	1.66
60%-1	60	0	10	4	4.42	1.32
60%-2	60	5	0	2	4.56	1.37
60%-3	60	10	20	0	5.02	1.51

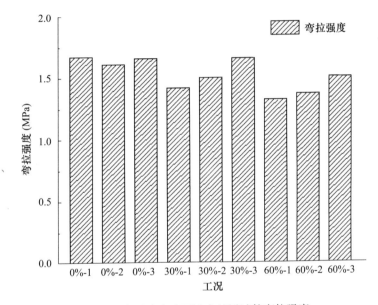

图 3-5　水泥稳定碎石透水基层试件弯拉强度

由图 3-5 结果可知，90d 龄期不同再生骨料取代率与胶凝材料下水泥稳定碎石透水基层的弯拉强度较为接近，变化范围在 1.3～1.7MPa。整体上来说，不同掺配比例下水泥稳定碎石基层的弯拉强度较低，其随着再生骨料掺量增加而下降。由图 3-5 看出，60%-3 组高掺量试件的弯拉强度较高，说明该组采用 10% 高炉矿渣＋20% 粉煤灰的胶凝材料体系性能较为优异，有效提高了高再生骨料取代率下水泥稳定碎石的弯拉强度。掺入粉煤灰、矿渣和硅灰胶凝材料后，进一步优化了胶凝材料体系，提高了基层材料性能。

5）冻融强度

7d 龄期的水泥稳定碎石基层试件冻融循环前后的外观形貌如图 3-6 所示。

由图 3-6 知，7d 龄期的水泥稳定碎石试件经冻融循环后，外表面出现一定程度剥落和松散。这主要因冻融循环作用下导致胶凝材料在与骨料间的黏结强度出现一定程度下降，引起试件强度下降，出现质量损失。

(a) 冻融循环前   (b) 冻融循环后

图 3-6   水泥稳定碎石试件冻融循环前与冻融循环后外观变化

表 3-6   不同胶凝材料掺量试件冻融试验结果

编号	再生骨料掺量 （%）	高炉矿渣 （%）	粉煤灰 （%）	硅灰 （%）	未冻融强度 （MPa）	冻融后强度 （MPa）	抗压强度 损失（%）
0%－1	0	0	0	0	5.00	4.20	84.00
0%－2	0	5	10	4	5.19	4.24	81.70
0%－3	0	10	20	2	5.68	5.14	90.49
30%－1	30	0	10	2	4.93	4.52	91.68
30%－2	30	5	20	4	4.88	4.11	84.22
30%－3	30	10	0	4	4.98	4.26	85.54
60%－1	60	0	10	4	4.49	4.02	89.53
60%－2	60	5	0	2	5.14	4.96	96.50
60%－3	60	10	20		4.32	4.08	94.44

由表 3-6 和图 3-7 可知，采用不同胶凝材料配比用量的 9 种不同水泥稳定碎石材料的 28d 龄期试件经 5 次冻融循环后，相较于 28d 标准养护试件的强度均出现不同程度下降。通过抗压强度损失指标可知，冻融循环强度损失在 3.3%～16.3%，其中未掺入其他胶凝材料组，即第一组的冻融循环强度损失最大，再生骨料掺量为 60% 组的抗冻性能最好，再生骨料 30% 掺量组次之。因当前再生水泥稳定碎石基层的孔隙率较高（22%），孔隙率增大一定程度上降低了基层材料的强度，同时也影响了其抗冻性能，如组 0%－1 和组 30%－2 的冻融强度损失超过 10%。

采用不同胶凝材料掺量下，水泥稳定碎石基层材料抗冻性能并未随再生骨料取代率增大而下降，当采用不同胶凝材料掺配比例时，取代率达 60% 的试件其抗冻性能反而出现一定增长，这说明再生骨料取代率并不是决定水泥稳定碎石基层材料抗冻性能好坏的决定因素。再生骨料因包含有旧砂浆，再生水泥稳定碎石材料基体的孔隙率更高，其冻融循环过程中的毛细孔隙可比天然水泥稳定碎石基层材料更多地容纳冻融过程中产生的附加内应力。此外，由组 0%－1 与其他组对比也可知，掺入其他胶凝材料（包括矿渣、粉煤灰和硅粉）一定程度上提高了水泥稳定碎石基层材料的抗冻性能。

由结果还可以看出，60% 再生骨料取代率下，掺入 10% 高炉矿渣＋20% 粉煤灰组的水泥稳定碎石的抗冻性能最优。因正交试验组数较少，仅选取了代表工况，该结果只能一定程度地反映不同掺量和胶凝材料对水泥稳定碎石材料抗冻性能的影响，因此可在此基础上对60％再生骨料高掺量下的胶凝体系掺配比例作进一步冻融循环试验，以选择出更优的胶凝材料配合比。

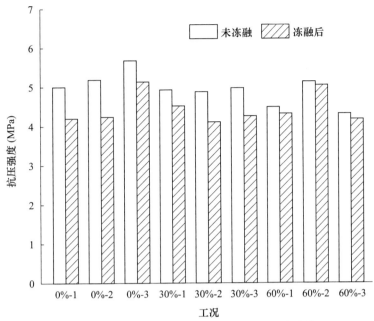

图 3-7　冻融循环前后各工况试件的抗压强度变化

6）温缩性能

温缩试验试件分三批进行制样，在标准养护条件下养生 7d，并在最后一天泡水。处理后的数据计算结果见表 3-7。

表 3-7　不同再生骨料取代率下各工况温缩系数与温缩应变（×10^{-6}）

温度范围	0％—1	0％—2	0％—3	30％—1	30％—2	30％—3	60％—1	60％—2	60％—3
30～40℃	14.25	14.87	17.51	15.33	16.46	16.46	15.42	15.91	15.36
20～30℃	17.64	17.57	18.61	17.08	17.87	18.37	16.71	16.22	16.28
10～20℃	18.43	18.80	16.71	14.93	15.91	16.40	15.54	15.23	14.74
0～10℃	13.12	16.99	19.47	16.65	18.30	18.61	17.51	16.89	17.08
−10～0℃	21.17	19.24	20.42	17.69	21.74	22.60	18.24	18.00	17.63
−20～−10℃	21.48	19.54	14.31	17.32	20.58	19.47	18.73	17.87	17.94
平均温缩系数	17.68	17.84	17.84	16.50	18.48	18.65	17.02	16.69	16.50

由以上结果可知，在不降温区间 30％—1 的温缩系数最小，其他几组的温缩系数较为接近；六组的评价温缩系数均大于 16×10^{-6}，这也说明该组温缩系数较高，一方面因为再生骨料本身的影响，特别是红砖，其温缩系数较天然骨料更高；另一方面，水泥稳定碎石透水基层材料孔隙率较大，同时胶凝材料的用量较多。一般地，水泥剂量越高时，其基层材料的收缩更为明显，当前选用基层材料水泥剂量为 11％，远超一般基层材料限定的 4％～5％用量，因此导致当前各组基层材料的温缩系数较高。

7）动态抗压回弹模量

路面结构设计中，回弹模量可用来评价基层刚度的变形能力。回弹模量的变化会对基层的路用性能影响较大，从而制约基层的抗裂性能。动态抗压回弹模量测试方法依据《公路工程无机结合料稳定材料试验规程》（JTG E51—2009）、《无机结合稳定材料室内动态抗压回弹模量试验方法》（T0857—2009）的试验步骤进行。动态抗压回弹模量测试结果如图3-8所示。

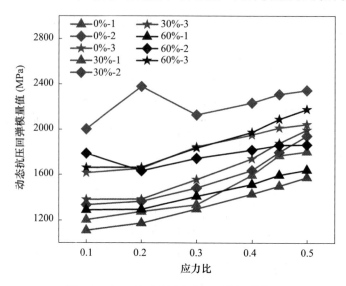

图 3-8　各工况下不同应力比时的回弹模量

根据图 3-8 试验数据发现，九种工况的回弹模量并没有随着再生骨料掺量的变化而呈现出较好的规律。主要有两个：一是因为九种工况采用的胶凝材料配比各不相同，由此导致透水型再生水稳试样的性能离散性较大；二是因为再生骨料成分复杂且各材料性质差异较大，导致最终成型的试样很容易因为骨料的差异性而出现较为离散的力学性能。

同时发现在 0% 再生骨料掺量的透水型再生水稳试样中，纯水泥胶凝材料的试样较其他两种胶凝材料的试样回弹模量更低，由此说明粉煤灰、硅灰和高炉矿渣对透水型再生水稳试样的抗变形能力有较为显著的提升作用。各工况透水型再生水稳试样的抗压回弹模量均大于1000MPa，并且各工况透水型再生水稳试样的抗压回弹模量随着应力比的增大而增大。

8）疲劳损伤研究

四点弯曲疲劳试验所得弯曲极限应力及疲劳试验应力峰值见表 3-8。取弯曲极限应力均值乘以疲劳应力系数作为疲劳试验中的峰值应力，此次采用的疲劳应力系数一共三个，分别为 0.55，0.75 和 0.85。

表 3-8　弯曲极限应力及疲劳应力峰值

工况	弯曲极限应力值，σ_s（kN）			弯曲极限应力均值，σ_s（kN）	疲劳应力值，σ_p（kN）		
	试样一	试样二	试样三		0.85	0.75	0.55
0%－1	5.27	5.83	5.78	5.63	4.78	4.07	3.46
0%－2	5.27	5.49	4.98	5.25	4.46	3.79	3.22
0%－3	5.12	5.96	4.91	5.33	4.53	3.85	3.27
30%－1	4.25	5.22	5.52	5.00	4.25	3.61	3.07
30%－2	4.66	5.37	5.12	5.05	4.29	3.65	3.10
30%－3	5.57	5.49	3.42	4.83	4.10	3.49	2.96

续表

工况	弯曲极限应力值，σ_s（kN）			弯曲极限应力均值，σ_s（kN）	疲劳应力值，σ_p（kN）		
	试样一	试样二	试样三		0.85	0.75	0.55
60%—1	4.05	4.78	5.72	4.85	4.12	3.50	2.98
60%—2	4.24	4.88	3.08	4.07	3.46	2.94	2.50
60%—3	5.54	4.5	4.87	4.97	4.22	3.59	3.05

使用能量法计算再生骨料透水水稳耗散能在四点弯曲疲劳应力作用下，每一次加（卸）载过程中产生的耗散能的变化与再生骨料透水水稳的内部疲劳损伤发育情况有着紧密的联系，疲劳寿命测试结果见表 3-9。图 3-9 为不同疲劳应力系数下耗散能随疲劳应力作用次数的变化规律。

表 3-9 不同疲劳应力系数下疲劳寿命测试值

组号	0.55	0.75	0.75	0.75	0.85	0.85	0.85	0.85
0%—1	186489	78399	60017	20554	745	669	599	70
0%—2	100451	42001	24680	168	9398	1519	394	284
0%—3	70184	60124	55236	52692	12553	2360	854	289
30%—1	71867	35471	20465	2445	12179	4653	916	407
30%—2	119157	71489	65529	6761	38327	3467	1937	930
30%—3	252183	55372	31497	969	1389	583	461	85
60%—1	180819	92700	4490	979	535	490	160	15
60%—2	222710	168429	75847	3920	42240	8778	1284	666
60%—3	287677	35147	20520	322	3049	709	306	106

不同等级疲劳应力作用下再生骨料透水水稳耗散能随疲劳应力循环次数的变化具有明显差异。疲劳应力较小时，在疲劳应力循环次数中段将出现耗散能减小的情况；疲劳应力较大时，耗散能随着疲劳应力循环次数的增加而快速增大直至试样产生疲劳破坏。

使用耗散能的累积值描述再生骨料透水水稳在疲劳应力作用下的疲劳损伤发育。式 3-1 表示疲劳损伤因子与耗散能的关系：

$$D_p = \frac{E_{ck}}{E_{fk}} \qquad (式 3-1)$$

式中 D_p——疲劳损伤因子，描述材料在不同加载周期时的疲劳损伤发育情况，疲劳应力未加载时 D_p 等于 0，试样破坏时 D_p 等于 1；

       E_{ck}——疲劳应力循环作用次数加载到 c 次时的累积耗散能；

       E_{fk}——水稳材料破坏前最后一次疲劳应力作用时的累积耗散能。

图 3-10（a）数据表明，在低疲劳应力作用下的再生骨料透水水稳其疲劳损伤累积曲线近似为抛物线形，在高疲劳应力作用下的水稳材料其疲劳损伤累积曲线则类似于指数增长型，当疲劳应力大小介于高低疲劳应力之间时，则疲劳损伤累积曲线也介于高低疲劳损伤累积曲线之间。从图 3-10（b）的变化规律可发现，在低疲劳应力作用下的疲劳损伤改变量刚开始就增长到比较高的水平，而后缓慢下降，直至试样快破坏时疲劳损伤变化量又会快速增长；在高疲劳应力作时，疲劳损伤变化量则一直处于较高的水平并全程保持增长的趋势；当

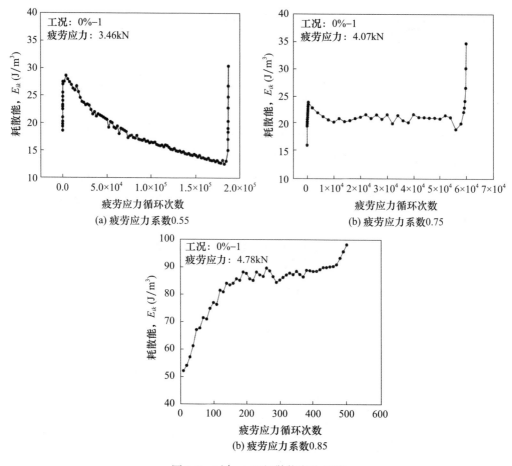

图 3-9 0%－1组耗散能变化规律

疲劳应力介于二者之间时，疲劳损伤变化量刚开始增长较快，而后基本上保持一个平稳波动的状态，直至试样快破坏时疲劳损伤变化量又会快速增长。由此可以说明再生骨料透水水稳试样在疲劳试验过程中，其内部疲劳损伤的累积和疲劳损伤变化量主要受到疲劳应力大小的影响，并与疲劳应力值之间存在一个较好的规律。

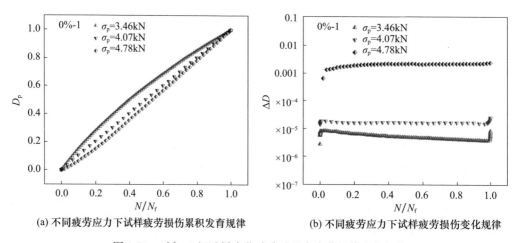

图 3-10 0%－1组试样疲劳试验过程中疲劳损伤变化规律

3.1.4 透水型再生水稳材料性能模拟研究

3.1.4.1 精细化数值模型构建

较为准确地从细观角度研究透水型再生水稳基层材料颗粒和界面强度与试样细观损伤之间的关联机制，构建精细化数值模型是顺利开展研究的前提。本节基于离散元数值模拟方法构建透水型再生水稳基层材料的虚拟数值模型，虚拟试样的尺寸为 150mm×150mm，骨料粒径为 4.75～26.50mm，并使用与实际试样一致的骨料级配，如图 3-11 所示。在实际试样中，要求试样的孔隙率达到 22%，以满足其透水功能，因此，虚拟试样中的目标孔隙率设定为 22%。

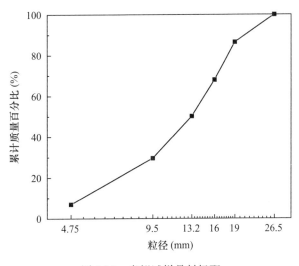

图 3-11　虚拟试样骨料级配

在透水型再生水稳基层材料中，包含骨料、孔隙和胶凝剂等，本节使用切割机对室内养护 7d 的试样进行分割，以清晰地观察透水型再生水稳试样的内部结构，为离散元数值模型的精细化构建提供充分的依据。通过对原始试样切割面进行染色和图像处理，最终获得了试样内部结构信息（图 3-12）。

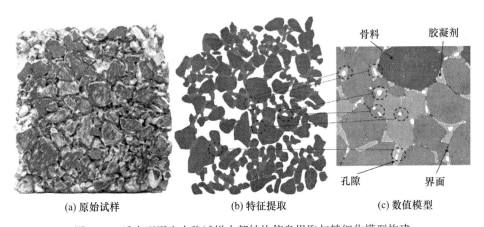

(a) 原始试样　　　　　　　(b) 特征提取　　　　　　　(c) 数值模型

图 3-12　透水型再生水稳试样内部结构信息提取与精细化模型构建

针对透水型再生水稳基层材料，透水功能是极其重要的功能特性。本节通过接触算法生成与实际试样细观结构相对应的透水孔隙结构，以充分模拟透水型再生水稳试样的实际孔隙分布。同时考虑不同类型骨料的粒径分布和再生骨料的一定含量。透水型再生水稳基层材料数值模型构建流程如图 3-13 所示。在本节中，构建了再生砂浆和再生红砖含量分别为 30% 的虚拟试样，再生骨料的每档粒径含量按照完整级配中各粒径含量的 30% 进行配制。

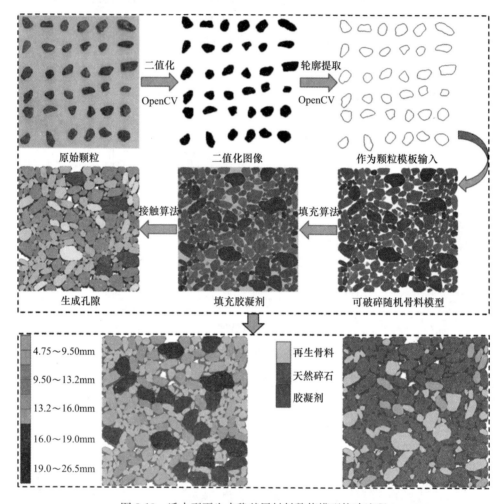

图 3-13　透水型再生水稳基层材料数值模型构建流程

3.1.4.2　模拟数据分析

1. 细观接触特性及接触模型

图 3-14 所示的虚拟试样，包含有天然碎石、再生骨料和胶凝剂三种基本组件和六种接触方式，将六种不同的接触方式主要分为三类，即可破碎材料（骨料和胶凝剂）内部颗粒的自接触（Type 1）、骨料与骨料之间的接触（Type 2）和骨料与胶凝剂的接触（Type 3）。在本节中，将对所有类型的接触均使用平行黏结模型（PBM），但不同类型的接触间将被分配不同的细观强度参数。图 3-15 显示了 PBM 的细观组成，相互接触颗粒间的 PBM 模型分别由平行黏结组和线性组构成。

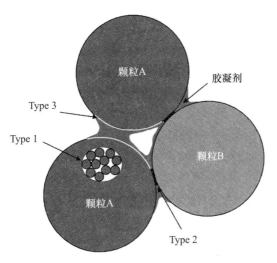

图 3-14　试样内部颗粒接触示意图

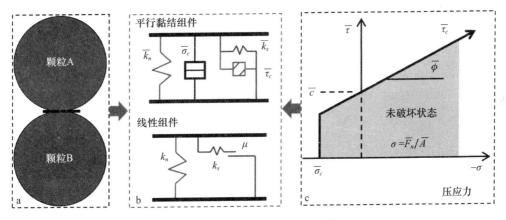

图 3-15　平行黏结模型细观组件

2. 细观强度参数校准

本节中需要校准的细观强度参数为单颗粒强度参数和胶凝剂强度参数。对于单颗粒强度参数，通过室内单颗粒破碎试验和虚拟单颗粒破碎试验对其单颗粒强度进行校准，对于胶凝剂参数，则使用室内单轴压缩试验和虚拟单轴压缩试验进行参数标定，并探讨不同类型再生骨料对透水型再生水稳材料的劣化影响机制。

单颗粒破碎强度室内试验与数值模拟结果如图 3-16 所示。从图 3-16 中可以看出，单颗粒强度具有一定的尺寸效应，总体表现为粒径越大，单颗粒强度越低；且单颗粒强度分布特征表现为天然碎石＞再生砂浆＞再生红砖。数值模拟结果同样具有一定的离散性，但均分布在室内试验结果的范围内，说明标定所得结果与室内单颗粒破碎试验结果具有统计相似性，单颗粒强度标定结果合理。

图 3-17 展示了单颗粒模量的室内试验与数值模拟结果，从图 3-17 中可以看出，单颗粒模量分布具有较强的尺寸效应，即粒径越大，颗粒模量越大，单颗粒模量分布特征表现为天然碎石＞再生砂浆＞再生红砖。同时从图 3-17 中可以清晰看出，单颗粒模量数值模拟结果与室内试验具有统计相似性，且数值模拟结果均位于室内试验结果范围内，因此，说明单颗粒模量标定结果可靠。

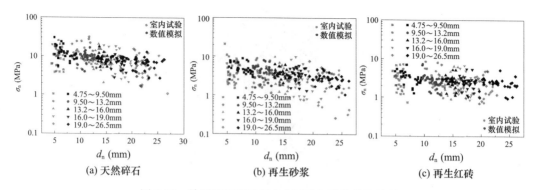

图 3-16 单颗粒破碎强度室内试验与数值模拟结果

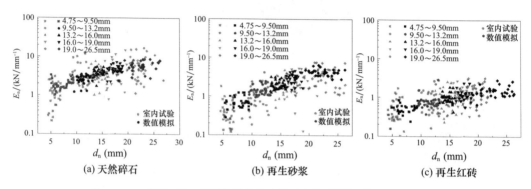

图 3-17 单颗粒模量室内试验与数值模拟结果

对于胶凝剂细观强度参数，在设定好单颗粒参数以及初始胶凝剂细观强度参数后，对其进行虚拟单轴压缩试验，通过不断调整胶凝剂细观强度参数来匹配室内单轴压缩试验结果（图 3-18），获得了较为合理的胶凝剂参数标定结果（图 3-19）。对于胶凝剂细观强度参数，由于其在随机骨料表面的分布形态各异，很难在充分考虑尺寸效应的基础上使用单元体试验进行参数校准。为了获取透水型再生水稳材料中胶凝剂的细观强度参数，将标定好的单颗粒强度参数应用到对应粒径和材料的骨料中，并设置对应胶凝剂和界面强度参数。为了充分考虑胶凝材料细观强度参数的合理性，使用纯天然碎石试样、30％再生砂浆含量试样和 30％再生红砖含量试样的室内单轴压缩试验和虚拟单轴压缩试验同步开展胶凝剂细观强度参数校准。

为清晰观测透水型再生水稳试样的细观结构，将完整圆柱体试样沿中间切割为两部分，并分别用于室内单轴压缩试验，然后将所得荷载-位移数据取其均值，为离散元数值模型中胶凝剂的细观参数标定提供依据。室内试验使用的是 HCT206A 型电子液压伺服压力机对其进行加载，设定室内试验加载速率为 0.1mm/s。同理，在数值模型中采用与室内试样一致的再生骨料掺量，在设定好单颗粒参数以及初始胶凝剂细观强度参数后，对其进行虚拟单轴压缩试验，并通过多次试算后对胶凝剂细观强度参数进行校准，其中在充分考虑计算成本和加载速率对结果的影响后，将虚拟试样的加载速率定为 0.02m/s，在该虚拟试验中，单颗粒强度参数使用前述方法标定的结果且保持不变，通过不断调整胶凝剂细观强度参数来匹配室内单轴压缩试验结果（图 3-18）。

通过多次虚拟单轴压缩试验，最终获得了较为合理的胶凝剂参数标定结果。从图 3-19 中可以看出，在进行同步标定时，天然碎石、含 30％再生砂浆和 30％再生红砖的虚拟试样

(b) 再生红砖30%

(a) 天然碎石

(c) 再生砂浆30%

(d) 加载示意图

图 3-18 室内与虚拟单轴压缩试验模型及加载示意图

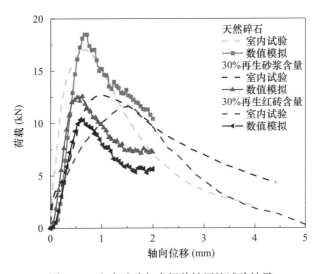

图 3-19 室内试验与虚拟单轴压缩试验结果

的峰值强度与室内试验结果较为接近，标定结果基本满足数值模拟分析的要求，说明胶凝剂细观强度参数基本合理。同时可以看出，虚拟试验结果的曲线斜率与室内试验结果差距较大，这是由于本节数值模拟中可破碎颗粒使用的是黏结球的方式，无法考虑刚性颗粒的尺寸效应，导致了数值模拟结果与室内试验存在一定的差异，但本节旨在研究透水型再生水稳材料中颗粒破碎特性与强度劣化机理，不涉及试样变形特性方面的研究，因此，这一差异对论文的最终结论影响很小，可忽略不计，该细观强度参数可作为研究透水型再生水稳材料的基本参数。单颗粒、胶凝剂以及界面的细观强度参数如表 3-10 和表 3-11 所示。

表 3-10　单颗粒细观强度参数

粒径（mm）	细观强度参数	描述	数值（天然碎石/再生砂浆/再生红砖）
4.75～9.5	emod/pb_emod（MPa）	线性/平行黏结有效模量	37.5/12.2/10.8
	kratio	刚度比	3.5
	pb_ten（kPa）	抗拉强度	400/125.8/95
	pb_coh（kPa）	黏结强度	400/125.8/95
9.5～13.2	emod/pb_emod（MPa）	线性/平行黏结有效模量	62.5/32.5/16.9
	kratio	刚度比	3.5
	pb_ten（kPa）	抗拉强度	450/198.5/135
	pb_coh（kPa）	黏结强度	450/198.5/135
13.2～16.0	emod/pb_emod（MPa）	线性/平行黏结有效模量	91.3/52.5/20.6
	kratio	刚度比	3.5
	pb_ten（kPa）	抗拉强度	525/225/153
	pb_coh（kPa）	黏结强度	525/225/153
16.0～19.0	emod/pb_emod（MPa）	线性/平行黏结有效模量	122.8/90.5/27.5
	kratio	刚度比	3.5
	pb_ten（kPa）	抗拉强度	650/325/189
	pb_coh（kPa）	黏结强度	650/325/189
19.0～26.5	emod/pb_emod（MPa）	线性/平行黏结有效模量	161.3/155.3/33.3
	kratio	刚度比	3.5
	pb_ten（kPa）	抗拉强度	740/367.5/220.5
	pb_coh（kPa）	黏结强度	740/367.5/220.5

表 3-11　胶凝剂和界面细观强度参数

材料类型	细观强度参数	描述	数值
胶凝剂	emod/pb_emod（MPa）	线性/平行黏结有效模量	68.0
	kratio	刚度比	2.5
	pb_ten（MPa）	抗拉强度	5.4
	pb_coh（MPa）	黏结强度	5.4
界面	emod/pb_emod（MPa）	线性/平行黏结有效模量	68.0
	kratio	刚度比	2.5
	pb_ten（MPa）	抗拉强度	1.8
	pb_coh（MPa）	黏结强度	6.6

　　使用表 3-10 和表 3-11 所示的细观强度参数，开展细观尺度的单轴压缩试验，量化透水型再生水稳材料在荷载作用下的颗粒破碎与强度劣化特征，为指导实际生产中再生骨料的掺量配置，以及级配优化提供理论指引。

　　3. 研究结果

　　1）破裂演化过程

　　透水型再生水稳材料在受到外部荷载作用时，内部的裂纹拓展和颗粒破碎现象很难通过室内试验手段进行描述，然而，将其在受荷条件下内部裂纹拓展清晰地可视化，对认识透水型再生水稳材料的强度劣化特征从而指导生产实践具有重要意义。由于纯天然碎石、含30％再生砂浆和含30％再生红砖试样在宏观上（除了颗粒破碎外）具有相似的破裂过程，因此只使用含30％再生红砖试样的破裂过程进行分析（图3-20）。

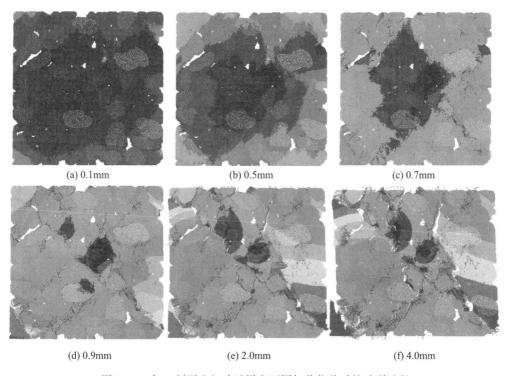

(a) 0.1mm　　　　　　　　(b) 0.5mm　　　　　　　　(c) 0.7mm

(d) 0.9mm　　　　　　　　(e) 2.0mm　　　　　　　　(f) 4.0mm

图 3-20　含 30％再生红砖试样在不同加载位移时的破裂过程

为了分析虚拟试样在加载过程中的应力传递规律，图 3-21 记录了虚拟试样在不同加载位移时的力链演化规律。可以看出，在加载初期，试样中强力链的分布主要集中在颗粒间和颗粒内部，这些位置是应力较集中的部位，强力链网络构成了试样的传力骨架；然而，强弱力链的分布并不均匀，而是与骨料和孔隙的空间分布有关。很显然，骨料之间的相互接触是强力链形成的关键，但孔隙和部分悬浮骨料的存在使得力的传递方向发生偏移，即出现应力分异现象；随着持续加载的进行，强力链数量增加，应力传递骨架进一步增强，但此时内部已经开始孕育起源于薄弱位置的裂纹；在试样破坏后，传力骨架中的强力链明显丧失，说明该试样已不具备继续承受荷载的能力。总体来说，对于透水型再生水稳材料而言，骨料是其主要的应力传递介质，而胶凝剂则起到增强骨架稳定性的效果，若胶凝剂稳定作用不佳，将会导致颗粒间滑移而失稳。若胶凝剂稳定作用较强，则可能出现试样的整体破坏是由颗粒破碎引起，但其中的定量关系还需进一步深入分析。

透水孔隙和骨料的随机分布会导致应力在传递过程中出现分异现象，图 3-22 显示了加载位移为 0.5mm 时的力链类型分布图。可以看出，加载过程中，虚拟试样内部发育有大量垂直于加载方向的拉应力，这是由于骨料分布的随机性造成的，说明水平相邻的两个颗粒在竖向荷载的作用下发生相互分离现象，而胶凝剂为这种分离提供了约束。由此可以推测，骨料和胶凝剂在共同抵抗外部荷载时有着不同的分工，在加载方向上，绝大多数外部荷载由相互接触的骨料承担，在持续加载期间，颗粒间的相互滑移作用，将导致颗粒向水平方向移

(a) 0.1mm　　　　　　　(b) 0.5mm　　　　　　　(b) 2.0mm

图 3-21　虚拟试样在不同加载位移时的力链演化规律

动，此时，胶凝剂将起到横向约束的作用，说明加载过程中的颗粒破碎现象主要与平行于荷载方向的力链传递有关，而胶凝剂和界面的破裂则受应力分异现象控制。所以，良好的级配可以有效地减少颗粒破碎现象，而较高的胶凝剂强度则是控制试样整体强度的关键。除了骨料随机分布引起的应力分异以外，透水孔隙的存在同样会导致应力分异现象的发生，应力传递过程中若遇孔隙，应力分异结果将会导致孔隙周围出现大量拉应力集中的现象，这是孔隙周围胶凝剂破裂的决定因素，由此可以看出，孔隙的存在对试样的强度有减弱作用。

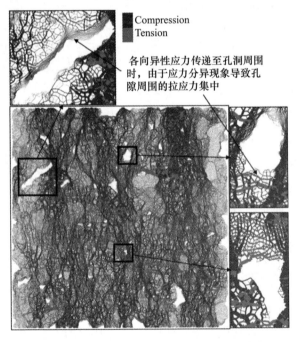

图 3-22　加载位移为 0.5mm 时的力链类型分布图

2）破裂组成

为了量化透水型再生水稳试样在单轴压缩过程中的破裂组成，在虚拟单轴压缩试验过程中，记录了试样内部各组件的裂纹组成（图 3-23～图 3-25），以此揭示透水型再生水稳试样的细观损伤机理，并从颗粒破碎的角度对其级配优化提供理论参考。

图 3-23 记录了纯天然碎石试样破裂后的裂纹分布和裂纹数量随加载位移变化的曲线。从图 3-23 中可以看出，在加载前期，界面首先出现裂纹，且在加载过程中持续增长，占据

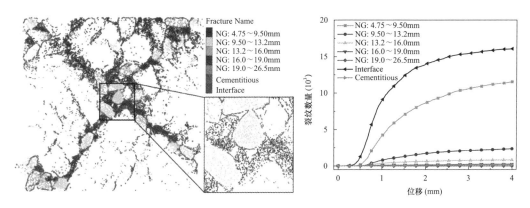

图 3-23　纯天然碎石试样破裂组成

试样破坏的主导地位，因此可以推测，在透水型再生水稳试样中，界面强度对试样的整体强度有控制作用。一个有趣的现象是，除了界面破裂外，4.75～9.5mm 粒径区间的骨料破裂数量位居第二，其破裂数量明显高于其他粒径的骨料，这是由于该粒径区间的骨料数量较多且在试样中承担应力较大造成的，这为试样的级配优化初步指明了方向，即在透水型再生水稳试样中适当减少 4.75～9.5mm 粒径区间的骨料数量有利于平衡各粒径区间的颗粒破碎。

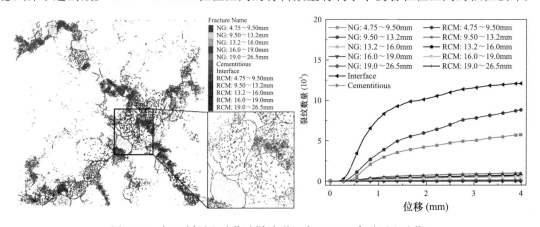

图 3-24　含 30％再生砂浆试样破裂组成（RCM 表示再生砂浆）

图 3-24 显示了含 30％再生砂浆试样的破裂组成分布和各组件裂纹数量随加载位移的变化曲线，从图 3-24 中可以看出，除了具有与纯天然碎石试样类似的规律外，界面破裂产生的裂纹在图中的分布数量明显较少。而一个有趣的现象是，相较于纯天然碎石试样，含 30％再生砂浆试样中的颗粒破碎现象更加显著。从裂纹数量-位移曲线中可以明显地看出，与纯天然碎石试样相比，除了界面和 4.75～9.5mm 粒径区间骨料的破裂数量降低外，再生砂浆中 4.75～9.5mm 的骨料破坏更加显著，且超过该粒径区间天然碎石的破坏数量，推测这是界面和该粒径区间天然碎石颗粒破裂数量降低的主要原因，即强度较低的再生砂浆掺入，除了从宏观层面显著降低试样的抗压强度外，其在细观层面剥夺界面对试样整体强度控制作用的现象同样值得关注。因此，在再生骨料水泥稳定基层材料中，单纯提高胶凝剂强度从而提高界面强度的方式并不完全经济有效，还应该充分考虑颗粒破碎与界面强度对试样整体强度控制作用的平衡。在级配优化中除了适当减少 4.75～9.5mm 粒径区间的骨料数量，还建议完全使用强度较高的天然碎石替代该粒径区间骨料。

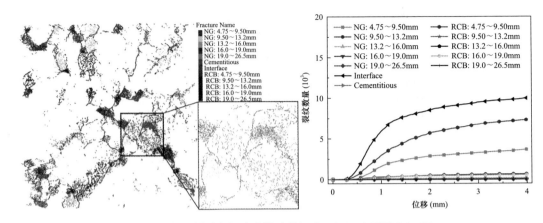

图 3-25　含 30％再生红砖试样破裂组成（RCB 表示再生红砖）

图 3-25 显示了含 30％再生红砖试样的破裂组成分布和各组件裂隙数量随加载位移的变化曲线，对比含 30％再生砂浆试样，再生红砖的强度更低。因此除了具有与含 30％再生砂浆试样的相似规律以外，还可以看出，含 30％再生红砖试样的裂纹分布表现出较为分散的特点，界面的裂纹仍然分布较广，且颗粒破碎更显著。从裂纹数量-位移曲线中可以看出，各组件的裂纹数量进一步减少，这与其宏观抗压强度低的特点有一定关联。但更应该注意的是界面破裂和骨料破裂之间的关系，相比掺入强度相对较高的再生砂浆试样而言，4.75～9.5mm 粒径区间的再生红砖破坏数量增长明显，而 4.75～9.5mm 粒径区间内天然碎石与再生红砖的裂纹数量差被拉大，因此，可以进一步推测强度较低的再生骨料的掺入，会使界面对试样整体强度的控制作用进一步降低。在掺入再生骨料时，应根据不同再生骨料材料强度设计最优掺配粒径和最优掺配含量。但是，界面和骨料颗粒破碎对试样强度控制作用的定量关系仍需进一步分析，并从细观层面解释不同强度再生水稳材料的损伤机理。

3）颗粒破碎与细观损伤机理

对于再生水稳材料的优化设计而言，大多数研究致力于提高再生骨料掺量以达到更好的经济效益和再生资源最大化利用的目的，但这会导致其内部骨料在受荷作用时发生大量的颗粒破碎和细观损伤现象，这可能导致透水型路基在服役过程中出现路面开裂、不均匀沉降以及排水不畅等病害，特别是针对透水型再生水稳材料而言，颗粒破碎现象甚至可能导致其透水型功能完全丧失。因此，探讨透水型再生水稳材料在掺入不同再生骨料强度条件下的颗粒破碎与细观损伤规律，对优化再生骨料掺量设计具有重要的理论意义。

图 3-26 显示了透水型再生水稳虚拟试样中各组分损伤率演化规律，从图 3-26 中可以明显地看出，虚拟试样中界面的损伤率占比最大，超过 50％，说明在透水型再生水稳材料中，界面强度对试样整体强度具有强烈的控制作用，试样在受荷状态下的破坏大部分来源于界面破坏，而颗粒破碎的控制作用次之，因此，对于不掺入再生骨料的水稳试样而言，单纯地提高界面强度对提高试样的整体强度效果显著，但掺入再生骨料后，界面的控制作用明显降低，且掺入的再生骨料强度越低，界面的控制作用降低越明显，此时若仅是单纯地提高界面强度，则达不到非常理想的效果，还应该充分考虑颗粒破碎的作用。图 3-26 中清晰地显示了界面强度损伤率降低的原因，随着再生砂浆的掺入，界面的损伤率降为 61％，此时 4.75～9.5mm 粒径区间的骨料损伤率（再生砂浆＋天然骨料）提高至 30％，而该粒径区间的天然骨料损伤率却从初始的 21％降低至 11％，其中该粒径区间的再生砂浆损伤率提高非常显著。

也就是说，再生砂浆掺入对削弱界面试样整体强度的控制作用可能的原因是，再生骨料颗粒破碎现象剥夺了界面的损伤，即损伤事件更容易发生在强度较低的组分中，而随着强度更低组分的掺入，对整体试样的强度控制作用将转移至强度更低的组分中，30％再生红砖掺量的试样结果验证了这一观点。同时，根据上述观点可知，在纯天然碎石的水稳试样中，界面是其强度最低的部分。

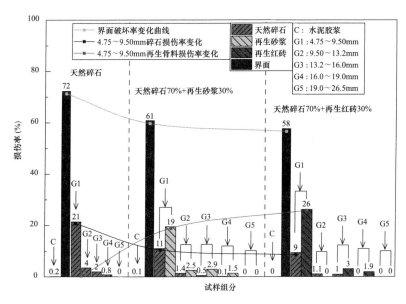

图 3-26　虚拟试样中各组分损伤率演化规律

总体来说，再生骨料的掺入除了宏观上表现出强度更低的特点外，在细观层面上还表现出界面对试样整体强度控制作用降低的现象，这一发现说明目前所使用的级配中颗粒分配的应力不均，主要表现为 4.75～9.5mm 粒径区间在加载过程中分配了较大应力致使其损伤率较高，而其他粒径损伤率较低的颗粒出现破碎不均匀的现象。同时还可以发现，该级配中颗粒的骨架力学性能不佳，导致了界面强度的控制作用较为显著。

3.2　道路垃圾

3.2.1　旧水泥混凝土路面原位再生技术

3.2.1.1　技术背景

旧水泥混凝土路面原位再生技术通常有发裂法、碎石化法。

发裂法存在两方面缺点：一是对旧水泥板下各层的扰动和破坏比较严重，可能会导致局部路段承载能力不足，成为工程病害的隐患区域；二是对旧水泥板破碎不彻底，后续依旧会出现反射裂缝。

碎石化法又分为多锤头碎石化法、共振碎石化法。

多锤头碎石化法比发裂法在防止反射裂缝的效果上有所提升，但同样不能从根本上控制反射裂缝。

共振碎石化法是根据水泥混凝土路面面板固有频率，利用能够产生高频低幅振动的共振碎石化设备，通过共振锤头将合适频率的振动能量传递到水泥混凝土路面面板内，形成共振后，达到对水泥混凝土路面面板破碎的目的，能够有效减少反射裂缝的产生。共振破碎后形成的共振结构层，上部碎块粒径稍小，类似于级配碎石，下部碎块粒径稍大，且形成了 $30°\sim60°$ 的斜向裂纹，碎块相互嵌锁形成"拱效应"。因而，共振碎石层整体上具有较高的结构承载力。

目前，国内较少采用发裂法进行旧水泥混凝土路面的原位再生，使用最多的是多锤头碎石化法和共振碎石化法。从理论效果上来看，共振碎石化法要明显优于多锤头碎石化法，但从实际实施效果来看，共振碎石化设备仍有提升空间，大部分设备并不能满足"共振"的需求，且不能很好地适应各类水泥混凝土路面情况，存在效率低、效果不一、设备维护成本高的问题。而多锤头碎石化技术成熟，设备相对简单，易损部件维修更换成本低，效率更高，故仍有较多使用。

3.2.1.2　水泥混凝土路面改建方案对比

水泥混凝土路面因其造价低、寿命长、耐水侵蚀、承载力强等众多优点，得到了广泛的应用。但水泥路一旦破坏，很难维修。并且水泥养生时间长，占用道路，严重影响交通。所以水泥混凝土路面到了大修阶段，一般都是提质改造成沥青路面，俗称"白改黑"，采用的常见技术方案对比见表 3-12。

表 3-12　旧水泥混凝土路面原位再生利用技术

常见技术	技术特点	加铺层设计	适用范围	反射裂缝及路基强度
共振碎石	1. 利用高频共振原理，仅使水泥板块从上到下贯裂，破碎均匀，释放应力。 2. 对下结构层影响小，原道路结构层残余强度利用充分。 3. 噪声低，振动小，不扰民。 4. 表层碎石横向排水到盲沟，改善结构内部排水	1. 直接加铺沥青面层，形成连续变形的弹性层，大大降低路面加铺厚度。 2. 省略水稳基层，改建综合成本低。 3. 刚性面层变为类柔性基层，优化了路面结构，延长了道路寿命	1. 不影响路下管线和周边建筑，适用于各等级的公路、城市道路。 2. 适用于连续配筋、双层混凝土板，钢纤维等各种强度的水泥混凝土板块。 3. 无法封闭交通的道路，可边施工边开放交通	彻底根除反射裂缝；最大限度维持了原有道路基础结构稳定性，最大限度利用了原有水泥面板的剩余强度
多锤头破碎	1. 利用高落差、高振幅的原理，用重锤夯落的方式破碎混凝土。 2. 板块破碎不充分、不均匀，下部块径大，上部混凝土皮要用 Z 字形压路机压散。 3. 冲击强烈，下部基层破损，混凝土面下陷，强度损失大，形成新的不稳定	1. 破碎层上需重建水稳基层，加铺层厚度加大，路面抬高较多。 2. 重筑水稳层，改建综合成本相对提高。 3. 加铺水稳为半刚性基层，路面结构变形不连续	1. 冲击强烈扰民，不适于城市道路。 2. 不适于邻近有建筑物的公路和存在地下管线的公路。 3. 不适合路面高程有限制的道路。 4. 无法破碎大于 25cm 和高强度混凝土板	原有水稳基层遭到破坏，必须重新铺筑路面基层；重新铺筑水稳基层会使加铺结构产生新的反射裂缝
板式压裂	1. 利用大激振力夯击压裂。 2. 只能打裂，混凝土板依然是整块，易产生反射裂缝。 3. 冲击力大，对基层损伤严重	1. 只能用于路面结构的底基层，加铺层厚度大。 2. 两层水稳养生，施工周期长	1. 适用于板块较好的情况；不适于城市道路。 2. 不适于邻近有建筑物的公路和存在地下管线的公路	不能彻底解决反射裂缝问题。原有路面结构强度损失大。

常见技术	技术特点	加铺层设计	适用范围	反射裂缝及路基强度
冲击压裂	1. 利用偏心轮大力冲击压裂，破裂极不均匀，易产生反射裂缝。 2. 冲击强烈，基层、路基强度损伤极大	1. 施工周期相对长。 2. 一般用于改建路面结构的底基层或路基，加铺层厚度大	1. 不适于城市道路。 2. 不适于邻近有建筑物的公路和存在地下管线的公路	无法解决反射裂缝问题； 原有路面和路基受损严重，路基塌陷
水泥路面直接沥青罩面	1. 核心是对旧板的处置，需要注浆稳固、铺防裂贴、玻纤格栅、应力吸收层等防裂措施，施工复杂且难度大，质量不易把控。 2. 坏板仍需破除重新浇筑，成本高，周期长	1. 需要采取专门的防裂措施，方能直接加铺沥青面层。 2. 旧板处置周期长，路面结构破损维修难	1. 适用于中轻交通的城市道路。 2. 适应板块和路基状态较好的情况。 3. 水泥养生，封路时间长，交通组织困难，对居民生活影响大	防反射裂缝（以下简称"防反"）的措施只能延长反射裂缝产生的时间，不能彻底解决反射裂缝问题
微裂法	1. 通过单锤夯击，将水泥路面压裂释放应力。 2. 核心是板底灌浆要到位，以消除脱空	1. 本质还是水泥混凝土面板直接加铺的技术。 2. 注浆稳定后直接加铺沥青面层	1. 适用于板块相对较好、破损不严重的道路，以保证注浆质量。 2. 不适合过集镇和有管线的道路	水泥混凝土面板只是破裂，依然存在大块混凝土，会产生翘板反应，不能根除反射裂缝

3.2.1.3　高频共振碎石化技术

1. "共振"条件的达成

如前所述，共振碎石化技术已成为目前综合效果最好的水泥混凝土道路垃圾原位再生技术之一。共振碎石化技术于 20 世纪 80 年代开始在美国实施，2004 年开始进入我国市场，直至 2010 年才实现了共振碎石设备的国产化。但由于共振技术的垄断性和当时国内技术的局限性，国产设备的主要工作参数仍旧以美制设备为参照。但是美国道路情况与我国存在一定差异，最显著的影响是我国水泥混凝土路面面板的固有频率不一样，对共振频率的需求也不一样。

根据我国水泥混凝土路面的实际状况，用通用有限元软件计算水泥混凝土路面面板的固有频率。路面面板采用弹性薄板单元，地基用弹簧来模拟，即采用 winkler 地基模型。

分析参数选取如下：矩形板的边长 $a \times b$ 分别为 5.0m×4.0m 和 4.0m×3.2m，厚度 h 分别为 0.2m、0.25m 和 0.3m；弹性模量 $E = 30$GPa；泊松比 $\mu = 0.17$；密度 $\rho = 2400$kg/m³；地基刚度 k 分别取 20MPa/m、40MPa/m、60MPa/m、80MPa/m 和 100MPa/m；边界条件考虑四边简支和四边自由两种。各种条件下路面板的固有频率见表 3-13。

表 3-13　路面板的固有频率　　　　　　　　　　　　　　　单位：Hz

$a \times b$ （m²）	k （MPa/m）	四边自由			四边简支		
		$h = 0.2$m	$h = 0.25$m	$h = 0.3$m	$h = 0.2$m	$h = 0.25$m	$h = 0.3$m
5.0×4.0	20	33.76	30.27	27.67	46.55	50.80	56.60
	40	47.54	42.70	39.67	56.76	58.52	62.51
	60	58.03	52.18	47.77	64.40	65.34	67.90

续表

$a \times b$ (m²)	k (MPa/m)	四边自由			四边简支		
		$h=0.2$m	$h=0.25$m	$h=0.3$m	$h=0.2$m	$h=0.25$m	$h=0.3$m
5.0×4.0	80	66.83	60.13	55.08	73.03	71.51	72.90
	100	74.55	67.10	61.50	79.93	77.17	77.57
4.0×3.2	20	34.18	30.63	27.98	61.37	71.27	82.48
	40	48.18	43.23	39.53	69.44	76.97	86.64
	60	58.84	52.86	48.36	76.66	82.27	90.61
	80	67.77	60.94	55.78	83.26	87.25	94.41
	100	75.60	68.02	62.31	89.38	91.96	98.07

由表 3-13 可知，我国水泥混凝土路面面板的固有频率范围在 30～100Hz 内。据相关研究，要达到"共振"效果，共振频率为 0.7～1.3 倍水泥混凝土路面板固有频率，即下限频率为 21～39Hz，上限频率为 70～130Hz。故若要满足国内绝大部分道路的要求，共振碎石化机工作频率范围至少应为 40～70Hz，如图 3-27 所示。

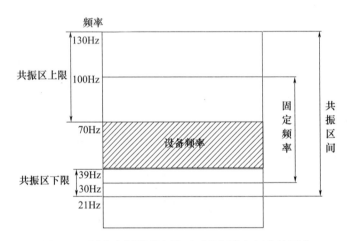

图 3-27　国内水泥混凝土路面对共振设备频率的要求

为区别于一般的共振碎石设备，能满足上述工作频率要求的共振碎石机可称为高频共振碎石机，相应的共振碎石技术即为高频共振碎石技术。高频共振碎石机具有较高的极限工作频率和较广的工作频率范围，通常最高工作频率可达到 60～80Hz，并且最低工作频率为 30～40Hz，能够满足国内绝大部分水泥混凝土路面板的破碎需求。

2."防反"机理

高频共振碎石化技术的最大优势是水泥混凝土路面面板共振碎石化后可作为结构层，直接在上面加铺沥青层，其中最关键的是如何最大限度地避免反射裂缝的产生。

1）反射裂缝成因

沥青面层反射裂缝的产生究其根本是下层水泥混凝土板块的异向移动造成的，混凝土板块的异向移动又主要来源于以下两个方面。

（1）温度变化。水泥混凝土面板接缝、裂缝两侧因胀缩效应形成的异向移动趋势使沥青面层在此处产生应力集中，尤其是在气温骤降时，对沥青面层的许可张拉应力提出了较为严格的考验。

（2）行车荷载作用。水泥混凝土面板接缝、裂缝两侧受行车荷载作用时，除了因水泥混凝土面板水平方向异向移动产生的张拉应力外，还可能形成较大的竖向异向移动趋势，形成较高的剪应力集中，对沥青面层强度提出了更为严格的考验。

2）共振碎石"防反"机理

共振碎石化技术通过较高程度的破碎消除了较大的应力集中，有效地解决了沥青面层反射裂缝的产生。

（1）温度型反射裂缝的消除

原有水泥混凝土路面共振碎石化后，下层混凝土板嵌锁层裂缝间距小于 25cm，水泥混凝土的线胀系数为 10^{-5}（K），按水泥路面层路面冬夏温差 40 摄氏度计算，25cm 路面板的膨胀量为 0.1mm，而通常膨胀量远小于已有裂缝宽度，混凝土板可在两侧裂缝范围内完成自由膨胀。而收缩量即使全部传递给沥青面层，也不足以使得面层开裂，并且，沥青面层与混凝土板嵌锁层间存在一层碎石层，相对松散的结构使其能充分吸收其下层裂纹释放的应变能；级配碎石还有很好的隔离作用，可以大大改善基层的温度、湿度状况，从根本上消除和减轻半刚性基层的"温缩"。

（2）荷载型反射裂缝的消除

当汽车荷载驶经接缝时，可分为 3 个过程：①轴载位于接缝一侧时，接缝两侧产生较大的相对位移，在罩面层中造成较大的剪切应力；②轴载位于接缝顶面时，两板无相对位移或相对位移较小，罩面层主要承受弯拉应力作用；③轴载驶离接缝时，在罩面层内产生与第一次方向相反的剪切应力，在整个过程中罩面层受到两次剪切一次弯曲，而且是连续的。如当基层有脱空情况时，水泥混凝土断裂板的翘起会加剧面层裂缝的形成。

根据美国标准《使用沥青加铺层修复 PCC 路面的指南》和《用于公路和市政道路修复的沥青加铺层》的建议，碎石化层最佳碎石化粒径为 3～20cm。而在最佳碎石化粒径范围内，如何寻求破碎化程度与结构承载力的最佳平衡，是保证共振破碎效果的重中之重。水泥混凝土板整体性越高，结构性能越好，形成反射裂缝的可能性越大，混凝土板碎化程度越高，结构性能越低，形成反射裂缝的可能性越小。根据以往工程案例，当顶面模量大于 350MPa 时，足以抵抗超重交通的荷载作用下产生的弯曲应力和剪切应力，不会出现沥青面层反射裂缝。

如混凝土路面板未被振裂，作为基层的混凝土板在荷载作用下发生断裂后，容易因断板的转动或翘起，造成沥青面层开裂。因此在共振碎石化后应根据回弹模量检测结果抽样取芯检查混凝土板振裂情况，通常在共振碎石化后的取芯样本可发现，路面板形成间距 20cm 左右的贯穿裂缝，路面板在荷载作用下不会产生转动或翘起而形成反射裂缝。现场取芯情况如图 3-28 所示。

3.2.1.4　高频共振碎石化机

如前所述，高频共振碎石设备研究的关键之一是如何将 50Hz 左右的最高工作频率提升至 70Hz。频率的提升并不简单，以美国 RMI 设备为例，美国共振破碎的研究基本被 RMI 公司所垄断（市场占有率 75% 以上）。RMI 公司的共振碎石化机锤头的振动频率只能限制在 40～48Hz，采用 44Hz 作为标准共振频率，这主要是从机械本身的安全性考虑，若超出机械额定的频率范围，将会给机械造成很大的疲劳损伤，降低锤头和共振梁的使用寿命，甚至会在第一时间破坏锤头或共振梁。

图 3-28　现场取芯情况

振幅的提高一方面能够提高激振力，提高破碎能力；另一方面也可能对基层造成扰动，使基层产生破坏；振幅的提高通常会牺牲一定的频率，多锤头技术之所以被逐渐淘汰，就是因为其低频高幅的冲击虽然也能对水泥板进行破坏，但通常会对基层造成破坏。因此根据行业规范《公路水泥混凝土路面再生利用技术细则》（JTG/T F31—2014）建议，振幅通常为10～20mm。在实际工程中，共振振幅的变化会影响上部碎石层的深度，根据前述研究，共振层分为上部碎石层和下部嵌锁层，上下层均有一定的厚度要求。

如何获得一种工作稳定的高频共振碎石机，是目前相关从业者研究努力的主要方向。本节根据相关研究，提供了一种高频共振碎石机的基本改进原理。

相对于美制设备采用的共振梁，该高频共振碎石机的共振系统采用的是共振箱，通过偏心轮的转动达到上下振动的效果。相对于梁式共振结构，箱式共振结构的稳定性和使用寿命大大提升，并且容易获得更高的频率，通常三轴共振箱能够达到60Hz的最高工作频率，并且有更小的振幅，不容易对基层产生扰动。但三轴共振箱所用偏心轮为一大两小（中间大两边小），在保证足够激振力的前提下，改进为四轴共振箱，偏心轮可为一样大小，稳定性进一步提升，可获得更高的频率和振幅，如图3-29所示。经过实测，本节提供的高频共振碎石机工作频率范围为40～70Hz，振幅为10～20mm，工作效率约3000m²/日，能够适应各种厚度的水泥混凝土面板。

3.2.2　多源粉状固废固化道路基层材料技术

3.2.2.1　技术背景

我国每年都有大量的工业尾矿、道路垃圾、建筑垃圾等无机固废产出，其处理已经成为比较急迫的问题。随着近些年来资源化利用技术的不断研究，对无机固废的处理逐渐资源化、精细化，对于无机固废深加工制备的粗骨料乃至细骨料的利用已经形成了产业化，但对于微粉含量较高的粉状固废，依旧难以有效利用。

在道路建设过程中，区域跨度较大，变化复杂，经常会遇到淤泥、高液限黏土等诸多不

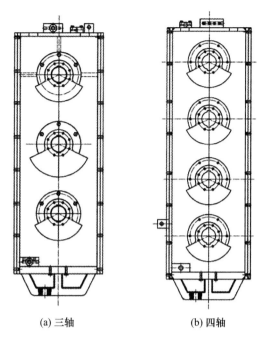

(a) 三轴   (b) 四轴

图 3-29 三轴、四轴共振箱

良土质，这些不良土质不能直接利用，通常需要经过换填或改良处理。换填存在大量道路渣土堆放及难以处理的问题，而传统的水泥、石灰改良存在耐久性不佳的问题。与此同时，在当前国家不断加强生态环境保护的背景下，天然砂石料资源日益短缺。固化土技术作为一种能够处理道路渣土，减少不可再生资源石料消耗的技术，具有极高的经济环境价值。

综合考虑上述因素，以固化土技术为核心的多源粉状固废固化技术，能够利用固化剂活化粉状固废颗粒表面活性，实现道路粉状固废的原位再生利用，并且可以消纳其他粉状固废，如建筑垃圾、尾矿等，解决这些粉状固废的同时，通过合理的配比设计还能提升道路粉状固废固化性能，协同固化制备道路基层材料。

3.2.2.2 原材料性能

本节对长江中游地区几种典型的土壤进行了分析，同时对粉状建筑垃圾、锰尾矿渣进行了研究。红黏土、粉土质砾、洗砂余泥、巨粒质土、粉状建筑垃圾、锰尾矿主要检测数据及颗粒组成分别见表 3-14 和表 3-15。

表 3-14 长江中游地区典型土壤检测结果

项目	红黏土	粉土质砾	洗砂余泥	巨粒质土	锰尾矿
液限，W_L（%）	60.6	39.4	40.2	—	45.7
塑限，W_P（%）	36.3	25.0	24.0	—	34.6
塑性指数，I_P	24.3	14.4	16.2	—	11.1
最大干密度（g/cm³）	1.79	1.80	1.75	2.17	—
最佳含水率（%）	15.4	18.4	15.5	6.4	—
取土位置	平益高速临时弃土场	宁韶高速鱼形山C匝道	宁韶高速弃土场	宁韶高速鱼形山D匝道	湖南省湘西土家族苗族自治州古丈县锰尾矿库

项目	红黏土	粉土质砾	洗砂余泥	巨粒质土	锰尾矿
工程分类	含砂高液限黏土（CHS）	粉土质砾（GM）	含细粒土砂（SF）	卵石质土（SlCb）	—

表 3-15　土的颗粒组成

材料规格	通过下列圆孔筛筛径的质量百分比，%					
	10mm	5mm	2mm	0.5mm	0.25mm	0.075mm
红黏土	100	98.3	90.7	76.1	68.6	58.5
粉土质砾	100	66.4	37.4	17.1	11.6	1.4
洗砂余泥	100	99.9	99.8	97.6	88.2	13.1
粉状建筑垃圾	100	99.6	97.7	77.9	46.0	3.5
锰尾矿	100	98.6	86.0	67.8	60.9	37.4

3.2.2.3　CBR 承载比研究

用于路基填筑时，力学性能的控制指标为 CBR 承载比。选取因 CBR 较低无法直接作为填料的含砂高液限黏土作为研究对象，在土中掺配不同比例的水泥和固化剂。通过固化土的贯入试验，得到相应的 CBR 值（表 3-16），根据试验结果选择最佳的掺配比例，从而既能满足试验规范和设计要求，又能节约经济成本和时间成本。

表 3-16　贯入试验结果汇总　　　　　　　　　　　　　　　单位：%

试验方案	水泥掺量	固化剂掺量	93 区 CBR 值	94 区 CBR 值
1	3	0.01	151.4	151.9
2	2	0.01	124.1	124.4
3	1	0.01	19.5	19.6
4	3	0	25.7	26.3
5	2	0	15.1	16.0

由表 3-16 可知，固化土 CBR 值的范围为 15.1%～151.4%，远大于原状土 CBR 值 2.6%，满足规范和设计要求。随水泥用量的增加，CBR 值逐渐增大，水泥用量相同的情况下，掺固化剂的固化土 CBR 值比仅用水泥固化的固化土 CBR 值提高 5.9～8.2 倍，固化剂的添加对提高固化土 CBR 值具有非常明显的作用。

3.2.2.4　无侧限抗压强度及水稳定性研究

道路工程基层材料因为作为路面结构的承重层，主要承受车辆荷载的竖向力，力学性能的控制指标为 7d 无侧限抗压强度，本节对部分原材料单独及复合固化后的无侧限抗压强度进行了研究（表 3-17）；考虑到耐久性的需求，对水稳定性也进行了研究。所用固化剂 A、B 及粉体固化剂均为市售固化剂，固化剂 C 由湖南省交通科学研究院有限公司研究。

表3-17 多源粉状固废复合固化无侧限抗压强度

序号	高液限土掺量（%）	粉状建筑垃圾掺量（%）	水泥（%）	固化剂（%）	7d无侧限抗压强度（MPa）
1			0		—
2			6		1.1
3			8	0	1.8
4	100	0	10		2.4
5			12		2.8
6			6	固化剂B（0.03）	1.0
7			0	粉体固化剂（6）	0.3
8			0	粉体固化剂（10）	0.4
9				0	3.0
10				固化剂A（0.035）	3.4
11				固化剂B（0.035）	3.1
12	60	40	8	固化剂C（0.02）	3.1
13				固化剂C（0.035）	3.4
14				固化剂C（0.07）	3.5
15			12	固化剂C（0.035）	4.2

为测试多源粉状固废固化材料水稳定性，按60%渣土＋40粉状建筑垃圾＋8%水泥配合比成型ϕ50mm×50mm圆柱形试件，标准条件下浸水养护，试验结果见表3-18和图3-30。

表3-18 浸水吸水量   单位：g

浸水时间	浸水量					
	0%对照组	0.02%固化剂C	0.035%固化剂C	0.07%固化剂C	0.035%固化剂A	0.035%固化剂B
1d	0.2	0.2	0.2	0.2	0.2	0.15
7d	0.8	0.7	0.6	0.3	0.7	0.6
28d	1.2	0.95	0.90	0.70	0.9	0.85
60d	1.4	1.30	1.25	0.85	1.1	1.1
120d	1.6	1.50	1.30	1.05	1.15	1.2

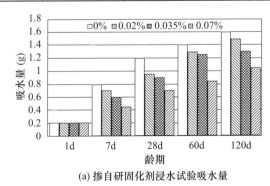

(a)掺自研固化剂浸水试验吸水量

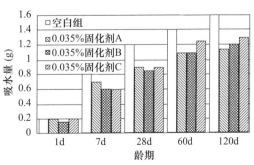

(b)掺不同种类固化剂浸水吸水量

图3-30 浸水试验吸水量对比图

由图 3-30 可以看出，浸水两个月后试件均没有损坏，说明在 8% 水泥掺量下，具有较好的水稳定性。但是通过对试件吸水量的跟踪记录可以发现，随着固化剂的加入，吸水量会降低，抵抗水损害的能力就会增强。可以预测固化剂的加入可以提升更长期的耐水性能。同时三种固化剂对比，相同掺量下，吸水量基本持平，反映出同类液体固化剂产品相近的疏水性能。

为了进一步评估湖南省交通科学研究院有限公司研发的固化剂 C 的水稳定性能，参照《土壤固化外加剂》（CJ/T 486—2015）及《土壤固化剂应用技术标准》（CJJ/T 286—2018），对三种不同土壤进行固化试验，相关结果见表 3-19。

表 3-19　无侧限抗压强度及水稳系数

土壤类别	水泥掺量（%）	固化剂掺量（%）	7d 无侧限抗压强度（未浸水）（MPa）	7d 饱水无侧限抗压强度（MPa）	水稳系数（%）
粉土质砾	4	0.01	0.81	0.80	98.8
含砂高液限黏土	6	0.03	0.89	0.85	107.7
洗砂余泥	6	0.02	1.17	1.16	99.1

由表 3-19 可知，水稳系数均满足《土壤固化剂应用技术标准》（CJJ/T 286—2018）中水稳系数≥80% 的要求。

3.2.2.5　有害离子固化研究

本节以锰尾矿渣中锰离子的固化为目标，研究了粉状固废固化技术对有害离子的固化效果。

1. 锰尾矿渣浸出毒性

通过 XRF 对锰尾矿渣进行元素全分析，根据元素全分析结果对可能超标的有害元素进行浸出毒性分析，并与相关规范要求进行对比，结果见表 3-20。

表 3-20　检测值与限值对比

检测项目	检测值（mg/L）	《危险废物鉴别标准 浸出毒性鉴别》（GB 5085.3—2007）限值（mg/L）	是否超标
Mn	224.30	5	是
Ba	0.0545	100	否
Cr	0.0001	1	否
Cu	0.00983	100	否
Pb	0.00048	5	否
Zn	0.369	100	否

检测项目	检测值（mg/L）	《污水综合排放标准》（GB 8978—1996）限值（mg/L）			
		第一类污染物	第二类污染物		
			一级	二级	三级
Mn	224.30	—	2	2	5
NH_3-N	8.02	—	15	25	—

检测项目	检测值（mg/L）	《污水综合排放标准》GB 8978—1996 限值（mg/L）			
		第一类污染物	第二类污染物		
			一级	二级	三级
Cr	0.0001	1.5	—		
Cu	0.00983	—	0.5	1	20
Pb	0.00048	1	—		
Zn	0.369	—	2	5	5

参考《危险废物鉴别标准 浸出毒性鉴别》（GB 5085.3—2007）及《污水综合排放标准》（GB 8978—1996），该锰尾矿中 Mn 元素浸出毒性超标。

2. 锰尾矿渣固化

对锰尾矿渣进行固化的配合比为：100% 锰尾矿（0~5mm），外掺石灰 5%，固化剂 0.01%。静压成型 ϕ50mm×50mm 试件标准养护 7d 后取出送样。经过检测，结果见表 3-21，可溶性锰离子显著降低，固化效果良好。

表 3-21 锰尾矿渣固化前后酸浸结果

项目	锰尾矿渣原料	锰尾矿渣固化试件
Mn 检测值	224.3mg/L（超标）	3.43μg/L（合格）
限定值	2mg/L	

3.2.3 高掺量 RAP 厂拌热再生技术

3.2.3.1 技术背景

沥青路面设计寿命为 10~15 年，在交通荷载及自然因素的综合作用下，实际使用年限仅为 8 年左右，在长期使用后需进行大面积维修，会产生大量的沥青路面旧料。目前，废旧沥青混合料的利用方式主要有就地热再生、厂拌热再生、就地冷再生、厂拌冷再生以及全深式冷再生。其中就地热再生、就地冷再生、全深式冷再生根据旧路段混合料的级配等指标，重新设计级配，加入新料或再生剂等进行就地原位再利用；厂拌热再生和厂拌冷再生，在旧料使用之前对其进行破碎筛分，分级后用于道路建设。

目前，道路垃圾资源化企业技术非常薄弱，降层错位利用的情况较多，且旧料在沥青混合料中掺量一般不超过 30%，处置过程中依然产生很多不能被利用的细骨料。实际生产中，拌和站铣刨料中的旧沥青来源复杂，有的掺杂了改性沥青和基质沥青，且比例不明，有的只含改性沥青。目前，市面上的再生剂种类繁多，但大部分只能再生基质沥青，尚不能恢复改性沥青的性能。此外，旧料性能不稳定，波动性大，且随着掺入旧料比例的提高，对混合料的性能影响更大，混合料性能离散性较大，对再生剂的要求也更高。

为了大量消纳道路垃圾，实现高掺量利用，提高道路垃圾的利用率，拟采用厂拌热再生的方法，将道路垃圾高掺量（45% 及以上）用于表层透水型路面结构中，并开展相关室内研究。

3.2.3.2 再生剂再生效果研究

1. RAP性能检测

根据道路垃圾高掺量应用的试验方案，先对铣刨料中的沥青以及粗细骨料的性能指标进行检测。沥青含量的检测结果见表3-22。

表3-22 沥青含量检测结果

试验次数（次）	1	2	平均值
沥青混合料的沥青含量（%）	4.33	4.26	4.30

由图3-31可知，RAP颗粒级配不良，主要体现在粗骨料占比稍小，0.075mm以下的粉料稍偏多。级配曲线表明：矿料公称最大粒径为19mm，19mm以上的颗粒为总矿料的1.4%。道路铣刨料可来自道路上面层、中面层、下面层，道路各层级材料性能及组成材料不一，上面层材料整体质量较好，多采用玄武岩、辉绿岩等非酸性骨料，沥青常用改性沥青。而中、下面层的骨料和沥青要求较低，不同路段的材料有较大的区别。

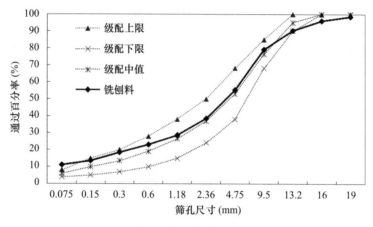

图3-31 RAP筛分结果

研究老化后沥青的性能也是再生利用研究的基础。分别对RAP中沥青的三大指标及旋转黏度进行试验检测和结果分析。相关数值见表3-23。

表3-23 RAP中沥青三大指标及旋转黏度试验结果

项目	测试结果
25℃针入度（0.1mm）	18
软化点（℃）	67.5
15℃延度（cm）	6
135℃旋转黏度（Pa·s）	2.000

2. 再生效果研究

实际生产过程中，拌和站铣刨料中的旧沥青来源复杂，如掺杂了改性沥青和基质沥青，且比例不明；有的仅掺杂了改性沥青，造成旧料不稳定、波动性大，且随着掺入旧料比例的提高，对混合料的性能影响更大，对再生剂的要求也更高。

目前，市面上再生剂种类繁多，但大部分再生剂只能再生基质沥青，而不能恢复改性沥青的性能，个别产品以提升路用性能为目的进行了研发，添加了改性剂，可用于改性沥青，但因旧料不稳定和波动性大，难以检测出稳定的数据。

基于上述原因，选取了市面上具备不同特色且性能较优异的 A、B、C、D、E 五种再生剂进行了系列比选试验。试验采用的比选指标为：针入度（0.1mm）、软化点（℃）、15℃延度（cm）、弹性恢复（%）、旋转黏度（Pa·s）。相关数据见表 3-24。

表 3-24 不同种类再生剂对旧沥青性能恢复试验结果

材料	针入度（0.1mm）	软化点（℃）	15℃延度（cm）	弹性恢复（%）	旋转黏度（Pa·s）
回收旧沥青	18	67.5	6	49	2
再生沥青（再生剂 A）	31	59.5	10	45	1.112
再生沥青（再生剂 B）	42	55.5	30	43	0.862
再生沥青（再生剂 C）	23	81.5	8	56	4.512
再生沥青（再生剂 D）	56	52.5	38	38	0.75
再生沥青（再生剂 E）	46	57.5	16	45	0.925

根据再生剂对旧沥青的改善效果，并结合综合经济成本优选出了用于再生改性沥青混合料的 B 和 C 这两种试剂。仔细分析再生剂 C 可知，C 其实是一种混合料改性剂，对两种规格的 RAP（0～16mm、16mm～30mm）进行矿料级配、沥青含量、沥青性能和骨料性能检测后，对 RAP 掺量为 50% 的再生沥青混合料 AC-20 进行配合比设计，经混合料性能验证后确定最终类型和掺量。

3.2.3.3 高掺量 RAP 再生改性沥青混合料配合比设计及路用性能研究

在对两种规格的 RAP 料进行抽提筛分后，对 RAP 掺量为 50% 的再生沥青混合料 AC-20 进行配合比设计，表 3-25 列出了各矿料比例，级配曲线见图 3-32。

表 3-25 再生沥青混合料 AC-20 矿料比例　　　　　　　　　　　　单位：%

混合料类型	1#料（9.5～19mm）	2#料（4.75～9.5mm）	3#料（0～4.75mm）	粗铣刨料	细铣刨料
再生 AC-20	28	10	12	38	12

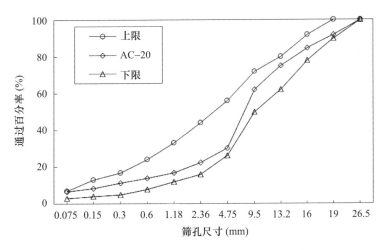

图 3-32 再生沥青混合料 AC-20 的级配曲线

选取油石比 4.3% 为基准，分别对 3.3%、3.8%、4.3%、4.8% 和 5.3% 五个油石比进行击实试验，比较五种油石比下再生沥青混合料 AC-20 的体积指标，最后确定再生沥青混合料 AC-20 的最佳油石比为 4.5%。不同油石比下再生沥青混合料的性能指标见表 3-26。

表 3-26 不同油石比再生沥青混合料 AC-20 的性能指标

性能指标	油石比（%）				
	3.3	3.8	4.3	4.8	5.3
毛体积相对密度	2.415	2.444	2.458	2.472	2.472
空隙率 VV（%）	7.4	5.6	1.4	3.3	1.5
矿料间隙率 VMA（%）	12.8	11.6	13.0	13.4	12.1
饱和度 VFA（%）	41.2	55.6	66.1	75.4	81.3
稳定度（kN）	22.03	21.49	19.73	19.29	18.45
流值（mm）	3.64	3.70	3.11	3.10	3.94

根据 3.3%、3.8%、1.3%、4.8% 和 5.3% 五个沥青用量的体积指标，绘制性能指标与油石比的关系图（图 3-33）。

通过图表插值法可得到空隙率为 4.0% 时对应的油石比为 4.52%。

根据图 3-34，各项指标符合技术要求的油石比范围 OAC_{min}～OAC_{max} 为 1.25%～4.78%。因此，OAC_2＝（OAC_{min}＋OAC_{max}）/2＝4.52%。取 OCA_1 和 OAC_2 的中值 4.5% 为最佳油石比。

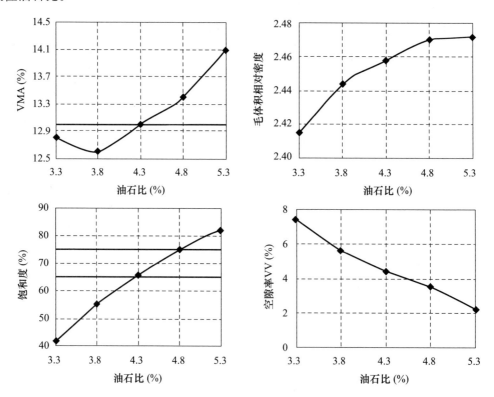

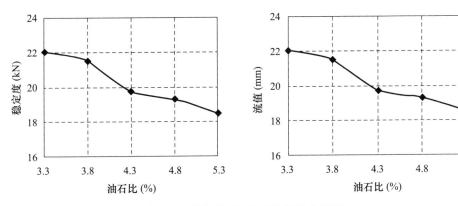

图 3-33　性能指标与油石比关系曲线图

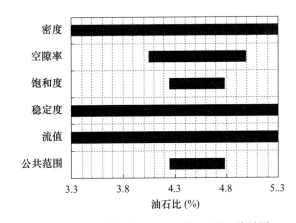

图 3-34　性能指标与 OAC_{min} 和 OAC_{max} 关系图

通过改变再生剂种类对再生沥青混合料性能进行验证时，发现切开后的马歇尔试件内部存在较多的孔隙，其原因主要为 RAP 料的级配存在较大变异性。因此，通过调整各骨料的比例，进一步优化再生沥青混合料的合成级配。相关数据见表 3-27、图 3-35。

表 3-27　再生沥青混合料 AC-20 矿料比例　　　　　　　　　　　　单位：%

级配编号	1♯料（9.5～19mm）	2♯料（4.75～9.5mm）	3♯料（0～4.75mm）	粗铣刨料	细铣刨料
♯1	28	10	12	38	12
♯2	20	14	16	32	18
♯3	30	0	20	28	22
♯4	22	8	20	32	18

经过四次调整，再生沥青混合料形成了如图 3-36 所示的骨架密实结构。为保证高掺量再生沥青混合料性能的一致性，图 3-37 给出了从现场 RAP 料堆取样的示意图，分别从料堆顶面、底面以及三分点高度处取样。由于 RAP 料长期堆积，表面会产生硬壳，取样前将 RAP 料堆表面 200mm 左右硬壳去除，在同一料堆深度的四等分位置分别取四份质量相同样品，混合后作为这一层的 RAP 料。

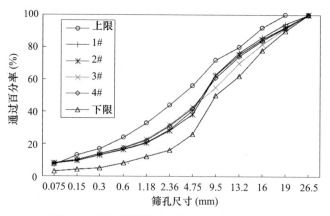

图 3-35 再生沥青混合料 AC-20 的级配曲线

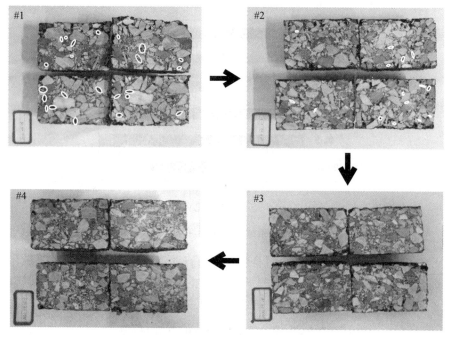

图 3-36 铣刨料级配的变异性

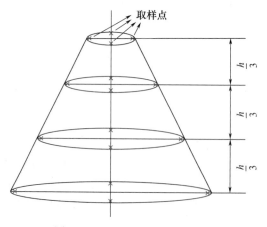

图 3-37 RAP 料堆现场取样点

采用《车辙试验公路沥青及沥青混合料试验规程》（JTGE 20—2011）评价混合料的高温性能，车辙试验（图 3-38）条件为试验温度为 60℃±1℃，轮压为 0.7MPa±0.05MPa。车辙试验结果见表 3-28。再生沥青混合料动稳定度是 12156±3575 次/mm。

表 3-28　车辙试验结果

再生剂种类	动稳定度（次/mm）
8%再生剂 B	10158.0±1261.3
8%再生剂 C	8859.0±2616.7
4%再生剂 2+4%高黏改性剂	9151.7±2431.3

图 3-38　再生沥青混合料车辙试验

分别采用《沥青混合料马歇尔稳定度试验》（T0709—2011）和《沥青混合料冻融劈裂试验》（T0729—2000）评价再生沥青混合料的水稳定性。再生沥青混合料 AC-20 的冻融劈裂试验结果见表 3-29。

表 3-29　冻融劈裂试验结果

再生剂种类	劈裂强度（MPa）		劈裂强度比 TSR（%）
	非条件	条件	
8%再生剂 B	1.107±0.006	0.985±0.002	89.0
8%再生剂 C	1.685±0.060	1.508±0.006	89.5
4%再生剂 2+4%高黏改性剂	1.772±0.127	1.619±0.068	91.3

经过冻融，添加 8%再生剂 B 的再生沥青混合料的劈裂强度由 1.107MPa 降低至 0.985MPa，再生沥青混合料的劈裂强度比 TSR 为 89.0%。添加 4%再生剂 C 和 4%高黏改性剂再生沥青混合料的劈裂强度有所提高，对应的 TSR 为 91.3%，满足规范中不小于 80% 的要求。

相比于高温和水稳定性，采用《沥青混合料弯曲试验》（T0715—2011）评价再生沥青混合料的低温性能，试验温度为 -10℃，加载速率为 50mm/min。

低温弯曲试验结果表明添加 4%再生剂 B 和 4%再生剂 C 的双改性方案，或添加 4%再生剂 B 和 4%高黏改性剂的双改性方案，新沥青采用 SBS 改性沥青，再生沥青混合料 AC-20 的破坏应变均大于 2500$\mu\varepsilon$，满足相应规范要求。

3.2.3.4 高掺量 RAP 再生沥青路面工艺技术

高掺量 RAP 再生沥青路面施工工艺如图 3-39 所示。

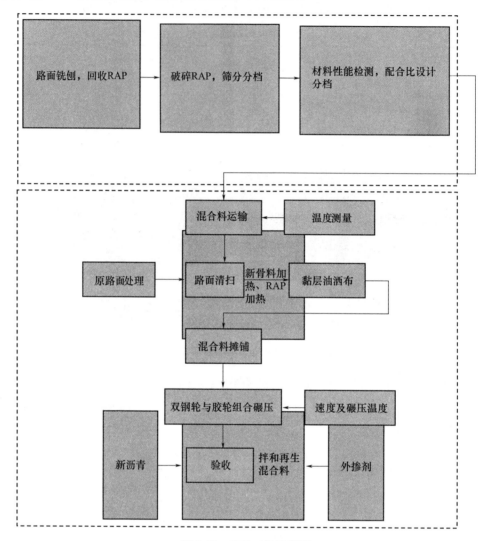

图 3-39　施工工艺流程图

1. 拌和楼试拌

对送样的热料仓骨料进行筛分，此外，按照《公路工程沥青及沥青混合料试验规程》（JTG E20—2011）中 T0722 所述试验方法分别对两种规格的 RAP 进行沥青含量测试，并对抽取后骨料进行筛分试验，试验结果见表 3-30。粗 RAP 和细 RAP 的油石比分别是 4.3% 和 4.8%。

表 3-30　热料仓骨料筛分试验及 RAP 抽提筛分试验结果

筛孔尺寸（mm）	1#料（17~20mm）	2#料（11~17mm）	3#料（6~11mm）	4#料（3~6mm）	5#料（0~3mm）	矿粉	粗 RAP（16~30mm）	细 RAP（0~16mm）
26.5	100.0	100.0	100.0	100.0	100.0	100.0	100.0	100.0

续表

筛孔尺寸 （mm）	1#料 （17～20mm）	2#料 （11～17mm）	3#料 （6～11mm）	4#料 （3～6mm）	5#料 （0～3mm）	矿粉	粗RAP （16～30mm）	细RAP （0～16mm）
19.0	34.9	100.0	100.0	100.0	100.0	100.0	91.7	100.0
16.0	8.5	99.6	100.0	100.0	100.0	100.0	83.3	100.0
13.2	1.4	75.5	100.0	100.0	100.0	100.0	74.5	98.9
9.5	1.5	4.8	90.1	100.0	100.0	100.0	66.2	84.6
4.75	0.8	1.4	0.8	81.6	98.0	100.0	43.4	41.4
1.36	0.8	1.4	0.3	1.5	78.2	100.0	28.3	26.0
1.18	0.8	1.4	0.3	1.5	47.8	100.0	20.7	19.3
0.6	0.8	1.4	0.3	1.5	29.7	100.0	15.8	15.5
0.3	0.8	1.4	0.3	1.5	17.5	99.3	11.4	11.2
0.15	0.8	1.4	0.3	1.5	8.1	89.6	8.6	8.1
0.075	0.1	0.3	0.2	0.3	2.8	75.3	6.7	6.2

高掺量RAP再生沥青混合料AC-20的各档骨料比例为1#料∶2#料∶3#料∶4#料∶5#料∶粗RAP∶细RAP∶矿粉＝8∶20∶5∶5∶10∶36∶14∶2。油石比为1.3%，再生剂B、再生剂C和高黏改性剂的掺量均为RAP中旧沥青的4%。合成级配见表3-31、图3-40。

表 3-31 合成级配

级配 类型	油石比 （%）	通过筛孔（方孔筛，mm）百分率（%）											
		26.5	19.0	16.0	13.2	9.5	4.75	1.36	1.18	0.6	0.3	0.15	0.075
AC-20	4.3	100.0	91.8	86.6	78.9	62.0	40.5	24.1	17.4	13.2	9.8	7.3	5.1

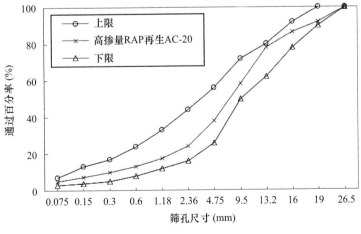

图 3-40 合成级配图

2. 试验段施工过程

在拌和楼试拌成功的基础上，进行了高掺量 RAP 再生沥青混合料 AC-20 试验段的施工，对拌和、运输、摊铺、碾压各阶段进行了观测。

拌和过程中，方案一和方案二中使用的再生剂 B、再生剂 C、高黏改性剂均采用直投的方式。其中，拌和顺序分别见图 3-41 和图 3-42。方案一和方案二拌和时间较常规沥青混合料延长 10～15 s。

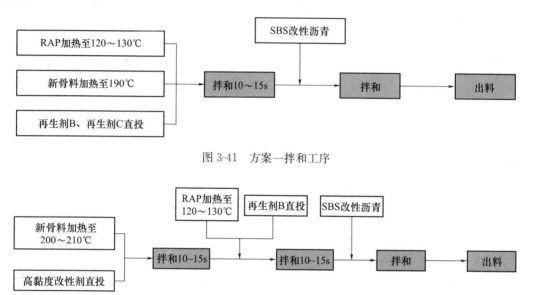

图 3-41　方案一拌和工序

图 3-42　方案二拌和工序

拌和楼采用安曼间歇式拌和楼，拌和楼生产由计算机全程自动控制，并配有自动打印装置，生产结束后进行逐盘打印，从所拌和沥青混合料情况看较为均匀，无花白料现象。拌和温度宜符合图 3-41 和图 3-42 的要求，再生沥青混合料出料温度为 145～160℃。

按常规要求运输到现场，准备摊铺，摊铺段落内，黏层表面干燥、无浮灰，符合摊铺条件。现场摊铺采用两台摊铺机进行梯队作业。现场测定摊铺机摊铺平均速度为 1.5m/min，料车供需基本可以做到连续摊铺。从摊铺现场情况来看，铺面整体均匀性较好。在施工现场检测了几组摊铺温度，摊铺温度范围为 135～155℃。

碾压过程中，初压双钢轮压路机碾压平均速度为 1.3km/h，初压温度控制在 135～145℃，平均碾压遍数为 4 遍；复压胶轮压路机平均速度为 5.7km/h，复压温度控制在 120～125℃，平均碾压遍数为 7 遍。终压双钢轮压路机碾压平均速度为 1.5km/h，终压温度控制在 100～115℃。在试验段施工现场随机抽检了几组碾压温度，从检测结果来看，碾压阶段初压、复压、终压温度控制满足要求。

3. 试验检测

试验路铺筑完成后，第二天对路面进行取芯检测，芯样完整密实，与下面层层间黏结良好。

对从施工现场取样的高掺量 RAP 再生沥青混合料测定沥青含量。试验结果表明，沥青含量和现场沥青用量一致，对燃烧后的混合料进行筛分，筛分结果和合成级配基本相同。

从施工现场取拌和好的高掺量 RAP 再生沥青混合料，击实成型马歇尔试件，进行浸水马歇尔试验，方案一和方案二的马歇尔试件残留稳定度分别是 91.4％ 和 94.0％，均满足不低于 85％ 的规范要求。

针对长江中游地区多源固废的产排特性和海绵城市建设需求，研究固废的资源属性，开发高值化利用技术，制备了一系列生态化再生建材，为各类固废的综合利用提供技术支撑。本章重点介绍建筑垃圾、道路垃圾、钢渣、铅锌尾矿、铁尾矿和锂渣等各类固废，制备生态化再生建材及开发在海绵城市不同场景中应用的新技术，将固废转变成具有高附加值的功能材料，为"生态银行"的构建奠定基础。

3.3 花岗岩废料

随着长江中游典型城市如"长株潭"城市群快速发展，工业固废排放量日益增长。尽管目前在长江中游地区已有一定的固废建材化应用案例，但相关基础研究、关键技术、关键装备和应用技术亟待突破，仍存在产品附加值低、固废资源化率不高、制备能耗高和二次污染等问题。

针对长江中游地区海绵城市建设需求，围绕长江中游地区多源固废的产排特性和海绵城市建设需求，根据固废的资源属性开发高值化利用技术，制备了一系列再生建材，将为工业固废的综合利用提供技术支撑。

本节重点介绍花岗岩废料熔融制备保温隔声材料、地质聚合物技术。

3.3.1 花岗岩废料制备保温隔声材料

3.3.1.1 技术背景

课题组调研了湖南岳阳地区某花岗岩公司，该公司旗下拥有三个工厂，占地面积 5 公顷，先进设备 200 多台，工人 200 余人。每年可以生产 200 万 m² 板材。每年产生几万吨可再生利用的边角废料和十几万吨石灰。边角废料一般破碎成碎石，石灰全部用于轻质砖生产。石材加工过程中产生的石粉也进行沉降收集，并采用抽滤干燥设备，对沉降后的泥浆进行干燥。其工作原理：浆料以薄层形式附着在干燥设备叶片上，叶片表面布满小孔，在负压作用下将薄层浆料中的水分抽滤掉，再通过刮板将其从叶片上刮下。干燥后的石粉呈片状，含水率 15％ 左右。

同时，调研了水口山铅锌矿石选矿厂，该厂主要处理康家湾矿矿石，日处理量达到 1800t，主要产品有铅精矿、锌精矿、硫精矿，矿石中的金银以伴生贵金属的形式通过浮选富集到各产品中。破碎流程采用三段一闭路破碎洗矿工艺，中碎前进行洗矿预先筛分，中碎和细碎产品经过检查筛分后的筛上物，进行 X 射线智能分选抛废，抛废率 ≤15％，日出废石 300t，最终破碎产品粒级 ≤14mm。磨矿流程采用两段闭路磨矿、两段旋流分级工艺，入浮产品细度（−200 目）占 75％。铅锌回收率为 89.8％，铅精矿主品位 52％，锌精矿主品位 51％。抛废工艺能够大大减少铅锌尾矿的"产排"。

3.3.1.2 理化特性分析

对石材厂取回的三种花岗岩废料进行了基本特性分析，化学成分、矿相组成和热分析，结果见图 3-43～图 3-45。花岗岩石粉均含有 60％ 以上的 SiO_2、18％ 以上的 Al_2O_3，这为利用碱性激发剂重构花岗岩石粉的 Al-Si-O 微结构、制备花岗岩石粉基地质聚合物净水滤料提供了研发依据。

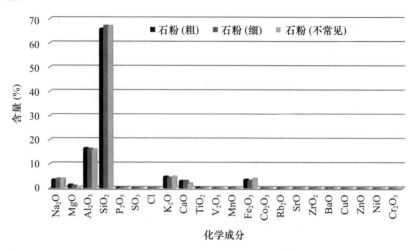

图 3-43　花岗岩废料化学组分

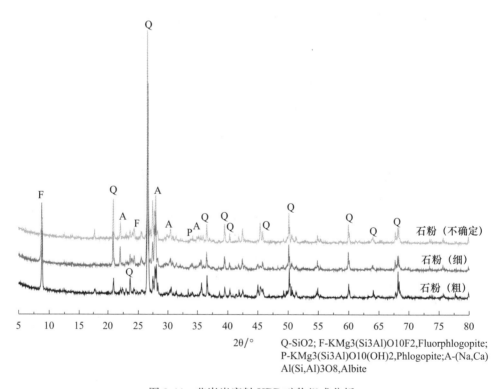

Q-SiO2; F-KMg3(Si3Al)O10F2,Fluorphlogopite;
P-KMg3(Si3Al)O10(OH)2,Phlogopite;A-(Na,Ca)
Al(Si,Al)3O8,Albite

图 3-44　花岗岩废料 XRD 矿物组成分析

图 3-46～图 3-48 是铅锌尾矿样品的化学组成、矿相组成和热分析结果，其中 SiO_2 含量达到 76.57％，Al_2O_3 含量 6.72％，CaO 含量 10.57％，Fe_2O_3 含量 2.66％。硅铝质含量较高，适合作为矿物棉替代原料。

3.3.1.3　熔融特性分析

1. 熔制过程

熔制过程通常可分为五个阶段，800～900℃为硅酸盐形成阶段，配合料各组分在加热过

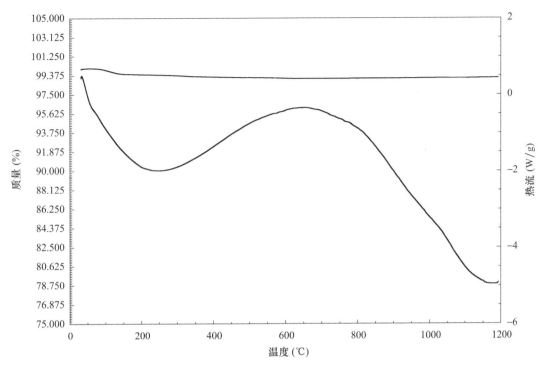

图 3-45 花岗岩石粉（细）TG-DSC 曲线

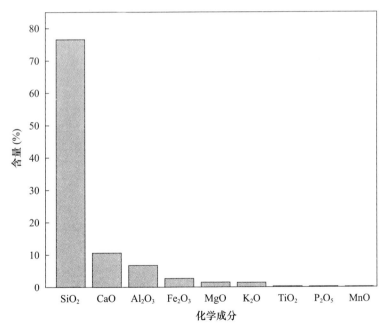

图 3-46 铅锌尾矿化学组成

程中发生一系列的物理和化学变化，气态产物逸出，形成由硅酸盐和二氧化硅组成的不透明物；1200～1250℃为玻璃液形成阶段，配合料中的易熔物熔融，同时硅酸盐和二氧化硅互熔。烧结物变成了透明体并含有大量气泡；1400～1500℃为澄清阶段，熔液黏度降低消除可见气泡；1350～1420℃为均化阶段，熔液中各组分通过扩散作用成为均匀一体，条纹、结石等消除到允许限度；冷却阶段温度通常在 200～300℃，熔液具有成型所需的黏度。各阶段是互相联系和影响的，通常是同时或交错进行。

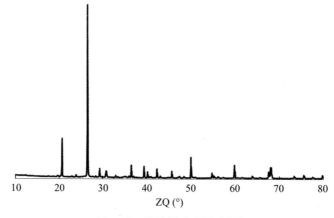

图 3-47　铅锌尾矿 XRD 图谱

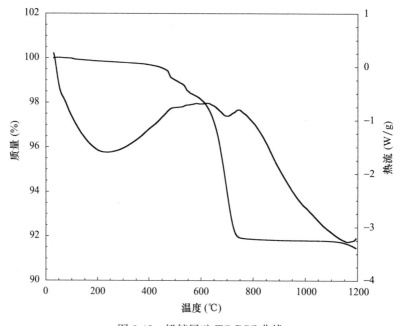

图 3-48　铅锌尾矿 TG-DSC 曲线

　　在玻璃熔制过程中玻璃形成速度与成分、粒度、温度等因素均有很大关系，花岗岩石粉样品中有砂、粉两种状态，为方便对比，此部分试验全部采用粉状石粉。根据沃尔夫提出的玻璃熔化速度常数的经验公式，即难熔融氧化物的组成量与碱金属氧化物和碱土金属氧化物总量的比值，可以衡量熔融难易程度。花岗岩石粉中 SiO_2、Al_2O_3、Na_2O、K_2O 含量分别为 65.96%、16.53%、3.58%、4.83%，可以估算出花岗岩石粉直接熔融的情况下熔化速度常数约为 9.8，熔融温度需要达到 1500℃以上。在不调质的情况下，将花岗岩石粉在 1520℃和 1540℃下进行了熔融处理，均未能形成均匀熔融体。

　　2. 熔化温度和熔化速度测试

　　根据玻璃形成动力学，Na_2O、K_2O、B_2O_3、PbO 等氧化物能够降低熔融温度，制定了花岗岩石粉熔融调质方案，调质原料采用 KNO_3、$NaNO_3$、Na_2CO_3，将熔化速度常数调整至 4.2 以下（熔化温度 1320~1340℃）。在实际生产过程中，矿渣棉原料的熔化温度不应该超过 1450℃，应该具有较低的黏度（1~3 Pa·s）和变化较缓慢的温度-黏度曲线，电导率范围在（5.59~7.54）×10^{4}S/m。本节研究是依据 SiO$_2$-Al$_2$O$_3$-MgO 等的多元相图进行的，熔渣在各种温度下，熔化温度、熔化速度、黏度等的大小取决于混合料的化学成分之间的相互作用。

如图 3-49 和图 3-50 中变化曲线所示，随着酸度系数的增大，熔体的熔化温度先逐渐降低，后随之升高，根据 SiO$_2$ 对熔渣物理性能的影响机制，酸度调控是控制原料熔点的关键之一。SiO$_2$ 是矿渣棉的骨架成分，对原料熔体制成矿渣棉纤维的长度、韧性等经济技术指标有着至关重要的作用，其熔化温度不低于 1300℃，且不高于 1400℃，各项指标可满足矿渣棉拉丝的要求。

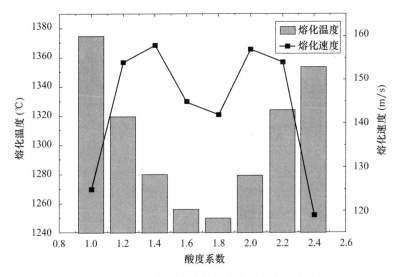

图 3-49　熔渣熔化温度和熔化速度随酸度变化曲线

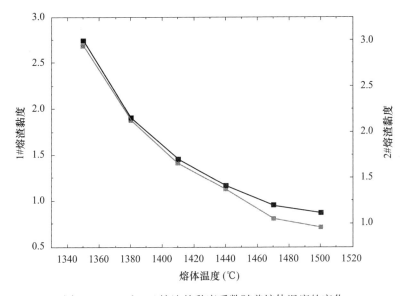

图 3-50　1♯ 和 2♯ 熔渣的黏度系数随着熔体温度的变化

由图 3-51 所示，未添加助剂的花岗岩石粉直接投入高温炉进行熔融试验，须在 1500℃以上的高温才能实现熔融及全液相。原料的熔化温度是矿棉生产过程的关键参数之一。由于铅锌尾矿的成分和矿相组成与花岗岩石粉类似，在本试验过程中呈现的规律基本一致。

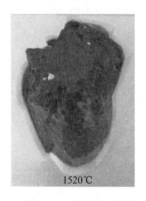

图 3-51　未添加助剂花岗岩石粉的高温熔融状态

原料的熔化温度和熔化速度是矿棉生产过程的关键参数。熔化温度低可降低能耗、提高生产效率。用高温炉煅烧试验测试了不同 B_2O_3 含量的花岗岩混合料随温度的熔化行为。样品熔化过程中的典型温度熔融曲线见图 3-52。测得的温度曲线在 1000℃ 处偏离预设加热线，并在 1000℃ 以上偏差逐渐变小，并在 1460℃ 处重合。偏差是由混合料的吸热反应引起的，使测量温度低于预设温度。根据实际煅烧结果，整理出图 3-52 所示的规律，当开始升温时，由于温度低，混合料样品保留为粉状，随着温度的升高，混合料在 900℃ 开始烧结，在 1200℃ 开始熔化，在 1460℃ 完全熔化。

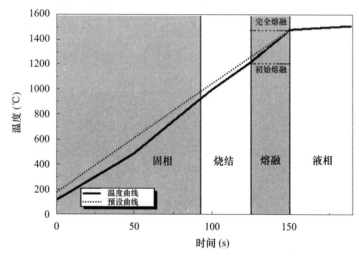

图 3-52　加助剂混合料的熔融曲线

3. 多源固废调质方案

以花岗岩石粉和铅锌尾矿作为主要原料（铅锌尾矿和花岗岩石粉主要成分见表 3-32），辅以少量 K_2CO_3、Na_2CO_3 作为助熔剂，调节熔融速度常数值至 4.2 以下，可以满足玻璃棉成纤要求。若制备矿渣棉，复配钙基调质原料或钙含量较高的固废（如电石渣、煅烧白云石等），以降低熔体酸度系数，所设计的调质方案见表 3-33。

表 3-32 无机固废主要成分 单位：%

原料	SiO₂	Al₂O₃	CaO	MgO	Fe₂O₃	Na₂O	K₂O	其他
花岗岩石粉	65.96	16.53	3.11	0.99	3.63	3.57	4.83	1.38
铅锌尾矿	76.57	6.72	10.57	1.49	2.66	0.31	1.41	0.27

表 3-33 多源固废熔融调质方案 单位：%

调质方案	SiO₂	Al₂O₃	CaO	MgO	Fe₂O₃	Na₂O	K₂O	其他
1	59.93	12.82	4.05	0.96	3.02	12.57	5.62	1.02
2	61.62	10.05	5.91	1.07	2.72	11.68	6.24	0.71
3	63.24	7.37	7.71	1.18	2.42	6.82	10.84	0.42
4	46.64	9.98	34.64	0.75	2.35	2.00	2.84	0.79
5	49.58	8.09	35.18	0.86	2.19	1.35	2.17	0.57
6	52.62	6.14	35.74	0.98	2.02	0.68	1.48	0.35
7	51.36	5.99	37.27	0.96	1.97	0.66	1.44	0.34
8	50.00	5.83	38.94	0.93	1.92	0.65	1.41	0.33
9	48.51	5.66	40.76	0.91	1.86	0.63	1.36	0.32
10	46.88	5.47	42.75	0.88	1.80	0.61	1.32	0.31
11	45.09	5.26	44.93	0.84	1.73	0.58	1.27	0.30

3.3.1.4 成纤特性分析

1. 酸度系数对成纤效果的影响

矿物棉生产过程主要包括熔融均化和成纤两个方面。纤维性能主要会受到两方面因素的影响：①原料理化特性，包括熔渣黏度、表面张力、密度等；②生产工艺，包括熔渣出渣温度、辊轮转速等。在生产过程中各因素会相互影响。对调质方案 4～11 进行熔融成纤试验，从图 3-53 可知，随着酸度系数的增加，多源固废熔渣的成纤率显著提高，主要是因为酸度系数的提高能够有效降低熔液的黏度和表面张力，从而提高了调质渣的成纤率。在熔融成纤过程中，SiO_2 和 Al_2O_3 均起到骨架作用，含量升高会提高熔渣的成纤性能，同时也会使熔融温度提高。酸度系数对于纤维直径也有影响，随着酸度系数的增加，熔液黏度会有所增加，使其在成纤过程时不易被拉伸，但是由于固废原料铁等氧化物的波动，在试验过程中未呈现出明显的规律性。

2. 纤维性能分析

本研究中选取酸度系数 1.5（方案 7）的散棉样品进行了性能检测，平均纤维直径为 5.5μm，渣球含量 6.3%，测得的酸度系数为 1.47，450℃下加热收缩率 3.7%，憎水率 98.3%。同时按照 B 类装饰装修材料相关标准测试了其放射性，内照指数和外照指数分别为 1.1 和 1.0，各项指标均满足标准和使用要求。在此基础上，在试验平台开展了矿物棉毡的试验，并检测了其保温性能和防火性能，性能指标见表 3-34。

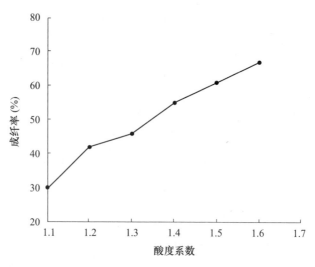

图 3-53　酸度系数对成纤率的影响

表 3-34　多源固废基矿物棉性能检测

名称	测定值	标准要求
密度（kg/m³）	17	16^{+3}_{-2}
纤维平均直径（μm）	5.6	≤7.0
热荷重收缩温度（℃）	370	≥250
含水率（%）	0.3	≤1.0
导热系数［W/（m·K）］平均温度 25℃	0.040	≤0.045
导热系数［W/（m·K）］平均温度 70℃	0.049	·≤0.053
燃烧性能	A1	

3.3.2　花岗岩废料制备地质聚合物

3.3.2.1　技术背景

地质聚合物是指由铝硅酸盐矿物在适当工艺条件下，在碱激发作用下通过缩聚反应形成的一类无机非金属材料，也被成为矿物聚合物、碱激发胶凝材料等。地质聚合物具有质轻、比强度高、比表面积大、耐腐蚀等特点，已在环保建筑装饰材料、耐火材料等领域得到应用。在水净化处理领域，地质聚合物可作为吸附剂有效去除废水中多种重金属离子，

利用富硅铝质固废制备廉价的地质聚合物基吸附材料已成为国内外研究热点。地质聚合物基吸附材料可用于含重金属离子、放射性同位素、氨氮及 SO_4^{2-} 废水处理，其吸附机理主要为化学吸附，同时伴随孔隙物理封装作用。

如 NaOH、KOH、$Na_2O \cdot nSiO_2$ 等。根据钙含量可将原材料分为高钙、低钙和无钙三类，常见高钙原材料主要是高钙冶金渣，如矿渣、钢渣等；低钙原材料有低钙冶金渣、赤泥、粉煤灰等；无钙原材料主要是活化煤矸石、偏高岭土等黏土类物质。当激发剂和原材料不同时，聚合反应过程和产物会有较大差异，从而表现出宏观性质的差异，如高钙原材料激发产物通常是水化含铝硅酸钙凝胶（C-(A)-S-H），无钙原材料激发产物通常为含碱的铝硅酸盐凝胶（M-A-S-(H)，M＝Na，K 等）。M-A-S-(H) 凝胶的 Si、Al 聚合度高且呈三维网络结构，具有类沸石结构。本节所研究的渣土归属于制备地质聚合物净水材料的低钙原材

料类。

3.3.2.2　花岗岩废料清洗残泥特性分析

对花岗岩废料清洗残泥进行了特性分析，见图 3-54、图 3-55。花岗岩废料清洗残泥含有 55.77% 的 SiO_2、31.92% 的 Al_2O_3，这为利用碱性激发剂重构 Al-Si-O 微结构、制备地质聚合物净水滤料提供了研发依据。

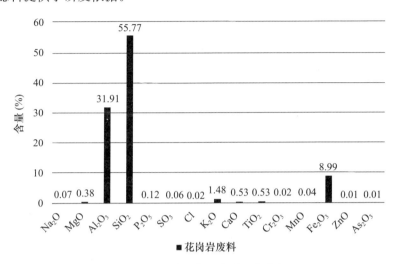

图 3-54　花岗岩废料化学组分分析

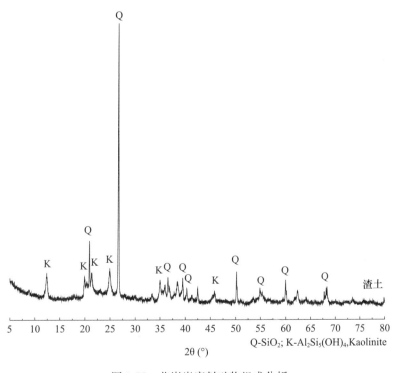

图 3-55　花岗岩废料矿物组成分析

3.3.2.3　花岗岩废料制备地质聚合物

利用花岗岩废料清洗残泥、煤渣、矿粉等多源无机固废制备地质聚合物。本试验将固废

123

掺量固定在 30%，分别研究了水玻璃模数、碱激发剂掺量和水灰比等参数对固废基地质聚合物性能的影响。

1. 水玻璃模数对地质聚合物性能的影响

保持碱激发剂掺量和水灰比分别为 5% 和 0.4 不变，调节水玻璃模数为 1.4～2.4M，如表 3-35 所示，测试了固废基地质聚合物扩展流动度和凝结时间随水玻璃模数变化的曲线，结果见图 3-56。

表 3-35　不同水玻璃模数的地质聚合物试验设计

编号	固废掺量（%）	水玻璃模数（M）	碱激发剂掺量（%）	水灰比
B1		1.4		
B2		1.6		
B3	30	1.8	5	0.4
B4		2.0		
B5		2.2		
B6		2.4		

图 3-56 是不同水玻璃模数条件下制得的固废基地质聚合物样品的抗压强度。随着水玻璃模数（1.4～2.0M）的增加，样品的同龄期抗压强度均有不同程度的增长，水玻璃模数为 2.0M 时制得的地质聚合物各龄期强度达到最高。将水玻璃模数增大到 2.2M 时，样品的 3d 龄期和 28d 龄期强度略微衰减，但当水玻璃模数达到 2.4M 时所得样品的抗压强度几乎为零。地质聚合物具有 AlO_4 和 SiO_4 四面体单元相互交联形成的三维空间网络结构，其中 AlO_4 和 SiO_4 四面体通过桥氧聚合形成主链，每个 AlO_4 周围最多只有 4 个 SiO_4。水玻璃模数的增加使得反应体系中硅元素含量的增大，可促进反应的进行，有利于三维网络结构的形成和巩固。同时，水玻璃模数的增加改变了反应体系中硅铝元素的比值，使反应体系中 Si-O-Si 键增加，其键能高于 Si-O-Al，需要更高的能量和时间进行解聚缩聚，因而不利于地质聚合物的强度发展。

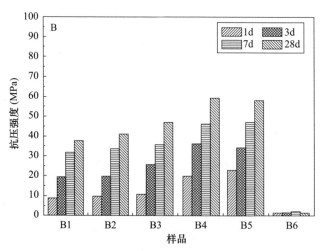

图 3-56　不同水玻璃模数的固废基地质聚合物的抗压强度

2. 碱激发剂掺量对地质聚合物的性能影响

保持水玻璃模数 2M、水灰比 0.4，研究了碱激发剂掺量对固废基地质聚合物性能的影响。碱激发剂掺量按水玻璃中氧化钠与原料的质量比计，范围为 0%～9%，具体配比见表 3-36。

表 3-36　不同碱激发剂掺量的固废基地质聚合物试验配比

编号	固废掺量（%）	水玻璃模数（M）	碱激发剂掺量（%）	水灰比
C1			0	
C2			1	
C3	30	2	3	0.4
C4			5	
C5			7	
C6			9	

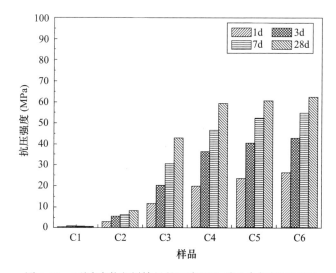

图 3-57　不同碱激发剂掺量的固废基地质聚合物抗压强度

由图 3-57 可知，未添加碱激发所制得的固废基地质聚合物样品各龄期的抗压强度几乎为零，表明原料中所含的碱金属离子不足以支撑碱激发反应的进行。当碱激发剂掺量从 1% 增大到 9% 时，地质聚合物样品各龄期抗压强度均呈逐渐增长的趋势，前期（1%～5%）增幅较大，当碱激发剂掺量超过 5% 后增幅显著变小。利用碱金属离子激发作用下的缩聚反应实现化学键合，是地质聚合物形成的特征因素之一。因此，反应体系中碱激发离子含量的增加，有利于加速解聚缩聚过程。此外，随着碱激发剂掺量的增加，反应体系中硅元素比例随之增大，提高了地质聚合物凝胶的总生成量，有利于样品各龄期强度的提升。当碱激发的反应速率达到极限后，继续增大碱激发剂掺量无法进一步提高样品强度，过量的碱激发剂会以填充物的形式存在。

3. 水灰比对地质聚合物性能的影响

固定碱激发剂掺量、水玻璃模数和碱激发剂掺量分别为 30%、2M 和 5% 不变，控制水灰比在 0.25～0.45 范围内，以探讨水灰比对固废基地质聚合物性能的影响。表 3-37 为不同水灰比的固废基地质聚合物的试验配合比设计。

表 3-37　不同水灰比的固废基地质聚合物试验配比

编号	固废掺量（%）	水玻璃模数（M）	碱激发剂掺量（%）	水灰比
D1				0.25
D2				0.3
D3	30	2	5	0.35
D4				0.4
D5				0.45

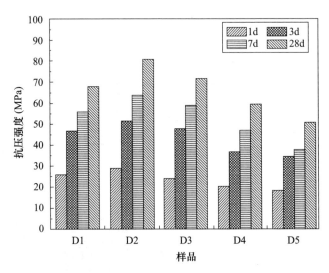

图 3-58　不同水灰比的固废基地质聚合物抗压强度

由图 3-58 所知，所制得固废基地质聚合物的抗压强度，随着水灰比的增加呈现出先增大后减小的变化趋势，水灰比为 0.3 时，样品的 28d 抗压强度最大，达到 80.62MPa。在碱金属离子溶解、硅铝四面体生成和聚合等地质聚合物形成过程中，水均占据重要位置。当反应体系中含水量过小时，离子迁移受阻，易造成地质聚合物凝胶量生成量减少，同时凝结时间缩短，致使地质聚合物浆体黏稠，内部气泡无法及时排出，造成硬化浆体抗压强度减小。当含水量过大时，水可促进碱金属元素从固废微粉的表面快速解聚，使活性硅铝物质溶解更彻底，但会抑制缩聚反应，待反应结束后剩余水挥发，导致地质聚合物内部形成孔洞，引起样品抗压强度的降低。综上所述，本反应体系的水灰比控制在 0.3 最佳。

3.3.2.4　地质聚合物性能分析

1. 热稳定性分析

与水泥材料相比，铝硅酸盐地质聚合物的三维网络结构保证了高温下结构的完整性，能够耐受 1000℃ 以上的温度。采用纯矿渣微粉制备的地质聚合物作为空白对照组（F1-w）与本研究中制备的固废基地质聚合物（F2-w）进行对比，图 3-59 所示是地质聚合物样品在不同温度热处理 30min 后的抗压强度。在 0～200℃ 热处理温度范围内，两组样品均表现出优异的耐高温性能，且抗压强度随着处理温度的升高而增长，F1-w 和 F2-w 经 200℃ 热处理后的抗压强度分别为 70.3MPa、76.65MPa，比常温下增长了 11.4%、16.6%。当热处理温度继续提升至 600℃ 时，两组样品的强度均有一定程度衰减，且固废基地质聚合物下降幅度较小，说明其具有更好的高温抵抗能力。当热处理温度从 600℃ 升至 800℃ 时，两组样品的抗压强度均呈"断崖式"衰减，800℃时抗压强度仅有 8.2MPa 和 17.6MPa，说明已超出样品的高温耐受极限。

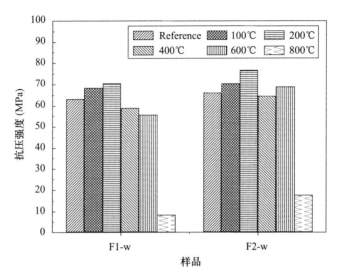

图 3-59　不同热处理温度下固废基地质聚合物的抗压强度

根据地质聚合物 TG-DSC 曲线（图 3-60），F1-w 和 F2-w 的质量随温度的变化趋势基本一致，最大质量损失分别为 24.80% 和 23.4%，600℃以后基本达到恒重，结合图 3-59 中的抗压强度数据，说明脱水反应使得地聚物内部更加密实，加剧了其缩聚过程，有利于提高地质聚合物的强度。在 DSC 曲线 800℃左右可观察到一个吸热峰，对应地质聚合物的晶型转变，这可能是强度衰减的主要原因。对照 F1-w 和 F2-w 在此温度的吸热峰可知，固废基地质聚合物晶型转变峰较弱，表明固废的掺入一定程度上可以抑制地质聚合物在高温下的晶型转变，有利于其耐高温性能的提升。

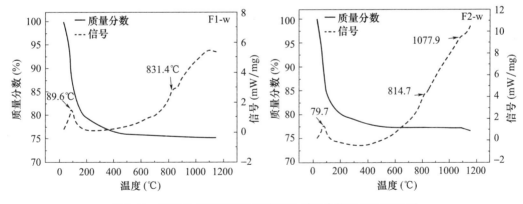

图 3-60　不同热处理温度的固废基地质聚合物的 TG-DSC 图

2. 地质聚合物净水性能分析

将地质聚合物研磨筛分后（125μm）与聚氨酯和 N-甲基-2-吡咯烷酮混合，得到胶体状混合物，然后通过挤出法将其挤成 5mm 直径的条状，其中地质聚合物质量占 50%。重金属溶液通过化学试剂配制，其中 Fe^{2+} 和 Cu^{2+} 浓度为 20mg/L，Mn^{2+} 浓度为 40mg/L，条状净水材料添加量为 10g/L。每隔一定时间测试溶液中重金属离子的残余浓度，由此计算重金属吸附脱除率，如图 3-61 所示。从图 3-61 中可以看出，对重金属离子吸附明显的是 Mn^{2+}，并随时间增加吸附量呈上升趋势，至 48h 趋于平稳。

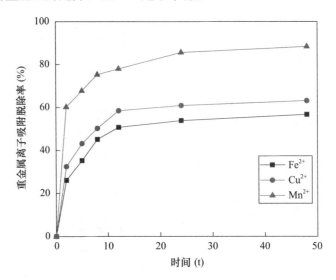

图 3-61　重金属离子吸附脱除率

3.3.2.5　地质聚合物陶粒滤料

基于前述的地质聚合物配方和工艺研究，采用造粒机制备地质聚合物基免烧陶粒，具体的制备工艺流程见图 3-62，性能指标列于表 3-38，并应用于常德生态智慧城的芙蓉公园。

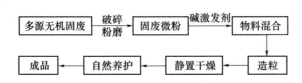

图 3-62　地质聚合物基免烧陶粒制备工艺流程

表 3-38　地质聚合物基免烧陶粒性能

序号	粒径（mm）	筒压强度（MPa）	比表面积（m²/g）	空隙率（%）
1	3～6	10.1	16.5	39.4
2	6～10	8.1	18.25	36.7
3	10～15	6.4	14.35	41.1

3.4　工业尾矿

3.4.1　工业尾矿制备透水材料技术

3.4.1.1　技术背景

我国是金属冶炼大国，根据生态环境部发布的《2020 年全国大、中城市固体废物污染环境防治年报》统计，2019 年我国重点工业企业总尾矿产生量为 10.3 亿 t，综合利用量为 2.8 亿 t，综合利用率为 27.0%；尾矿产生量最大的两个行业是有色金属矿采选业和黑色金属矿采选业，占尾矿总量的 44.5% 和 42.5%，产量分别为 4.6 亿 t 和 4.4 亿 t，综合利用率分别为 27.1% 和 23.4%。

透水材料是由粗骨料、水泥、添加剂以及掺和料加水均匀搅拌而制成的一种具有多孔隙结构的轻质混凝土，具有良好的水、气通过性。与传统混凝土不同，透水混凝土拌和过程中不掺入人工砂、天然砂等其他细骨料，内部存在大量孔隙。

将黑色金属铁尾矿作为骨料用于制备聚合物透水材料，不仅铁尾矿使用量能够达到 90% 以上，而且制品具有较好的透水、透气等性能，在调节环境湿度的同时，还能降低透水材料的制作成本，提高工业固废的利用率等。

3.4.1.2　透水材料

理想的孔隙结构如图 3-63（a）所示，骨料的形状规则、大小一致，胶凝材料均匀地包覆在骨料周围，骨料之间形成胶结点，为透水材料提供强度；但是在实际情况中，实际孔隙结构如图 3-63（b）所示，骨料的形状和大小都不一致，胶凝材料对于骨料的包覆也并不是均匀且完整的。

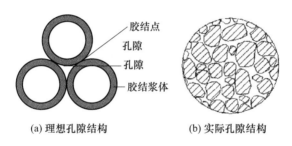

图 3-63　理想的孔隙结构与实际骨架的孔隙结构

按照体积法来计算聚合物透水材料的配合比：

首先，计算单位体积聚合物透水材料中的铁尾矿砂用量，其按照式 3-2 计算：

$$W_T = \alpha \rho_T \qquad (式 3-2)$$

式中　W_T——聚合物透水材料中铁尾矿砂用量，kg/m³；

α——铁尾矿砂用量修正系数，具体数值在试验中进行修正；

ρ_T——铁尾矿砂紧密堆积密度，kg/m³。

其次，计算聚合物透水材料中每单位体积所包含的胶凝材料数量。聚合物透水材料的总体积是由铁尾矿、空隙和胶凝材料的体积组成的。因此，使用式 3-3 来计算每单位体积聚合物透水材料中胶凝材料的数量。

$$V_P = 1 - \alpha(1 - V_C) - R_{Voi} \qquad (式 3-3)$$

式中　V_P——聚合物透水材料中胶凝材料浆体体积，m³；

V_C——铁尾矿砂紧密堆积孔隙率，%；

R_{Voi}——目标孔隙率，%。

以 E44 环氧树脂和 D230 聚醚胺作为胶凝材料，粒径为 0.15～0.3mm 的铁尾矿砂作为骨料，按照表 3-39 的配合比进行模拟试验，试验后实际测试得到的孔隙率和根据配合比计算得到的骨料的修正系数见表 3-39。

表 3-39　根据配合比设计的实际孔隙率和尾矿砂骨料修正系数

组别	环氧树脂（g）	聚醚胺（g）	铁尾矿砂（g）	实际孔隙率（%）	尾矿砂修正系数
1	21	6.3		35.65	0.997
2	28	8.4		33.74	0.988
3	35	10.5		31.84	1.004
4	42	12.6	700	30.17	0.981
5	49	14.7		27.97	0.992
6	56	16.8		26.27	0.995

表 3-39 中的铁尾矿砂修正系数按式 3-4 计算：

$$\alpha = \frac{1-R-\left(\dfrac{M_1}{\rho_1}+\dfrac{M_2}{\rho_2}\right)}{1-(V_C)} \qquad \text{（式 3-4）}$$

式中　R——聚合物透水材料中实际测试得到的孔隙率，%；

　　　M_1——E44 环氧树脂的质量，g；

　　　M_2——D230 聚醚胺的质量，g；

　　　ρ_1——E44 环氧树脂的密度，g/cm^3；

　　　ρ_2——D230 聚醚胺的密度，g/cm^3。

按表 3-39 统计的实际孔隙率计算铁尾矿砂的修正系数，尾矿砂修正系数的平均值为 0.993，因此 α 取值 0.993。

3.4.1.3　透水材料制备工艺设计

1. 尾矿粒径范围的选定

根据尾矿砂的粒径将骨料分为 >0.6mm、0.3~0.6mm、0.15~0.6mm 以及 0.15~0.3mm 四类，不同粒径透水材料的孔结构统计见表 3-40。

表 3-40　不同粒径透水材料的孔结构统计

骨料粒径（mm）	平面孔隙占比（%）	平均圆度	平均孔隙直径（μm）	大于 50μm 的孔数量比（%）	大于 100μm 的孔数量比（%）
>0.6	17.49	0.63	95.32	35.64	20.42
0.3~0.6	9.46	0.55	70.10	32.88	16.04
0.15~0.3	5.12	0.55	35.14	34.85	12.36
0.15~0.6	8.31	0.54	60.27	36.67	15.62

考虑到透水路面在实际应用过程中，既需要同时兼顾力学性能和透水性能，又需要最大化地利用尾矿，减少固废对环境的污染，选用粒径 0.15~0.6mm 的铁尾矿砂作为骨料最合适。

2. 环氧树脂固化剂的选用

DETA、D230 聚醚胺、T31 以及 650 聚酰胺为常用的四种固化剂。在相同的环氧树脂添加量下，使用了 D230 聚醚胺作为固化剂的透水材料试块的抗压强度和抗折强度值比使用 DETA、T31 以及 650 聚酰胺作为固化剂的试块高。这表明使用 D230 聚醚胺固化 E44 环氧树脂后的固化物其力学性最优。相关数据见图 3-64。

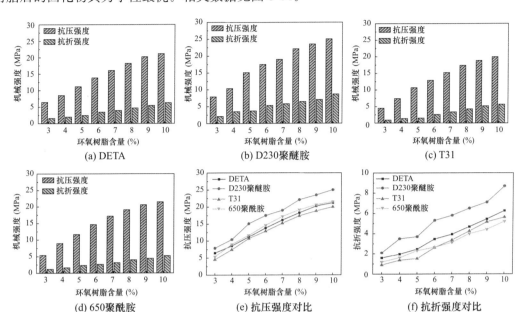

图 3-64 不同固化剂类型的环氧树脂聚合物透水材料的力学性能

3. 养护时间

经过热养护的试块养护 7d 后在强度增长速率和最终强度方面都略优于自然养护的试块。而环氧树脂透水材料在 60℃热养护条件下养护 3d 后，抗压强度和抗折强度迅速提升，强度基本形成，养护 7d 后与养护 28d 后的相差不大。因此将聚合物透水材料的养护时间设为 7d。

3.4.1.4 不同胶凝材料基透水材料的性能对比

1. 环氧树脂基透水材料的性能

当环氧树脂添加量<3％时，铁尾矿砂整体上呈现松散的状态，成型固化困难，同时还存在严重的掉渣现象。当环氧树脂添加量逐渐增加时，尾矿颗粒被环氧树脂充分包裹，颗粒之间的黏结力逐渐增强，透水材料试块的抗压、抗折强度也随之增加。随着环氧树脂质量分数增加，环氧树脂逐渐填充在铁尾矿砂颗粒间的空隙中，透水材料的有效孔隙率随着环氧树脂质量分数的增加从 37％逐步降低到 25％，这也导致透水材料的透水速率从 1.97mm/s 降低到 0.72mm/s。

2. 聚氨酯基透水材料的性能

聚氨酯添加量的增加可以增强聚合物透水材料的抗压强度和抗折强度。当聚氨酯添加量<3％时，由于聚氨酯的含量过少，无法充分包裹在尾矿砂的表面，铁尾矿矿砂整体上呈现松散的状态，难以成型为所需要的形状；当聚氨酯添加量逐渐增加时，尾矿矿砂被聚氨酯充分包裹，颗粒之间的黏结力增强，透水材料试块的力学性能也随之增加。随着聚氨酯质量分数增加，聚氨酯逐渐填充在铁尾矿矿砂颗粒间的空隙中，透水材料的有效孔隙率逐步降低，透水速率降低 0.74mm/s。考虑到实际工程应用中需要同时满足强度和透水的要求，将聚氨酯的添加量控制在 6％。

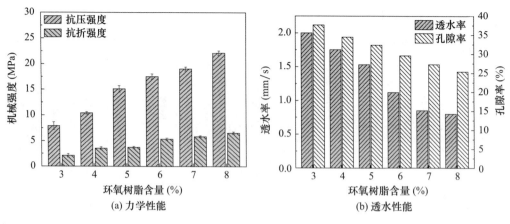

图 3-65　环氧树脂质量分数对透水材料性能的影响

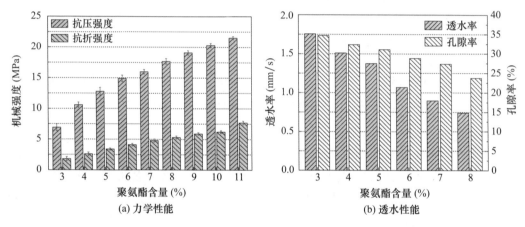

图 3-66　聚氨酯质量分数对透水材料性能的影响

3. 环氧树脂及聚氨酯基透水材料性能对比

在聚合物胶黏剂质量分数一致的情况下，以环氧树脂作为胶黏剂的聚合物透水材料具有更高的抗压强度和抗折强度，此外由于其孔隙率、平面孔隙率更高，黏结区域的厚度较窄，因此具有更优秀的透水能力。

环氧树脂拉伸试件颜色通透，表面光滑，成型过程中一致性好，而聚氨酯拉伸试件表面不光滑，出现大量的气泡和孔洞。同时聚氨酯拉伸试件出现了明显的体积膨胀，膨胀部分疏松且较脆。相比于环氧树脂的拉伸试件，聚氨酯拉伸试件体积膨胀超过了 70%，堵塞住了透水材料内部的孔隙。

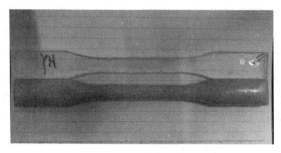

图 3-67　环氧树脂与聚氨酯拉伸试件对比

3.4.1.5　添加剂对透水材料性能的改善

1. 纳米粒子对透水材料性能的改善

纳米 SiO_2、纳米 TiO_2、纳米 Al_2O_3 都可以显著改善环氧树脂聚合物透水材料和聚氨酯透水材料的抗压强度和抗折强度。

以纳米 SiO_2 为例，如图 3-68 所示，随着纳米 SiO_2 的含量增加，环氧树脂拉伸试件的颜色加深，由透明逐渐变为乳白色，环氧树脂内部的气泡也略有减少。

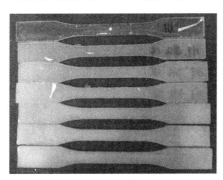

图 3-68　掺加不同纳米 SiO_2 含量的环氧树脂拉伸试件

随着聚氨酯中掺加的纳米 SiO_2 的含量逐渐增加，拉伸试件的颜色逐渐由深黄色向白色转变（图 3-69），纳米 SiO_2 的加入使拉伸试件的体积也逐渐膨胀，表面气泡的数量也明显增加，表面膨胀的部分脆且硬。

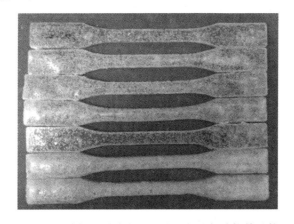

图 3-69　掺加不同纳米 SiO_2 含量的聚氨酯拉伸试件

通过环氧树脂本体抗拉强度、弯曲强度和 FTIR 测试发现纳米 SiO_2 的加入显著增加了环氧树脂的抗拉强度。FTIR 测试表明环氧树脂发生开环交联反应；纳米 SiO_2 中结构水-OH 的反对称振动伸缩峰重叠说明纳米 SiO_2 已经分散进入环氧树脂中。SiO_2 和环氧树脂之间不是简单的物理混合，而是通过化学键合的方式结合在一起。相关数据见图 3-70。

由于纳米 SiO_2 尺寸小，可作为活性填料分散在聚氨酯中，同时纳米粒子表面存在大量不饱和孤电子对，可以与聚氨酯发生物理或化学作用，从而形成"丝状连接"，在聚氨酯将要发生宏观破裂时起到延缓作用，为了提高复合材料的抗冲击性能和力学强度，在微观层面上可以考虑添加纳米 SiO_2。这样做可以提高材料的弹性模量。在材料受力的过程中，纳米粒子可以吸收树脂基体中的一部分能量，从而抑制或消除树脂中微裂纹的扩散，从而实现增

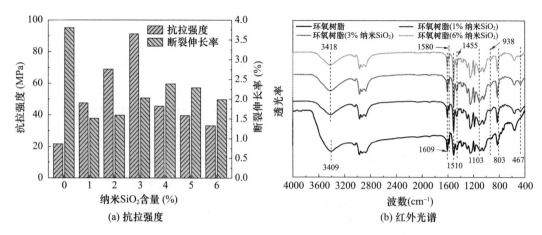

(a) 抗拉强度   (b) 红外光谱

图 3-70　添加纳米 SiO_2 后环氧树脂的抗拉强度和傅里叶红外光谱图

韧的效果。

2. 硅烷偶联剂对透水材料性能的改善

1）硅烷偶联剂对环氧树脂聚合物透水材料的影响

硅烷偶联剂的添加量对环氧树脂的抗拉强度呈现出先上升后下降的趋势，同时环氧树脂的断裂伸长率逐渐增加，整体韧性得到了提高。硅烷偶联剂与环氧基团反应，但没有形成新的化学键。

对于没有添加硅烷偶联剂的试块，包裹在尾矿颗粒表面的环氧树脂中存在少量的气泡，尾矿-环氧树脂黏结区域内存在孔洞，这在一定程度上影响了透水材料的力学性能；添加了0.9％的硅烷偶联剂后，环氧树脂的包裹均匀致密，整体上没有观察到气泡或孔洞，尾矿和环氧树脂的界面相容性得到提高，大幅度改善了透水材料的力学性能。

2）硅烷偶联剂对聚氨酯聚合物透水材料性能的影响

使用6％的聚氨酯制备聚氨酯聚合物透水材料，向 A 组分聚氨酯中掺入一定质量分数的硅烷偶联剂。硅烷偶联剂含量的增加导致聚氨酯抗拉强度呈先增后降的变化趋势。当硅烷偶联剂添加量达到3％时，聚氨酯的抗拉强度显著提升，透水材料的强度增加程度最为明显。

3）硅烷偶联剂改善透水材料机理分析

以环氧树脂为例，硅烷偶联剂对透水材料的改善机理见图 3-71。

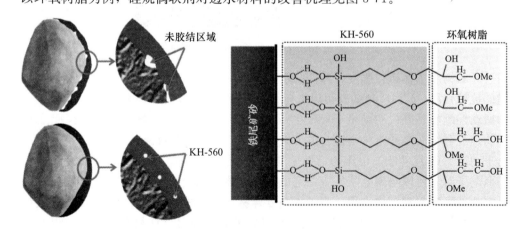

图 3-71　硅烷偶联剂改善聚合物-尾矿界面示意图

硅烷偶联剂中含有环氧基团和硅烷氧基。硅烷氧基可以与无机物反应，而环氧基团则与有机物发生反应或相容。硅烷氧基能够吸收空气中的水分并发生水解生成羟基，然后与无机物表面的质子发生反应，从而形成牢固的氢键。另一边其环氧基与环氧树脂中的羟基发生反应，形成交联固化网络，因此，当硅烷偶联剂介于无机、有机界面时，可形成有机-硅烷偶联剂-无机的结合层，在有机物和无机物之间起到"桥联"作用。同时尾矿颗粒表面凹凸不平，有机树脂黏度较大，流动性差，在搅拌过程中不能完全包裹尾矿颗粒，存在一定的空隙。硅烷偶联剂改善了铁尾矿矿砂和树脂之间的结合力，增强两者之间的黏结强度和界面相容性，使尾矿基体与树脂之间紧密结合，树脂可以进入到尾矿表面缺陷处，形成完全包覆，进而提升了透水材料的力学强度。

3. 纳米粒子-硅烷偶联剂复掺对透水材料性能的改善

纳米粒子-硅烷偶联剂复掺对透水材料性能均有较大的提升。对于环氧树脂基聚合物透水材料而言，当环氧树脂的质量分数为6%、纳米 TiO_2 和硅烷偶联剂的质量分数分别为环氧树脂的 4% 和 0.9% 时，透水材料的抗压强度和抗折强度分别达到最大值 31.6MPa 和 12.3MPa。对于聚氨酯基聚合物透水材料，当聚氨酯的质量分数为6%、纳米 TiO_2 和硅烷偶联剂的质量分数分别为聚氨酯的 4% 和 3% 时，透水材料的抗压、抗折强度分别达到最大值 25.5MPa 和 8.0MPa。

3.4.2 工业尾矿制备轻骨料技术

3.4.2.1 技术背景

我国铅锌金属资源较为丰富，铅锌矿是我国优势矿产资源之一。随着我国对铅锌资源的需求量不断增加，在开采矿产资源的过程中伴随有大量的铅锌尾矿产生，造成大量铅锌尾矿堆积。铅锌尾矿的大量堆存不仅占用大量土地、浪费资源而且还会带来粉尘污染、水体污染等一系列环境问题。特别是铅锌尾矿中含有大量的重金属元素以及有害物质。例如，铜、硒、硫、铁的化合物及萤石等，会导致矿山尾矿酸化，伴随着酸化发生的一系列重金属粒子溶出等反应，严重加剧对环境的污染。

轻骨料是混凝土主要原材料之一，人工烧结轻骨料含有丰富的玻璃相和晶体相结构，能高效固化重金属离子。利用有色金属铅锌尾矿烧制轻骨料，将重金属固化在轻骨料内部，不但缓解了尾矿大量堆存问题，更是解决了尾矿中的 Pb、Zn、Cu 等重金属对环境的潜在危害。

3.4.2.2 铅锌尾矿制备轻骨料

轻骨料的制备包括原料混合、料球成型、球胚干燥、球胚烧结等过程。制取的样品按照国家标准《轻骨料及其试验方法 第 2 部分：轻骨料试验方法》（GB/T 17431.2—2010）测试轻骨料的 24h 吸水率、表观密度。轻骨料的膨胀性能用式（3-5）所示膨胀率 BI（%）来表征，用压力机（DYE-300A）测试轻骨料的单颗粒抗压强度 P（MPa），根据公式（3-6）：

$$BI = (V_2 - V_1)/V_1 \times 100\% \qquad \text{（式 3-5）}$$

$$P = 2.8 F_c/(\pi X^2) \qquad \text{（式 3-6）}$$

式中　V_1 和 V_2——未烧结料球和轻骨料颗粒的体积；

　　　F_c（N）——断裂载荷；

X——载荷点之间的距离，mm。

测试结果为 10 颗轻骨料的强度平均值。

重金属离子的浸出试验依据毒性特性浸出程序（TCLP）进行，将样品破碎后成 5mm 左右的颗粒，按液固比为 20：1（L/kg）的样品量掺入 pH＝2.88±0.05 的提取剂（5.7mL 冰醋酸溶入去离子水中，定容至 1L）中，在水平式振荡器中振荡 18h，用针孔过滤器过滤上清液，然后利用原子吸收光谱仪（CONTERAA－700）测试得到重金属镉的离子浓度。

最后，利用扫描电镜（SEM）分析样品的微观孔隙结构，并通过 X 射线衍射仪（XRD）分析样品的矿物相组成。

铅锌尾矿的 SiO_2 含量较高，但 Al_2O_3 及 Fe_2O_3 等含量偏低，不利于轻骨料的化学稳定性和结构强度。因此，根据 Riley 相图确定的原料化学成分范围，试验掺入 Al_2O_3 含量较高的粉煤灰及高 Fe_2O_3 含量的铜渣，以此来校正组分并形成适宜的黏度。原料配比见表 3-41。

表 3-41　原料配比

单位：wt％

组分	1	2	3	4	5
铅锌尾矿	44	47	50	53	56
粉煤灰	40	40	40	40	40
铜渣	16	13	10	7	4

1. 物理性能分析

以试样的体积膨胀率、24h 吸水率、表观密度和单颗粒抗压强度指标进行物理性能分析。

当铅锌尾矿掺量由 44％ 增大到 56％ 时，试样的膨胀率总体呈现先上升后下降的趋势，在掺量为 53％ 时有最大的体积膨胀指数。由尾矿引入的有机质和 SO_3 成分占比增加，导致产气成分的影响作用不大，而料球中的 CaO、MgO、K_2O 等助熔成分含量增加，试样内部液相反应产生的液相量变多，适宜的液相黏度使试样膨胀率变大。当液相量超过阈值，即铅锌尾矿的掺量超过 53％ 时，助熔成分中的碱金属离子含量过多致使液相黏度降低，极大地削弱了对气体逸出的阻碍作用，导致轻骨料的膨胀率骤降。

当铅锌尾矿掺量增加时，试样内部形成的气孔数量增多，且多为通孔，导致吸水率呈现总体上升趋势。温度较高时，随着铅锌尾矿掺量逐渐增加到 50％ 左右，试样之间固相反应增加，气孔数量相对减少，导致吸水率降低。随着铅锌尾矿掺量的进一步增加，试样内部液相反应产生的液相量增多，液相的黏度下降，气相压力增大，气体更容易逸出，可以形成更多的通孔，导致试样的吸水率增大。

当铅锌尾矿掺量保持恒定时，烧结温度越高，试样的表观密度越小，抗压强度值亦是如此。这主要是由液相黏度的变化导致孔隙结构随之改变造成的。烧结温度升高，导致液相黏度降低、小孔连通为大孔、膨胀率增大、密度降低，直接导致了温度为 1180℃时生成的微孔结构和 1220℃时的试样熔塌。

2. 微观分析

由图 3-72 可知，所制备的轻骨料为典型的多孔结构，包含大量不同尺寸的孔隙结构。

内部孔隙的大小基本分布在 $50\sim300\mu m$，且孔隙分布几乎呈连续变化，孔隙形状不规则。随着铅锌尾矿掺量增多，液相反应产生的液相量增多，黏度降低导致产生的通孔数增多，内部孔隙结构趋于平滑，试样内部小孔数减少，小孔连通形成大孔。结构内部发生局部熔融，类似于泡沫陶瓷以及发泡玻璃的微观结构，结构致密紧凑，黏度较大，导致表面张力变大，致使试样强度呈现增强的趋势。随着烧结温度的升高，液相量增多引起黏度降低，而内部气压增大致使气体逸出，内部出现部分熔塌现象。

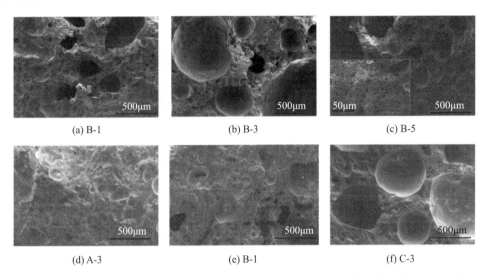

图 3-72　铅锌尾矿掺量（b）～（f）以及温度（a）、（d）、（g）不同的轻骨料的 SEM 图

图 3-73 所示的矿物相分析，样品主要含有石英（SiO_2）、赤铁矿（Fe_2O_3）和钙长石（$CaAl_2Si_2O_8$）。随着烧结温度上升以及铅锌尾矿掺量的增加，SiO_2 晶体结构发生转变，SiO_2 和 Al_2O_3 与钙离子会进行反应生成不溶于水的稳定的结晶化合物，石英的峰强度逐渐增大。此外，随着烧结温度的升高，矿物相与铅、锌、铜这几种金属的矿物发生反应生成尖晶石等矿物相的程度增强，导致矿物相的峰值降低，重金属固化能力逐渐增强。

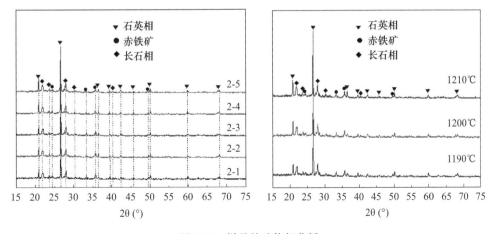

图 3-73　样品的矿物相分析

3. 固化能力评价

在利用铅锌尾矿等固废材料烧结制备轻骨料以固化其含有的重金属时，Pb、Zn、Cu 等

重金属离子的浸出浓度的总体呈现随着温度的升高，毒性离子的浸出浓度越低，固化程度越强的趋势。根据表 3-42 中 2-1 至 2-5 数据显示，随着铅锌尾矿掺量的增加，毒性金属离子的浸出浓度基本呈下降趋势，并且在铅锌尾矿的掺量为 56% 时，固化程度最好。

表 3-42　重金属离子浸出浓度　　　　　　　　　　　单位：mg/L

类别	标准值	1-3	2-1	2-2	2-3	2-4	2-5	3-3
Pb	5	0.0278	0.0192	0.0361	0.0020	0.0191	—	—
Zn	100	0.2240	0.2846	0.2252	0.1823	0.1679	0.1375	0.1771
Cu	100	0.2322	0.4594	0.2657	0.2008	0.1558	0.1009	0.1763

3.4.3　工业尾矿制备掺和料技术

3.4.3.1　技术背景

铜尾矿是指在选矿过程中产生的废弃物之一，又称为铜尾砂。它是矿石经过粉碎和精选后留下的细粉状废料，其中铜含量最低。这些铜尾矿产生在地质环境复杂的地区，容易引发滑坡、泥石流等地质灾害，对环境具有极大破坏力。中国对外依赖铜资源的程度一直很高，已成为世界上最大的铜矿石进口国和精铜生产国。

为了实现建筑材料行业的可持续发展，有效降低资源和能源的消耗，可以通过利用尾矿制备大宗建筑材料混凝土，将固废资源有效地转化为可利用资源。尾矿因其矿物组成和化学特性具有独特的特点，可以研究开发成为混凝土掺和料，从而提高其附加值并降低水泥混凝土成本，考虑到尾矿主要由非活性晶体矿物构成，为了将其用作混凝土中的掺和料，必须首先进行活性激发处理，以实现高掺量应用。

3.4.3.2　组成设计

试验中的原材料包括铜尾矿、水泥、添加剂等物质，表 3-43、表 3-44 分别是铜尾矿的主要化学组分构成和水泥的氧化物组分，图 3-74 是水泥的 XRD 分析。采用的添加剂为 Na_2SO_4、三乙醇胺、聚羧酸粉体减水剂、NaOH（粒状）、三异丙醇胺、α-半水硫酸钙等。

表 3-43　铜尾矿氧化物组分　　　　　　　　　　　单位：wt%

氧化物	SiO_2	Fe_2O_3	Al_2O_3	CaO	MgO	Na_2O
含量	37.373	36.856	6.589	5.246	2.915	2.545
氧化物	ZnO	Cr_2O_3	PbO	CuO	As_2O_3	其他
含量	4.120	0.358	0.146	0.140	0.101	3.611

表 3-44　水泥的氧化物组分　　　　　　　　　　　单位：wt%

氧化物	CaO	SiO_2	Al_2O_3	Fe_2O_3	SO_3	MgO	K_2O	TiO_2	Na_2O	其他
含量	64.419	21.967	4.96	2.974	2.555	1.873	0.634	0.253	0.118	0.247

3.4.3.3　不同掺量正交试验

1. 50% 掺量正交试验

设置正交试验中的两个变量为粉磨时间和三乙醇胺掺量。早强剂可以促进活性指数的增大，对抗折强度的作用尤为明显，并且减少减水剂的掺入量，得到表 3-45 和表 3-46 的试验方案。

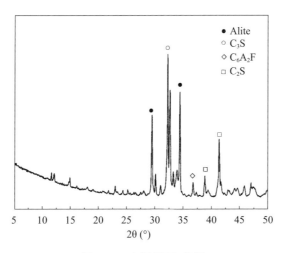

图 3-74 水泥 XRD 分析

表 3-45 因素水平表

水平	粉磨时间（min）	Na₂SO₄掺量（%）	TEA 掺量（%）	减水剂掺量（%）
1	30	0.5	0.01	0.1
2	60	1.0	0.03	0.2
3	90	1.5	0.05	0.3

表 3-46 L₉（3⁴）正交试验

组别	粉磨时间（min）	Na₂SO₄	三乙醇胺	减水剂
B1	30（1）	0.5%（1）	0.01%（1）	0.1%（1）
B2	30（1）	1.0%（2）	0.03%（2）	0.2%（2）
B3	30（1）	1.5%（3）	0.05%（3）	0.3%（3）
B4	60（2）	1.5%（3）	0.01%（1）	0.2%（2）
B5	60（2）	0.5%（1）	0.03%（2）	0.3%（3）
B6	60（2）	1.0%（2）	0.05%（3）	0.1%（1）
B7	90（3）	1.0%（2）	0.01%（1）	0.3%（3）
B8	90（3）	1.5%（3）	0.03%（2）	0.1%（1）
B9	90（3）	0.5%（1）	0.05%（3）	0.2%（2）

表 3-47 是正交试验组不同龄期的抗折强度数据及计算得到的抗折活性指数。可以看到：3d 龄期的最佳抗折活性指数为 65.45%，7d 最佳抗折活性指数为 49.3%，28d 最佳抗折活性指数为 85.29%。

表 3-47 抗折强度及抗折活性指数

组别	抗折强度（MPa）			抗折活性指数（%）		
	3d	7d	28d	3d	7d	28d
B1	3.3	2.6	8	60.00	36.62	78.43

组别	抗折强度（MPa）			抗折活性指数（%）		
	3d	7d	28d	3d	7d	28d
B2	2.7	3.3	7.7	49.09	46.48	75.49
B3	2.9	2.7	7.2	52.73	38.03	70.59
B4	2.7	3	6.9	49.09	42.25	67.65
B5	2.6	2.7	6.6	47.27	38.03	64.71
B6	3.6	3.4	7.9	65.45	47.89	77.45
B7	3	3	7.2	54.55	42.25	70.59
B8	3.4	3.5	8.7	61.82	49.30	85.29
B9	2.9	2.7	6.9	52.73	38.03	67.65

由表 3-48 可看出，在 3d 龄期时，最佳粉磨时间为 90min，Na_2SO_4 的最佳掺量为 1.0%，三乙醇胺最佳掺量为 0.05%，减水剂的最佳掺量为 0.1%。试验指标的主次为减水剂＞三乙醇胺＞Na_2SO_4＞粉磨时间。在 7d 龄期时，最佳粉磨时间为 90min，Na_2SO_4 的最佳掺量为 1.0%，三乙醇胺最佳掺量为 0.03%，减水剂的最佳掺量为 0.1%。试验指标的主次为 Na_2SO_4＞减水剂＞三乙醇胺＞粉磨时间。在 28d 龄期时，最佳粉磨时间为 30min，Na_2SO_4 的最佳掺量为 1.0%，三乙醇胺最佳掺量为 0.03%，减水剂的最佳掺量为 0.1%。试验指标的主次为减水剂＞粉磨时间＞Na_2SO_4＞三乙醇胺。总体而言，Na_2SO_4 在 1.0%，三乙醇胺 0.05%，减水剂越少，粉磨时间 90min，对于抗折活性指数越有利。

表 3-48　抗折活性指数分析

变量		3d K 值及极差	7d K 值及极差	28d K 值及极差
粉磨时间	K_{30}	161.82	121.13	224.51
	K_{60}	161.81	128.17	209.81
	K_{90}	169.10	129.58	223.53
	R_i	7.29	8.45	14.70
Na_2SO_4	$K_{0.5}$	160.00	112.68	210.79
	$K_{1.0}$	169.09	136.62	223.53
	$K_{1.5}$	163.64	129.58	223.53
	R_i	9.09	23.94	12.74
三乙醇胺	$K_{0.01}$	163.64	121.12	216.67
	$K_{0.03}$	158.18	133.81	225.49
	$K_{0.05}$	170.91	123.95	215.69
	R_i	12.73	12.69	9.80
减水剂	$K_{0.1}$	187.27	133.81	241.17
	$K_{0.2}$	150.91	126.76	210.79
	$K_{0.3}$	154.55	118.31	205.89
	R_i	36.36	15.50	34.28

表 3-49 是正交试验组不同龄期的抗压强度数据及计算得到的抗压活性指数。可以看到，3d 龄期的最佳抗压活性指数为 42.50%，7d 最佳抗折活性指数为 43.16%，28d 最佳抗折活性指数为 62.80%。

表 3-49 抗压强度及抗压活性指数

组别	抗压强度（MPa）			活性指数（%）		
	3d	7d	28d	3d	7d	28d
B1	8.6	8	23	34.47	28.07	62.80
B2	8.5	9.7	21.6	34.27	34.03	58.98
B3	8.1	12	21.9	32.46	42.10	59.79
B4	6.8	10.7	20.6	27.22	37.54	56.30
B5	10.5	12.3	23	42.50	43.16	62.80
B6	8.1	9.1	18.6	32.66	31.93	50.78
B7	10.4	11.5	20.5	41.93	40.35	55.97
B8	8.5	10.5	19.7	34.07	36.84	53.70
B9	9.4	11.9	20.8	37.82	41.75	56.79

通过表 3-50 对比抗压强度的 K 值和极差 R_i 得到以下结论：在 3d 龄期时，最佳粉磨时间为 90min，Na_2SO_4 的最佳掺量为 0.5%，三乙醇胺最佳掺量为 0.03%，减水剂的最佳掺量为 0.3%。试验指标的主次为 Na_2SO_4＞减水剂＞粉磨时间＞三乙醇胺。在 7d 龄期时，最佳粉磨时间为 90min，Na_2SO_4 的最佳掺量为 1.5%，三乙醇胺最佳掺量为 0.05%，减水剂的最佳掺量为 0.3%。试验指标的主次为减水剂＞粉磨时间＞Na_2SO_4＞三乙醇胺。在 28d 龄期时，最佳粉磨时间为 30min，Na_2SO_4 的最佳掺量为 0.5%，三乙醇胺最佳掺量为 0.03%，减水剂的最佳掺量为 0.3%。试验指标的主次为 Na_2SO_4＞粉磨时间＞减水剂＞三乙醇胺。总体而言，减水剂含量在 0.3%、三乙醇胺含量在 0.03% 时，在各个龄期时对抗压活性指数有促进作用，而粉磨时间和 Na_2SO_4 的掺量在不同龄期对抗压强度的影响规律不尽相同。

表 3-50 抗折活性指数分析

变量		3d K 值及极差	7d K 值及极差	28d K 值及极差
粉磨时间（min）	K_{30}	101.2	104.2	181.57
	K_{60}	102.38	112.63	169.88
	K_{90}	113.82	118.94	166.46
	R_i	12.7	14.74	15.11
Na_2SO_4	$K_{0.5}$	114.79	112.98	182.39
	$K_{1.0}$	108.86	106.31	165.73
	$K_{1.5}$	93.75	116.48	169.79
	R_i	21.04	10.17	16.66
三乙醇胺	$K_{0.01}$	103.62	105.96	175.07
	$K_{0.03}$	110.84	114.03	175.48
	$K_{0.05}$	102.94	115.78	167.36
	R_i	7.9	9.82	8.12

变量		3d K 值及极差	7d K 值及极差	28d K 值及极差
减水剂	$K_{0.1}$	101.2	96.84	167.28
	$K_{0.2}$	99.31	113.32	172.07
	$K_{0.3}$	116.89	125.61	178.56
	R_i	17.58	28.77	11.28

2.50%掺量补充试验

1）50%掺量单因素试验

（1）试验方案（表 3-51）

表 3-51　单因素试验方案

组别	粉磨时间（min）	NaOH	三异丙醇胺
C1	90	1%	0
C2	90	3%	0
C3	90	5%	0
C4	90	0	0.01%
C5	90	0	0.015%
C6	90	0	0.02%

（2）粉磨效果探究

在改变 NaOH 掺量时，较低掺量时尾矿粒径分布区间更小，粉磨更为充分；在高掺量下可能发生了黏聚反应，阻碍颗粒的粉磨。而三异丙醇胺加入量的改变对其粒度分布的影响不大，基本保持一定的粒度分布。

（3）活性指数

对于抗压活性指数而言，在任一龄期内，试块的抗压活性指数基本随着三异丙醇胺掺量的增加而增大；对比同一掺量的不同龄期，随着水化的进行，抗压活性指数增大，三异丙醇胺掺量越大，其增大量越大。对于抗折活性指数，各个龄期表现的规律不同，但比较同一掺量的不同龄期，在 7d 龄期时，抗折活性指数增大明显。

无论是抗压还是抗折活性指数，在同一龄期内，试块的活性指数基本随着 NaOH 掺量的增加而减小；对比同一掺量的不同龄期，随着水化的进行，抗压活性指数增加，但 NaOH 掺量越多，抗压活性指数增大越少，说明 NaOH 对尾矿的抗压活化有促进作用，但在掺量过高时会有一定的不利影响。对于抗折活性指数，在 7d 龄期时，抗折活性指数增大明显。

2）50%掺量双因素试验

（1）试验方案

粉磨时间 90min、Na_2SO_4 掺入 0.5%、三乙醇胺掺入 0.03%，调整 NaOH 和三异丙醇胺的掺量进行研究，分组见表 3-52。

表 3-52　双因素试验方案

组别	NaOH	三异丙醇胺
D1	1%	0.01%

组别	NaOH	三异丙醇胺
D2	1%	0.015%
D3	1%	0.02%
D4	3%	0.01%
D5	3%	0.015%
D6	3%	0.02%
D7	5%	0.01%
D8	5%	0.015%
D9	5%	0.02%

（2）活性指数

在 NaOH 掺量固定为 1% 时，对于抗压活性指数，在任一龄期时，三异丙醇胺的加入都对活性指数有促进作用。随着龄期的增加，试块的活性指数也增大，这说明三乙丙醇胺是良好的添加剂。对于抗折活性指数，在同一龄期时，抗折活性指数的变化不明显。但同一掺量的试块，随着龄期的增加，活性指数先增大后减小，在 7d 龄期时，活性指数可以达到 100% 及以上；但在 28d 龄期时迅速降低到 50%～60%。

在三异丙醇胺掺量固定为 0.015% 时，对于抗压活性指数，在 3d 龄期时，NaOH 的加入会导致抗压活性指数的减小，由于铜尾矿中含有较多的铁相，碱的加入在早期会促使 $Fe(OH)_3$ 的形成并包裹于胶凝材料颗粒的表面阻碍水化。在 7d 和 28d 龄期时，NaOH 的最佳掺量为 1%，抗压活性指数最大。对于抗折活性指数，和三异丙醇胺的变化类似，在同一龄期时，变化规律不明显。但同一掺量的试块，随着龄期的增加，活性指数先增大后减小，在 7d 龄期时，活性指数可以达到 100% 及以上；但在 28 时迅速降低到 50%～60%。

3. 30% 掺量正交试验

结合实际使用的要求，改变铜尾矿掺量为 30% 进行试验，得到 30% 掺量下的活性指数，设置表 3-53 正交试验。胶砂采用的水灰比为 0.45。

表 3-53　L_9（3^4）正交试验

组别	粉磨时间（min）	Na_2SO_4	三乙醇胺	减水剂
E1	30（1）	0.5%（1）	0.01%（1）	0.1%（1）
E2	30（1）	1.0%（2）	0.03%（2）	0.2%（2）
E3	30（1）	1.5%（3）	0.05%（3）	0.3%（3）
E4	60（2）	1.5%（3）	0.01%（1）	0.2%（2）
E5	60（2）	0.5%（1）	0.03%（2）	0.3%（3）
E6	60（2）	1.0%（2）	0.05%（3）	0.1%（1）
E7	90（3）	1.0%（2）	0.01%（1）	0.3%（3）
E8	90（3）	1.5%（3）	0.03%（2）	0.1%（1）
E9	90（3）	0.5%（1）	0.05%（3）	0.2%（2）

由表 3-54 可知，3d 龄期的最佳抗压活性指数为 82.84%，7d 龄期最佳抗折活性指数为 88.58%，10d 龄期的最佳抗压活性指数为 88.33%，28d 龄期最佳抗折活性指数为 80.43%。

表 3-54 抗压强度及抗压活性指数

组别	活性指数（%）			
	3d	7d	10d	28d
E1	82.84	84.26	84.82	80.43
E2	80.22	88.58	80.54	77.63
E3	72.76	71.42	73.15	68.39
E4	75.37	75.00	87.16	71.61
E5	72.76	66.05	78.99	69.68
E6	64.93	81.48	88.33	72.04
E7	69.40	69.75	70.43	65.38
E8	65.67	74.38	67.70	62.15
E9	71.27	76.54	73.15	69.89

由表 3-55 可知，在 3d 龄期时，最佳粉磨时间为 30min，Na_2SO_4 的最佳掺量为 0.5%，三乙醇胺最佳掺量为 0.01%，减水剂的最佳掺量为 0.2%。试验指标的主次为粉磨时间＞三乙醇胺＞减水剂＞Na_2SO_4。在 7d 龄期时，最佳粉磨时间为 30min，Na_2SO_4 的最佳掺量为 1%，三乙醇胺最佳掺量为 0.03%，减水剂的最佳掺量为 0.1% 或 0.2%。试验指标的主次为减水剂＞粉磨时间＞Na_2SO_4＞三乙醇胺。在 10d 龄期时，最佳粉磨时间为 60min，Na_2SO_4 的最佳掺量为 1%，三乙醇胺最佳掺量为 0.01%，减水剂的最佳掺量为 0.3%。试验指标的主次为粉磨时间＞减水剂＞Na_2SO_4＞三乙醇胺。在 28d 龄期时，最佳粉磨时间为 30min，Na_2SO_4 的最佳掺量为 0.5%，三乙醇胺最佳掺量为 0.01%，减水剂的最佳掺量为 0.3%。试验指标的主次为粉磨时间＞Na_2SO_4＞减水剂＞三乙醇胺。

表 3-55 抗压活性指数分析

变量		3d	7d	10d	28d
粉磨时间 （min）	K_{30}	235.82	244.26	238.52	226.45
	K_{60}	213.06	222.53	254.47	213.33
	K_{90}	206.34	220.68	211.28	197.42
	R_i	29.48	23.58	43.19	29.03
Na_2SO_4	$K_{0.5}$	226.87	226.85	236.96	220.00
	$K_{1.0}$	214.55	239.81	239.30	215.05
	$K_{1.5}$	213.81	220.80	228.02	202.15
	R_i	13.06	19.01	11.28	17.85
三乙醇胺	$K_{0.01}$	223.88	233.64	239.69	214.19
	$K_{0.03}$	221.27	237.96	235.41	211.40
	$K_{0.05}$	208.96	229.44	234.63	210.32
	R_i	14.93	8.52	5.06	3.87

变量		3d	7d	10d	28d
减水剂	$K_{0.1}$	213.43	240.12	240.86	214.62
	$K_{0.2}$	226.87	240.12	240.86	219.14
	$K_{0.3}$	214.93	207.22	222.57	203.44
	R_i	13.43	32.90	18.29	15.70

3.4.3.4 助磨剂对活性指数的影响

以三乙醇胺为例，探讨助磨剂掺量对活性指数的影响。表 3-56 是 30% 掺量下的正交试验组不同龄期的抗压强度数据及计算得到的抗压活性指数。

表 3-56　助磨剂抗压强度与抗压活性指数

组别	流动度	3d 抗压活性指数	7d 抗压活性指数	10d 抗压活性指数	28d 抗压活性指数
F1	215	61.94%	78.40%	78.21%	75.91%
F2	215	67.16%	78.40%	83.27%	74.19%
F3	220	59.70%	74.69%	81.71%	77.42%
F4	225	68.28%	68.21%	84.05%	80.65%

随着助磨剂三乙醇胺掺量的增加，砂浆流动度不断增大，微量时增加幅度不明显。28d 前的活性指数不具有一定规律性；28d 时具有一定规律性，随着助磨剂的增加，活性指数近乎正比增加。

3.4.3.5 不同掺量对活性指数的影响

表 3-57 是不同掺量下的抗压强度数据及计算得到的抗压活性指数（试验基准条件为 F3，即三乙醇胺掺量为 0.05%，粉磨时间为 60min）。

表 3-57　不同掺量对抗压强度与抗压活性指数

组别	流动度	3d 抗压活性指数	7d 抗压活性指数	28d 抗压活性指数
10%	205	61.94%	97.56%	95.91%
20%	210	67.16%	85.67%	80.91%
30%	220	59.70%	74.69%	77.42%
40%	228	68.28%	68.85%	80.65%

随着尾矿掺量在 10%～40% 间变化，活性指数明显下降，在尾矿掺量为 20%～30% 时，可满足 S75 标准的要求，而当掺量为 10% 时，可满足 S95 的标准要求。

3.5　冶炼废渣

3.5.1　钢渣沥青渣混合料技术

3.5.1.1　技术背景

近年来我国在工业快速发展的同时，自然资源的消耗、环境的破坏程度、废弃物的产生同样在急剧增长，资源短缺现象十分明显。其中，钢渣作为炼钢过程中的副产品，其产量为粗钢产量的 10%～15%，每年全国钢渣产生量约为 1 亿 t（图 3-75），累计存储量已达 12 亿 t。根据湖南某钢铁集团近年粗钢产量（图 3-76）数据推算，湖南每年钢渣的产生量为 250 万～400 万 t。如何高效利用钢渣，将其变废为宝是亟待解决的问题。

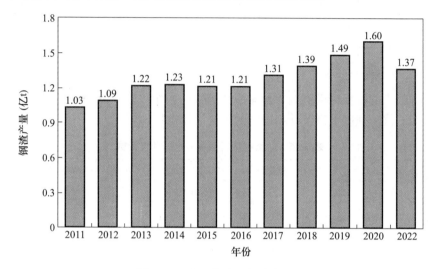

图 3-75　近 10 年全国钢渣产生量

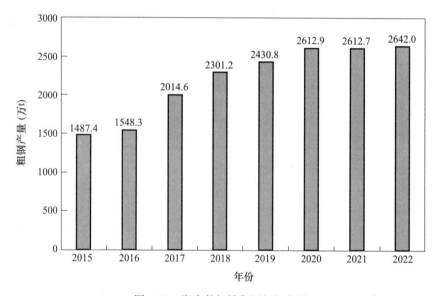

图 3-76　湖南某钢铁集团粗钢产量

钢渣内部游离氧化钙（f-CaO）和游离氧化镁（f-MgO）的水化反应是造成体积安定性不良的主要原因。目前解决方法包括：首先在钢渣熔融阶段采用工艺法或调质法进行活性物质调控，其主要原理是对熔融钢渣进行喷水冷却处理或向熔融态钢渣掺入石英砂、粉煤灰等调质物质，使钢渣内部的膨胀组分充分水化或与调质组分发生反应，从而在熔融阶段大幅降低活性物质的含量；其次对固化后的钢渣进行陈化处理，利用空气中的水分和 CO_2 进一步消解钢渣内部的 f-CaO 和 f-MgO。陈化处理后钢渣的浸水膨胀率需满足标准《道路用钢渣》（GB/T 25824—2010）的技术要求（≤2%），才能用于道路工程建设中。

钢渣的密度为 3.3～3.6t/m³ 左右，是普通骨料的 1.2～1.4 倍，这决定了在相同体积条件下，需要更多质量的钢渣。此外，不同区域、厂家炼钢产生的钢渣成分有差异，且物理力学性能也有所不同。这就对钢渣应用于道路工程时，提出了更高的原材料质量控制要求。基于上述问题，笔者开展了钢渣原材料质量控制技术要求、钢渣沥青混合料关键技术研究、施工工艺优化以及示范工程推广应用。

3.5.1.2　钢渣沥青混合料配合比设计

对湘潭某钢铁集团产出的钢渣进行现场取样，取样钢渣均经过一段时间的陈化，可以减少 f-CaO 含量。陈化处理成本低廉、操作简单，是目前国内外解决钢渣安定性问题最常用的方法。但陈化处理的缺点是所需时间较长，占地较多，容易造成污染，而且陈化后钢渣膨胀粉化，其活性也有一定程度的减弱。因此，陈化时间是影响钢渣安定性的重要因素，对于最佳陈化时间，当前没有明确的规定，多数研究者认为在 3～18 个月就足够了。

对取样的原材料进行相关指标检验，具体包括筛分、密度、压碎值、吸水率等试验。图 3-77 给出了压碎值试验的照片。钢渣压碎值试验结果小于 15％，满足相关规范技术要求。

图 3-77　钢渣压碎值试验

此外，采用 OKIO 系列蓝光 3D 扫描系统对钢渣颗粒进行扫描，建立了钢渣颗粒的真实形状模型并进行了形态学分析，形态学分析结果表明钢渣颗粒主要集中于块状颗粒（Ⅱ区），盘状（Ⅰ区）、条状（Ⅲ区）和刀片状（Ⅳ区）颗粒很少，适宜替代天然骨料用于沥青混合料中。钢渣三维数字化模型及形状分布见图 3-78、图 3-79。

最佳拟合对齐

图 3-78　基于蓝光扫描的钢渣真实三维数字化模型

对粒径分别为 2.36～4.75mm、4.75～13.2mm 钢渣以及粒径为 2.36～4.75mm 石灰岩进行密度测试。试验结果由表 3-58 可以看出，钢渣的表观密度和毛体积密度均高于石灰岩。此外，粒径为 2.36～4.75mm、4.75～13.2mm 钢渣的吸水率分别是 1.22％和 1.44％，高于石灰岩吸水率。

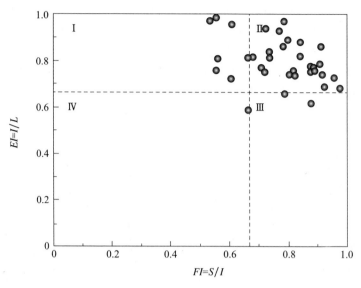

图 3-79 钢渣的形状分布

表 3-58 钢渣及石灰岩密度测试结果

材料	表观密度	毛体积相对密度	吸水率（%）
钢渣（4.75～13.2mm）	3.542	3.396	1.22
钢渣（2.36～4.75mm）	3.518	3.348	1.44
石灰岩（2.36～4.75mm）	2.712	2.663	0.67

分别对钢渣沥青混合料和常规沥青混合料 AC-13C、AC-20C 进行目标配合比设计，级配曲线如图 3-80 所示。钢渣取代常规沥青混合料 AC-13C、AC-20C 中的部分天然骨料，其中钢渣沥青混合料 AC-13C 和 AC-20C 中钢渣占矿料质量比分别为 70％和 40％（表 3-59）。钢渣沥青混合料级配优化对比如图 3-81 所示。

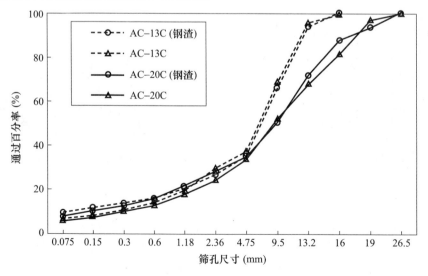

图 3-80 钢渣沥青混合料级配曲线

表 3-59 钢渣沥青混合料的矿料组成

矿料规格	AC-13C（钢渣）	AC-13C	AC-20C（钢渣）	AC-20C
0~4.75mm	25%（天然骨料）	31%（天然骨料）	26%（天然骨料）	28%（天然骨料）
4.75~9.5mm	29%（钢渣）	23%（天然骨料）	18%（钢渣）	14%（天然骨料）
9.5~13.2mm	41%（钢渣）	41%（天然骨料）	22%（钢渣）	20%（天然骨料）
13.2~19mm	—	—	28%（天然骨料）	33%（天然骨料）
矿粉	5%	5%	6%	5%

图 3-81 钢渣沥青混合料级配优化

表 3-60 列出了钢渣沥青混合料的体积指标测试结果，钢渣沥青混合料 AC-13C 和 AC-20C 的最佳油石比分别是 4.8% 和 4.1%，略低于常规沥青混合料。但考虑到钢渣沥青混合料密度更大，如果换算成单位体积沥青用量，每 $1m^3$ 钢渣沥青混合料 AC-13C 所需沥青 132.4kg，高于常规沥青混合料的 120.5kg。这是由于钢渣表面粗糙多孔，在拌和过程中会吸附更多的沥青胶浆，以填充开口孔隙，进而造成了钢渣沥青混合料单位体积沥青用量更高。此外，钢渣沥青混合料 AC-13C 和 AC-20C 的稳定度分别是 20.63kN 和 19.43kN，均高于对照组的常规沥青混合料，这表明钢渣沥青混合料具有更好的力学性能。

表 3-60 混合料体积指标

指标	AC-13C（钢渣）	AC-13C	AC-20C（钢渣）	AC-20C
最佳油石比（%）	4.8	5.0	4.1	4.3
毛体积相对密度	2.778	2.434	2.632	2.451
空隙率（%）	3.9	3.8	3.9	3.9
矿料间隙率（%）	13.9	13.8	13.0	12.8
沥青饱和度（%）	72.0	72.4	70.0	69.5
稳定度（kN）	20.63	16.45	19.43	16.17
流值（mm）	4.3	3.4	3.7	3.4

3.5.1.3 路用性能研究

根据《公路工程沥青及沥青混合料试验规程》（JTG E20—2011）"沥青混合料车辙试验"（T0719）规定的试验方法，对钢渣沥青混合料和常规沥青混合料 AC-13C、AC-20C 进行试验。结果如图 3-82 所示。钢渣沥青混合料 AC-13C 和 AC-20C 的动稳定度分别为（9409±1002）次/mm 和（9362±743）次/mm，相较于常规沥青混合料分别提升了 66.6% 和 42.3%。这一方面是由于钢渣表面粗糙的纹理增加了钢渣-钢渣以及钢渣-骨料之间的嵌锁力，另一方面是由于钢渣内含有的碱性物质增强了与沥青胶浆的黏结性，两方面因素共同作用导致了钢渣沥青混合料具有更优的抵抗高温变形的能力。

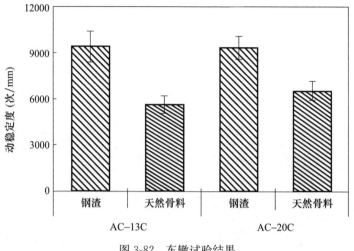

图 3-82　车辙试验结果

分别按照《公路工程沥青及沥青混合料试验规程》（JTG E20—2011）中 T0709 中所述浸水马歇尔试验方法和 T0729 所述冻融劈裂试验方法，分别对钢渣沥青混合料 AC-13C 和 AC-20C 进行测试，以评价钢渣沥青混合料的水稳定性，图 3-83 和图 3-84 分别给出了相应的试验结果。钢渣沥青混合料 AC-13C 和 AC-20C 残留稳定度 MS_0 分别为 93.7％和 88.4％，均满足规范不低于 85％的技术要求；冻融劈裂强度比 TSR 分别是 90.2％和 85.1％，均满足规范不低于 80％的技术要求。

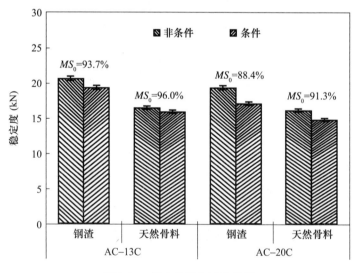

图 3-83　浸水马歇尔试验结果

相较于常规沥青混合料，钢渣沥青混合料的残留稳定度 MS_0 和冻融劈裂强度比 TSR 均有一定程度的下降，可能是由于当水浸入钢渣中，会与钢渣内部含有的少量 $f\text{-}CaO$、$f\text{-}MgO$ 发生反应，导致钢渣产生体积膨胀，进而破坏了钢渣与沥青间的黏结界面。确保钢渣沥青混合料水稳定性的关键是控制钢渣原材料中 $f\text{-}CaO$ 等活性物质的含量。大量研究表

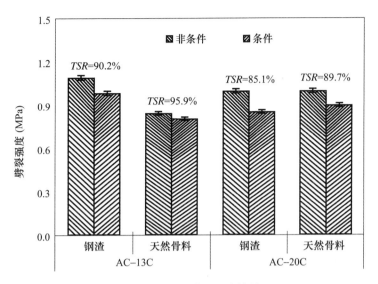

图 3-84 冻融劈裂试验结果

明钢渣内部膨胀组分的含量会随陈化时间的增加而逐渐降低，当钢渣经过 6 个月自然陈化后，钢渣膨胀率可从 1.1%～2.8% 降低至 0～0.3%。

根据《公路工程沥青及沥青混合料试验规程》（JTG E20—2011）中 T0715 所述试验方法对钢渣沥青混合料和常规沥青混合料 AC-13C、AC-20C 进行低温弯曲试验，试验温度为 −10℃，加载速率为 50mm/min。以破坏应变和弯曲应变能密度作为低温性能评价指标。表 3-61 列出了钢渣沥青混合料的低温弯曲试验结果，表明相较于常规沥青混合料，钢渣沥青混合料的破坏应变和应变能密度均有所增加，同时弯曲劲度模量有所降低。钢渣沥青混合料 AC-13C 和 AC-20C 发生弯曲破坏时的最大弯拉应变分别为 （2959.8±602.6） $\mu\varepsilon$ 和 （2882.0±197.0） $\mu\varepsilon$，比对照组分别提高了 421.7$\mu\varepsilon$ 和 303.3$\mu\varepsilon$。此外，钢渣沥青混合料 AC-13C 和 AC-20C 应变能密度分别是 （22.8±5.8） kJ/m³ 和 （25.2±5.5） kJ/m³，相较于对照组分别提高了 18.1% 和 10.9%。从综合考虑破坏应变和应变能密度这两个指标来看，钢渣沥青混合料的低温性能优于常规沥青混合料。这主要是因为钢渣与沥青间有更好的黏结效果，同时单位体积条件下钢渣沥青混合料中实际沥青用量有所增加，进而改善了钢渣沥青混合料的低温抗裂性。

表 3-61　低温弯曲试验结果

指标	AC-13C（钢渣）	AC-13C	AC-20C（钢渣）	AC-20C
弯曲强度（MPa）	15.5±1.2	15.2±0.4	17.6±2.9	17.5±1.4
破坏应变（$\mu\varepsilon$）	2959.8±602.6	2538.0±378.0	2882.0±197.0	2578.7±239.4
弯曲劲度模量（MPa）	5248.9±819.4	6103.9±914.0	5885.7±781.0	6990.7±781.1
应变能密度（kJ/m³）	22.8±5.8	19.3±2.8	25.2±5.5	22.7±4.0

3.5.1.4　钢渣沥青路面工艺技术

相较于天然骨料，由于钢渣自身密度大、开口孔隙多等特点，造成钢渣沥青混合料仍存在一些技术难题，针对这些技术难题，本章提出解决方案（图 3-85）。

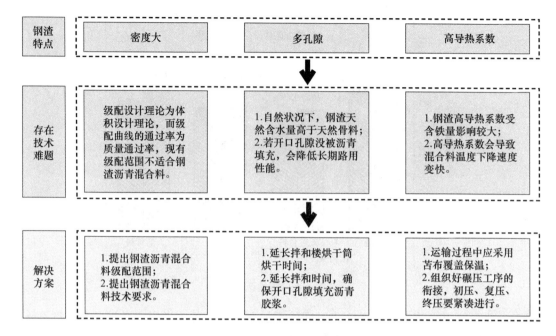

图 3-85　钢渣沥青混合料存在技术问题及解决方案

1. 操作要求

1）沥青混合料的级配设计理论为体积设计理论，而在实际工程中，则采用质量称量的方法控制级配，如果沥青混合料包含两种或两种以上骨料（例如石灰岩和玄武岩），通常忽略两种骨料的密度差异。考虑到石灰岩和玄武岩的密度相差不大，采用质量称量对级配的影响不大。但由于钢渣和天然骨料的密度相差较大，当混合使用钢渣和天然骨料时，在对钢渣沥青混合料配合比设计时，其级配曲线和天然骨料的级配曲线势必有所不同，这是由于规范中控制级配的不同筛孔通过率本质上是基于体积设计理论得到的。

2）钢渣是多孔隙材料，在自然状况下，天然含水量一般高于天然骨料。因此，钢渣在烘干筒烘干时往往需要更长的时间，以确保钢渣能够烘干。为了保证钢渣沥青混合料的路用性能，延长拌和机湿拌时间 10～15s。延长湿拌时间，有利于沥青充分填充钢渣表面的开口孔隙，提高沥青-钢渣的裹覆面积及黏结强度，进而可以有效防止水分进入沥青-钢渣界面，提高混合料的抗水损害能力及耐久性。笔者基于钢渣沥青混合料室内试验数据建立了考虑钢渣表面开口孔隙的精细化离散元数值模型，从接触力链、应力分布、裂缝位置和损伤演化规律等细观层面揭示了钢渣表面开口孔隙对混合料力学性能的影响。离散元模拟和试验结果均表明，钢渣开口孔隙内是否填充沥青对混合料低温断裂性能有较大的影响，开口孔隙内填充沥青可以有效提升混合料的低温抗裂性能，且孔隙率越大这种提升性能越显著。相关说明见图 3-86。

3）由于钢渣成分比较复杂，且成分波动比较大，尤其当其含铁量比较高时，导热系数取值相对较高，宏观表现为更容易发生热传导。这对混合料运输过程中的保温措施以及压实速率提出了更高的要求。运输车辆在运输过程中应覆盖苫布，起到对钢渣沥青混合料的保温作用。在碾压环节，应配备足够数量的压路机，组织好碾压工序的衔接，初压、复压、终压要紧凑进行，以防止因混合料温度下降过快，而导致压实度不足的现象产生。

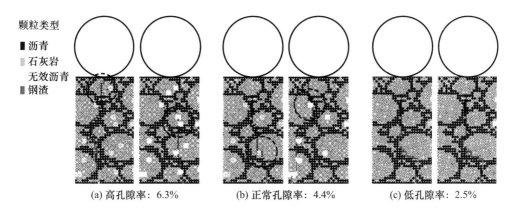

颗粒类型
■ 沥青
▨ 石灰岩
　无效沥青
■ 钢渣

(a) 高孔隙率: 6.3%　　　(b) 正常孔隙率: 4.4%　　　(c) 低孔隙率: 2.5%

图 3-86　钢渣开口孔隙-沥青胶浆不同裹覆效果下混合料低温断裂性能

钢渣沥青路面表层施工工艺流程如图 3-87 所示，主要工艺流程主要包括：①原材料检验，②配合比设计，③洒布黏层油，④拌和楼拌制，⑤混合料运输，⑥摊铺，⑦碾压（初压、复压、终压），⑧验收，⑨社会及经济效益测算。

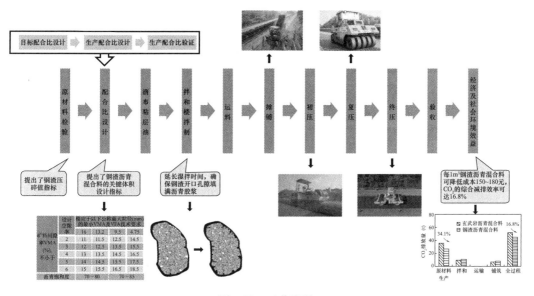

图 3-87　工艺流程

2. 具体操作要点

1）洒布黏层油

采用沥青洒布车喷洒黏层油，洒布速度和喷洒量应保持稳定，确保在路面全宽度内均匀分布成一薄层，不得有洒花、漏空或成条状，也不得有堆积。喷洒不足的要补洒，喷洒过量处应刮除。黏层油喷洒后，严禁运料车外的其他车辆和行人通过。待乳化沥青破乳、水分蒸发完成后，紧跟着摊铺钢渣沥青混合料。

2）拌和

拌和机按照生产配合比设计结果进行拌和楼试拌，并取样进行马歇尔试验，同时从路上钻取芯样观察空隙率的大小，由此确定生产用的标准配合比。由于钢渣具有开口空隙多的特点，为了保证钢渣沥青混合料的路用性能，延长拌和机湿拌时间 10~15s。图 3-88 给出了常规拌和时间和湿拌时间延长 10～15s 的沥青-钢渣裹覆效果，可以看出，延长湿拌时间有利于沥青充分填充钢渣表面的开口孔隙，提高沥青-钢渣的裹覆面积及黏结强度，进而有效地防止水分进入沥青-钢渣界面，提高混合料的抗水损害能力及耐久性。

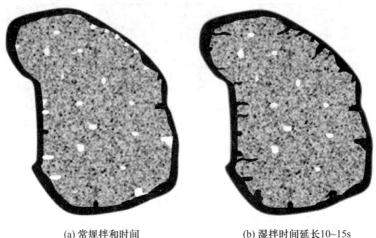

(a) 常规拌和时间   (b) 湿拌时间延长10~15s

图 3-88 不同拌和时间沥青-钢渣裹覆效果

3）运输

由于钢渣沥青混合料密度高于采用玄武岩/石灰岩制备的沥青混合料，因此，运输过程中运料车不得超载运输，运力应稍有富余。

（1）在生产前对所有运输车辆进行检查，车辆两侧加装保温层，并覆盖油布，同时在装料前对运输车进行清理，车厢内部涂抹隔离剂；

（2）混合料装车过程中，运料车装料时按照后、前、中移动分三堆装料；

（3）运料车在运输过程中，运输车应进行覆盖保温，覆盖基本到位。对料车内沥青混合料进行到场温度抽查并记录。

4）摊铺

摊铺阶段，黏层表面干燥、无浮灰，符合摊铺条件。现场摊铺采用两台摊铺机进行梯队作业。摊铺速度宜控制在 2～4m/min，当发现混合料出现明显的离析、波浪、裂缝、拖痕时，应分析原因，予以清除。

5）碾压

先用 2 台 13t 双钢轮压路机紧跟摊铺面及时静压 1 遍，振压 2 遍，碾压速度为 1.5～2km/h；再用 4 台 30t 胶轮压路机碾压 3 遍，碾压速度为 3.5～4.5km/h，碾压速度先慢后快，均匀压实到规定的密实度为止；最后用 1 台 13t 双钢轮压路机静压 2 遍，碾压速度为 2.5～3.5km/h；压路机无法碾压到的边角，用小型平板振动夯压实。静压收光必须在试验员检测压实度合格后进行。碾压长度控制在 30～40m，碾压时按路拱方向由低向高进行。

压路机碾压过程中有沥青混合料黏轮现象时，应立即清除。对于双钢轮压路机，可向碾压轮喷水以防黏轮（水中可添加少量表面活性剂），但必须严格控制喷水量且必须呈雾状，以钢轮始终湿润无黏轮现象且在油面上不留有水迹为最佳。对于胶轮压路机，开始碾压阶段，可涂刷少量隔离剂或防黏结剂。

6）开放交通

钢渣沥青路面待表面温度降低至50℃以下后方可开放交通。开放交通前，对路面标志标线进行施画。

3.5.2 低活性废渣制备轻质高强保温材料

3.5.2.1 技术背景

锂渣水分多酸度大，外观呈土黄色，无水硬性，颗粒较小且为多孔结构。自然干燥下，含有一定水分，潮湿而松散。烘干后呈粉末状，易磨性好。锂渣的形成过程如图3-89所示。

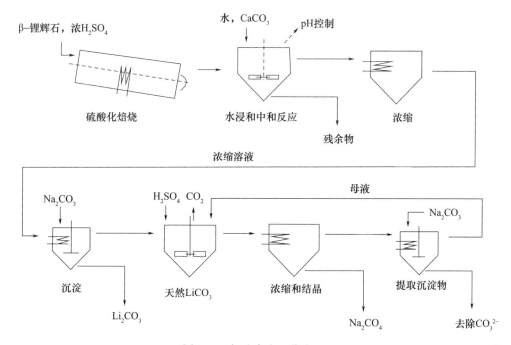

图3-89 锂渣产出工艺流程图

研究表明，锂渣具有如下主要特点：①含有无定形态 SiO_2、Al_2O_3，磨细后有较高的火山灰活性。②SO_3 含量高达 6% 以上，远高于普通掺和料。由此可见，锂渣粉与粒化高炉矿渣粉、粉煤灰相似，可作为辅助胶凝材料用于水泥混凝土，但在应用中须注意 SO_3 的引入对性能的影响。

3.5.2.2 理化特性分析

锂渣的化学成分与矿渣、粉煤灰等辅助性胶凝材料类似，主要成分为 SiO_2、Al_2O_3、CaO 和 SO_3。图3-90是锂渣以及其他胶凝材料在 $CaO-SiO_2-Al_2O_3$ 三元相图中的位置。可以看出，锂渣富含 SiO_2 和 Al_2O_3 并且具有较少的 CaO，与粉煤灰的化学成分类似，但其中 CaO 要比粉煤灰略高且 Al_2O_3 略低；与矿渣、水泥相比，锂渣中 CaO 含量远低于二者，这是由于锂渣是由锂辉石硫酸法生产碳酸锂等锂盐过程中产生的工业副产品，锂辉石中含有大量的硅铝氧化物，因此，锂渣中 70% 以上为 SiO_2 和 Al_2O_3，仅含有平均 7% 的 CaO。经统计，锂渣的 $C/(S+A)=0.002\sim0.368$，粉煤灰 $C/(S+A)=0.008\sim0.273$，矿渣 $C/(S+A)=0.559\sim2.321$，水泥 $C/(S+A)=2.022\sim2.994$。当这个比率大于1时，胶凝材料被认为具有很好的水化活性。同时，锂渣的活性和性能还与其化学和矿物组成以及玻璃体含量具有密切关系。因此，确定锂渣中各矿物相的存在形式对于研究其水化活性与性能具有重要意义。

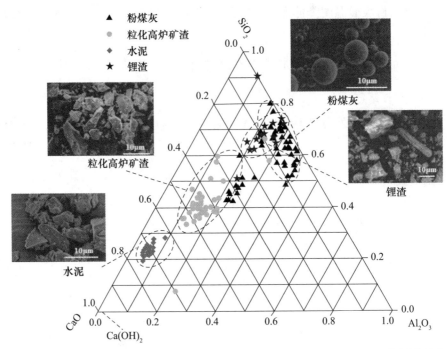

图 3-90　锂渣与其他掺和料（水泥、矿渣和粉煤灰）在 $CaO\text{-}SiO_2\text{-}Al_2O_3$ 三元相图中的位置

3.5.2.3　锂渣基地质聚合物保温材料的制备

基于锂渣可作为辅助胶凝材料的潜力，本研究中将锂渣制备地质聚合物用作保温材料。按照表 3-62 所示的配比，配置激发剂。将烧杯置于磁力搅拌器上，匀速搅拌，并依次向烧杯中倒入水玻璃、水、氢氧化钠，而后密闭烧杯，充分搅拌 1h 使各组分充分溶解，形成均匀分散相，最后将配置好的激发剂密闭静置 24h。称量煅烧锂渣将其放入搅拌器中低速搅拌，向粉体中缓慢倒入配置好的激发剂，待混合均匀后快速搅拌 2min，将浆体倒入 30mm×30mm×30mm 的六联模，充分振荡后放入 80℃混凝土加速养护箱中，养护 24h 后拆模并置于室温条件下继续养护。

表 3-62　试验配比

编号	煅烧锂渣（g）	水玻璃（g）	水胶比	H_2O（g）	NaOH（g）	Si/Al	NaOH 浓度（mol/L）
A	200	120	0.6	54.78	19.60	2.7	3.5
B	200	140	0.6	43.90	19.60	2.8	3.5
C	200	160	0.6	33.04	19.60	2.9	3.5
D	200	180	0.6	22.16	19.60	3.0	3.5
E	200	200	0.6	11.30	19.60	3.1	3.5
NH1	200	140	0.6	33.04	14.00	2.8	2.5
NH2	200	140	0.6	33.04	16.80	2.8	3
NH3	200	140	0.6	33.04	19.60	2.8	3.5
NH4	200	140	0.6	33.04	22.40	2.8	4
NH5	200	140	0.6	33.04	25.20	2.8	3～5

如图 3-91 （a）所示，锂渣基地质聚合物在早期便可取得较高的强度，其早期抗压强度随硅铝比的增加出现先增大后减小的趋势，在 Si/Al 比为 3.0 时取得 1d 最高强度 63.6MPa。锂渣基地质聚合物后期强度增加不明显，不同 Si/Al 比下 28d 强度呈现先增大后减小的趋势，在 Si/Al 比为 2.9 时取得 28d 最大强度 71.3MPa。所有试样均在 3d 时发生强度倒缩，随着硅铝比的增大，3d 强度倒缩现象有所缓和。

如图 3-91 （b）所示，随着 NaOH 浓度的增加，锂渣基地质聚合物各个龄期抗压强度均是先增大后减小，其中在 NaOH 浓度为 3.5mol/L 时取得最大强度。同时对比 1d 和 3d 曲线可以发现，随着 NaOH 浓度的增大，强度倒缩逐渐加重，这对后期强度的发展有一定的影响。

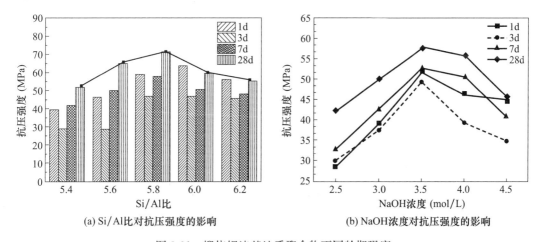

(a) Si/Al 比对抗压强度的影响　　　(b) NaOH 浓度对抗压强度的影响

图 3-91　煅烧锂渣基地质聚合物不同龄期强度

如图 3-92 （a）所示，煅烧锂渣的主要晶相为石英、锂辉石、硅酸铝锂、石膏、无水石膏，经碱激发反应后，锂辉石和石英相峰依然特别明显，这说明体系中仍存在较多的晶相 SiO_2，在一定程度上削弱了无定形弥散峰。锂渣基地质聚合物在 25°～35° 范围内有一个较明显的无定形物质弥散峰，说明碱激发反应使体系中产生了大量的无定形凝胶。随着 NaOH 浓度的增加，硅酸铝锂相峰逐渐增强并在 NaOH 浓度为 3.5mol/L 后趋于稳定。煅烧锂渣还可观察到较为明显的石膏和无水石膏相，经碱激发后，石膏和无水石膏相峰逐渐减弱，在 NaOH 浓度为 3.5mol/L 几乎观察不到，但随着 NaOH 浓度继续增大，石膏和无水石膏相峰又逐渐出现，说明在合适的 NaOH 浓度下，$CaSO_4$ 可生成无定形凝胶，有利于地质聚合物强度的提高，NaOH 浓度为 3.5mol/L 时，体系宏观强度最高。

如图 3-92 （b）所示，在最优配比的不同龄期下，各曲线无明显区别，这说明煅烧锂渣经碱激发后快速产生大量无定形凝胶，这也是煅烧锂渣基地质聚合物早期便可取得较高强度，而后期强度发展较低的原因之一。同时，随着龄期的增加，石膏和无水石膏相峰逐渐减弱，说明随着聚合反应的进行，石膏和无水石膏逐渐转变为无定形凝胶，可以提高试样后期强度。

如图 3-93 所示，锂渣基地质聚合物水化产生了大量片状和部分颗粒状凝胶，整体呈层状堆积结构，由 EDS 结果可知，钠、硅、铝、氧的摩尔比接近于 1∶2∶1∶6，符合 N-A-S-H 凝胶结构。N-A-S-H 凝胶能够形成具有高黏结能力的空间网状结构，可将各种水化产物不断地黏结起来，形成强度较高的密实体。

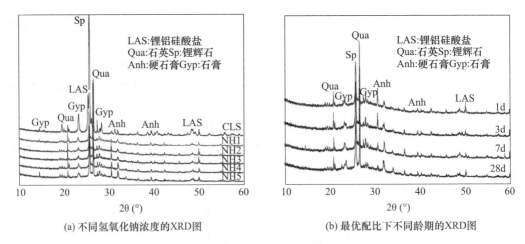

(a) 不同氢氧化钠浓度的XRD图　　　　　　(b) 最优配比下不同龄期的XRD图

图 3-92　煅烧锂渣基地质聚合物 XRD 图

图 3-93　不同 Si/Al 比下煅烧锂渣基地质聚合物的 SEM 图

如图 3-94 所示，各龄期锂渣基地质聚合物表面均可观察到 N-A-S-H 凝胶。在 1d 龄期时，试样表面已经生成了较多的凝胶；在 3d 龄期时，试样表面出现明显的裂缝，凝胶之间交错层叠，体系结构变得松散，宏观上表现出明显的强度倒缩，这可能是在室温养护时失水过快所致。随着聚合反应的进行，表面凝胶不断增加，裂缝逐渐被新生成的凝胶填补，所以 7d 龄期的试样结构趋于致密，表面趋于平整。28d 龄期的试样整体结构非常致密，抗压强度显著提升。

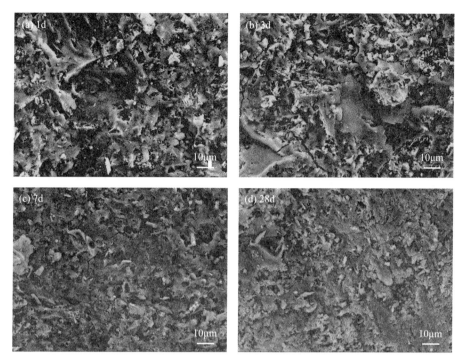

图 3-94　不同龄期下煅烧锂渣基地质聚合物的 SEM 图

如图 3-95（a）所示，1024.5cm^{-1}左右和769.3cm^{-1}左右的红外吸收峰为 Si-O 键或 Al-O 键的弯曲或者伸缩振动峰，是煅烧锂渣基地质聚合物产物的主要标志性红外吸收峰；3461.2cm^{-1}左右和 1640.8cm^{-1}左右出现的吸收峰则为 H-O-H 键的弯曲或者伸缩振动峰，这是因为产物体系中的微孔含有的自由水以及产物的结合水。图中未见明显的 Al-O 和 Si-O-Al 振动峰，所以煅烧锂渣经碱激发后产物的主要结构为 Q$_3$硅氧四面体。随着 Si/Al 比的增加，比值在 2.9 时峰强峰宽达到最大，这表明同一龄期不同的硅铝比下锂渣基地质聚合物的反应程度在 Si/Al 比为 2.9 时最深，这和前述的宏观强度在 Si/Al 比为 2.9 时 28d 强度结果一致。

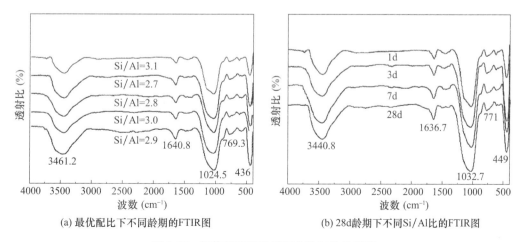

(a) 最优配比下不同龄期的FTIR图　　　　(b) 28d龄期下不同Si/Al比的FTIR图

图 3-95　煅烧锂渣基地质聚合物红外光谱图

如图 3-95（b）所示，随着龄期的发展，Si-O 键或 Al-O 键的弯曲或伸缩振动峰逐渐增强并变宽，这说明 Si-O-Si 键角在不断增加，聚合度逐渐增强，对应的宏观强度不断增大。波数在 $449cm^{-1}$ 左右的 Si-O 平面内弯曲振动峰也不断增强，说明 SiO_4 四面体内部发生了形变，对内部结构产生一定的破坏，这在宏观上导致了体系宏观强度增长缓慢。随着龄期的发展，试样在室温养护中不断失水，但是波数 $1636.7cm^{-1}$ 和 $3440.8cm^{-1}$ 的 H-O-H 键的弯曲或者伸缩振动峰不断增强，说明体系中结合水增加，同时也证明体系中产物数量增多，反应进程加深，宏观强度不断增加。

由于锂渣中含有的 SO_3 会导致碱激发反应后在体系内生成钙矾石，降低产品的强度，因此，通过降低锂渣内 SO_3 的含量，预计将显著提高锂渣基发泡地质聚合物的性能。锂渣中 SO_3 主要是以石膏相（$CaSO_4 \cdot 2H_2O$）的形式存在的。石膏在高温下会分解，因此本试验选用高温煅烧的方式去除锂渣中的石膏相。同时，高温煅烧能破坏锂渣中晶体的原有结构，能够增大非晶体的含量，提高锂渣的反应活性，所以，本试验将通过加碳煅烧的方式，同时达到对锂渣脱硫和提高活性的效果。然后用煅烧后的锂渣制备碱激发发泡材料，并测试其性能。

锂渣与碳的混合方式主要有干混和湿磨两种。干混即将锂渣与烟煤粉按比例放入小型球磨机，滚动 30min 充分混合。湿磨即向锂渣与煤粉的混合物中加入酒精，放于研钵内一同研磨 30min。本试验采用硫碳比（S/C）=1:1 的配比来混合锂渣与煤粉，煅烧温度为 800℃和 900℃，同时选取原料锂渣作为对照，来探明加碳煅烧对脱硫效果的影响。具体试验方案设计见表 3-63。

表 3-63　混合方式对脱硫效果影响的试验设计

组别	混合方式	硫碳比	煅烧温度（℃）
A	干混	1:1	800
B	干混	1:1	900
C	湿磨	1:1	800
D	湿磨	1:1	900
E	—	—	未煅烧

将样品按照不同方式混合后，置于马弗炉中，以 5℃/min 的升温速度，分别升温到煅烧温度 800℃和 900℃，保温 20min 后，将样品冷却到室温。然后对各组条件下的样品进行 X 射线荧光光谱（XRF）分析，得到其主要元素的含量（图 3-96）。从图 3-96 中可以看出，首先，无论采用干混还是湿磨的方式，煅烧后锂渣中 SO_3 的含量，都比原料锂渣中 SO_3 的含量更低，说明了锂渣加碳煅烧脱硫的可行性。其次，采用湿磨方法的 C、D 两组中煅烧后的 SO_3 含量，均比采用干混方法的 A、B 两组 SO_3 含量低，这说明，同样的配比下，湿磨比干混的混合效果更好，使得锂渣样品和煤粉的接触更为充分，反应更加完全，因此本试验后续将采用湿磨的方式来混合锂渣和煤粉。

3.5.2.4　锂渣改性对保温材料的影响

因为硫酸钙与碳的具体反应过程尚没有一个明确的定论，因此，本试验选取了硫碳比为 1:0.5、1:0.75、1:1、1:2 四个比例，煅烧温度为 800℃和 900℃，同时将未煅烧锂渣

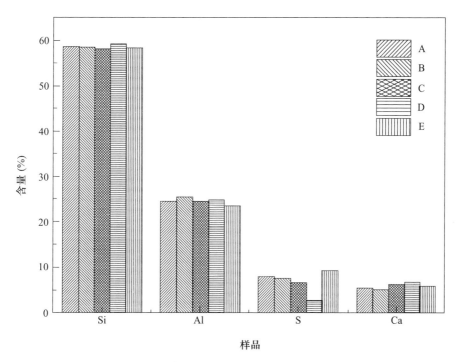

图 3-96 不同混合方式下煅烧样品主要元素 XRF 分析图

作为对照组，具体试验方案设计见表 3-64。

表 3-64 硫碳比与煅烧温度对脱硫效果影响的试验设计

组别	混合方式	硫碳比	煅烧温度（℃）
A	湿磨	1：0.5	800
B	湿磨	1：0.75	800
C	湿磨	1：1	800
D	湿磨	1：2	800
E	湿磨	1：0.5	900
F	湿磨	1：0.75	900
G	湿磨	1：1	900
H	湿磨	1：2	900
I	—	—	未煅烧

将混合好后的样品置于马弗炉中，以 5℃/min 的升温速度，升温到煅烧温度，然后保温 20min，再冷却到室温。然后对冷却后的样品进行 X 射线荧光光谱（XRF）分析，得到不同温度下煅烧样品主要元素的含量，其主要元素含量如图 3-97 所示。从图 3-97 中可以看出，无论在 800℃ 还是 900℃ 条件下，随着硫碳比的不断减小，煅烧后锂渣中的 SO_3 含量逐渐降低，CaO 的含量逐渐上升，这表明，在煅烧过程中，硫酸钙与碳的反应主要为 $CaSO_4 + 2C \longrightarrow CaS + 2CO_2$，消耗的碳更多，脱硫所需的最佳硫碳比应为 1：2。而上述反应后，硫酸钙还要继续进行 $3CaSO_4 + CaS \longrightarrow 4CaO + 4SO_2$ 的反应，这一步的反应温度为 895℃ 左右，

所以当煅烧温度为900℃时，如图3-97（b）所示，SO_3的含量大幅降低，因此，综合考虑锂渣的脱硫效果与节能因素，锂渣脱硫的最佳温度为900℃。

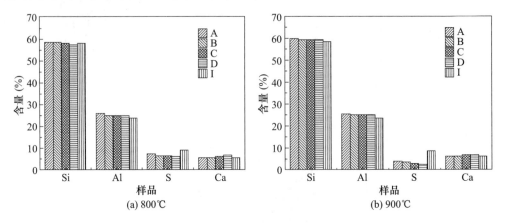

(a) 800℃ (b) 900℃

图 3-97　不同煅烧温度下不同硫碳比样品煅烧后主要元素 XRF 分析图

为了研究煅烧后锂渣的物相变化，对900℃煅烧后的锂渣进行 X 射线衍射（XRD）分析，其结果如图3-98所示。从图3-98可以看出，锂渣中的石英相和锂辉石相与原料硫碳比的变化并没有明显的关联，但是可以看出，石膏相的峰高随着硫碳比的降低而不断降低。这也表明，随着碳量的上升，锂渣中越来越多的硫酸钙被分解，其含量越来越少，这也与前面 XRF 的分析结果一致。

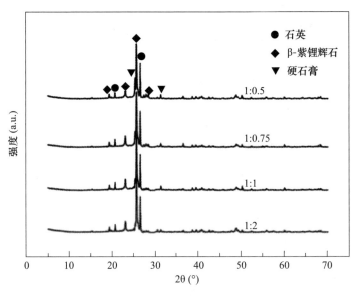

图 3-98　900℃煅烧后样品的 XRD 分析图

利用扫描电镜，观察原料锂渣和900℃煅烧后锂渣的微观形貌，结果如图3-99所示。从图3-99（a）可以看出，煅烧前的锂渣形态较为规则，多为完整的针棒状和片层状结构，表面光滑，晶体结构明显。图3-99（b）显示，煅烧后的锂渣表面，还是呈现针棒状和片层状结构，但是表面不再光滑，而是出现了较多的裂纹，这说明锂渣的晶体结构遭到了破坏，而晶相物质在碱激发过程中几乎不参与反应，而结构破坏以后，表面缺陷变多，表面能变大，比表面积增大，因此更有利于参与反应。同时，煅烧后的锂渣中出现了更多的无定形相物质，无定形相是碱激发过程中的主要反应物，所以高温煅烧能提高锂渣的反应活性。

(a) 煅烧前   (b) 煅烧后

图 3-99　900℃煅烧前后样品微观形貌图

由于煅烧锂渣的 SO_3 含量降低，活性组分含量升高，采用煅烧温度为 900℃，不同硫碳比的煅烧锂渣为单一原料，以 NaOH 和钠水玻璃为激发剂，制备碱基发泡凝胶材料，经前期试验得到，煅烧锂渣制备碱激发胶凝材料的最佳硅铝比为 5.8，因此，具体试验配比见表 3-65。

表 3-65　碱激发煅烧锂渣发泡凝胶材料的试验设计

煅烧时硫碳比	煅烧锂渣（g）	H_2O_2（g）	总含水量（g）	C_{NaOH}（M）	钠水玻璃（g）	水泥（g）	机油（g）	纤维（g）
1∶0.5	600	40	435	4	480	30	30	0.6
1∶0.75	600	40	435	4	480	30	30	0.6
1∶1	600	40	435	4	480	30	30	0.6
1∶2	600	40	435	4	480	30	30	0.6

样品制备后，置于蒸养箱中，在 70℃的温度下蒸养 24h 后放于常温下养护 1d、3d、7d、28d，之后测试其表观密度，表观密度如图 3-100 所示。由图 3-100 可以看出，不同硫碳比下煅烧的锂渣，经过碱激发后产品的表观密度整体上并没有明显差别，这是因为加入煤粉量的不同，仅对锂渣中硫酸钙含量影响较大，对其他组分影响比较小。所以整体上来说，对产物的表观密度并没有太大影响。而每组样品的表观密度都是随着养护时间的延长而逐渐降低的，这也是由于样品中吸附的水不断散失造成的。常温养护 28d 以后，样品的表观密度均可降到 250kg/m³ 以下，已达到了与市面上 Ⅱ 型水泥基保温板材相同的表观密度要求。

样品制备后置于蒸养箱中，在 70℃的温度下蒸养 24h 后，放于常温下养护 1d、3d、7d、28d，之后测试其抗压强度，结果如图 3-101 所示。由图 3-101 可以看出，煅烧后锂渣制备的碱激发胶凝材料的抗压强度较之前有了极大的提升，1d 抗压强度已经可达 0.6MPa 以上，表明煅烧后锂渣早期强度发展比较迅速。同时随着煅烧时煤粉的掺入量不断增加，产品的强度逐渐上升，H 组最高可达 0.75MPa，这表明煅烧脱硫减少了锂渣中的 SO_3 含量，减少了后期钙矾石相膨胀对产品结构的破坏。

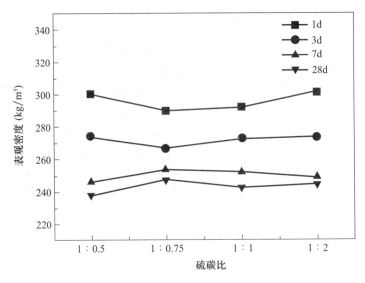

图 3-100 碱激发煅烧锂渣发泡材料的表观密度

同时随着养护时间的延长，各组的抗压强度均呈现上升趋势，表明反应还在不断进行，不断有新的凝胶态物质生成，最高强度可达 0.85MPa，远远超出市面上 Ⅱ 型水泥基保温板材的抗压强度。但强度的增长幅度不是很大，说明煅烧脱硫后锂渣的碱激发反应在较短时间内即可进行到较高程度。

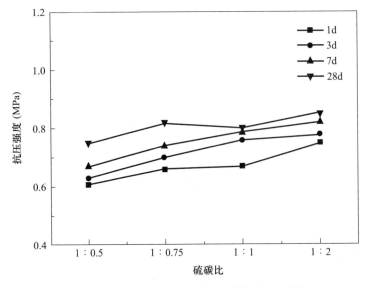

图 3-101 碱激发煅烧锂渣发泡材料的抗压强度

3.5.3 锂渣制备轻骨料

3.5.3.1 技术背景

我国是世界上锂辉石精矿储量最大的国家，主要通过采用浓硫酸-碳酸钙法来提炼碳酸锂，而锂渣是其副产品。锂渣年产量大，但是利用率很低，基本处于废弃和堆积状态，造成了环境污染、土地占用和资源浪费。锂渣中水分多、酸度大，外观呈土黄色，无水硬性，颗粒较小且为多孔结构。自然干燥下，含有一定水分，潮湿而松散。烘干后呈粉末状，颗粒较细，易磨性好。

由于生产碳酸锂的工艺和技术比较稳定，所以锂渣的化学成分也比较稳定。主要为 SiO_2、Al_2O_3、SO_3、CaO、Fe_2O_3。其矿物相主要包括石英相（SiO_2）、方解石（$CaCO_3$）、石膏（$CaSO_4 \cdot 2H_2O$）、三水铝石（$Al_2O_3 \cdot 3H_2O$）、红柱石（Al_2SiO_5）、刚玉（Al_2O_3）、叶蜡石 $[Al_2(Si_4O_{10})(OH)_2]$，还有少量的玻璃相、高岭石及碳酸锂（Li_2CO_3）等。

研究表明，锂渣具有一些主要特点：（1）锂渣中含有以无定形的形式存在的 SiO_2、Al_2O_3，因此磨细锂渣粉有较高的火山灰活性；（2）锂渣粉中以 SO_4^{2-} 形式存在的三氧化硫高达 6% 以上，远高于普通掺和料。从上述特点来看，锂渣粉与粒化高炉矿渣粉、粉煤灰相似，有作为辅助胶凝材料用于水泥混凝土材料中的较大潜力，但在应用中也应注意锂渣中高含量 SO_3 对水泥基材料性能的影响。

本节所述锂渣源自江西，锂渣中含有约 25.34% 的"熔剂"组分，将其与污染土壤作为原料烧制轻骨料，可大大降低轻骨料烧结部分原料的烧结温度，同时能够将重金属固化在轻骨料内部，不但缓解锂渣堆存问题，更是解决了 Pb、Zn、Cu 等重金属对环境的潜在危害。本节针对以锂渣、污染土壤为原料制备轻骨料进行研究，试验编号及试验配比见表 3-66。

表 3-66　锂渣和污染土壤配比

试验编号	B_1	B_2	B_3	B_4
试验配比	$10\%+90\%$	$20\%+80\%$	$30\%+70\%$	$40\%+60\%$

轻骨料的制备包括原料混合、料球成型、球坯干燥、球坯烧结等过程。对原料进行前处理，如干燥和除杂。将加水后的泥团陈化 24h，以确保原料成分均匀且有一定的黏性。陈化好的泥团经过制条机挤压成直径约 14mm 的长条，然后切割成长度为 14mm 的小圆柱。在成型过程中，将小圆柱放入成球机，经过成球机成型成直径约 14mm 的球坯，成型后的球坯经过干燥箱干燥至稳定质量，并置于烧结炉中进行烧结。

3.5.3.2　物理性能分析

本研究选择了烧结温度在 1140~1180℃间的轻骨料进行试验。如图 3-102 所示，随着烧结温度的升高，样品的膨胀率呈现上升趋势，最高可达到 125%；在相同的烧结温度下，当锂渣掺量达到 30%时，样品的膨胀率达到了峰值。除了烧结温度为 1120℃的样品外，其他样品的膨胀率均超过了 20%。

由图 3-103（a）可知，所有轻骨料的颗粒密度均低于 2.0g/cm^3，已达到轻骨料标准（UNE-EN-13055-1）的要求。轻骨料的颗粒密度主要与膨胀性能有关，适量的锂渣可以提高膨胀率，进而降低轻骨料的颗粒密度。因此，增加原料中锂渣含量可以显著减少轻骨料的颗粒密度。随着烧结温度的提高，轻质骨料的吸水能力逐渐上升，在达到 1180℃的烧结温度后，轻质骨料的吸水能力开始下降。添加锂渣可以增加轻质骨料表面的孔隙数量，导致在相同烧结温度下，轻质骨料的吸水能力随锂渣含量的增加而逐渐增强。

由图 3-103（b）可知，试样的单颗粒抗压强度显著降低，主要原因是锂渣能改善膨胀性能，在试样内部形成较大的孔隙。将 1150℃烧结的轻骨料破碎得到图 3-104 所示的轻骨料内部宏观结构，显然随着锂渣的增加，轻骨料内部的大孔数量逐渐增加。

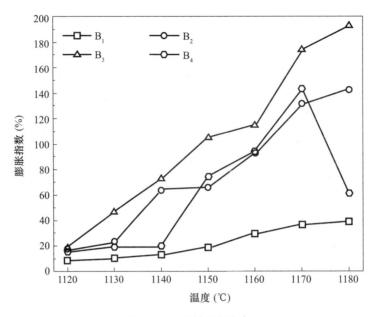

图 3-102　试样的膨胀率

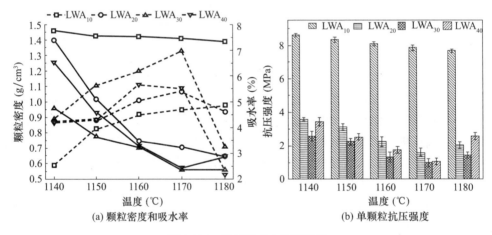

(a) 颗粒密度和吸水率　　　　　　(b) 单颗粒抗压强度

图 3-103　轻骨料基本物理性能

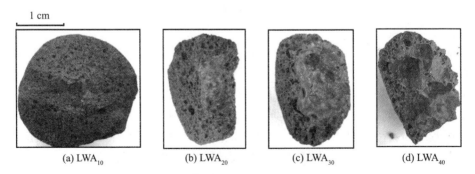

(a) LWA₁₀　　　(b) LWA₂₀　　　(c) LWA₃₀　　　(d) LWA₄₀

图 3-104　轻骨料内部宏观结构

3.5.3.3 微观性能分析

根据图 3-105 轻骨料样品的晶相分析结果显示，主要存在石英、莫来石、尖晶石、铁矿石和钙长石等相。由图 3-105（a）可知，烧结温度对轻骨料晶相的转变影响较小。然而，随着温度的升高，尖晶石相的峰值强度逐渐增强，而铁矿石的峰值强度则逐渐减弱。由此可见，铁矿石在温度上升的过程中会逐渐发生向尖晶石相的转变。通过观察图 3-105（b）我们可以得知，随着锂渣含量的增加，石英的峰值强度逐渐减小，莫来石相的含量逐渐降低，而钙长石相的含量则逐渐增加。这一现象的主要原因在于，锂渣中所含的 CaO、K_2O 和 Na_2O 具有降低熔体黏度的作用，从而加速石英和莫来石的熔融过程。同时，由于赤铁矿中的 Fe^{3+} 离子可被诸如 Cu^{2+}、Ni^{2+}、Zn^{2+} 等重金属离子取代，导致尖晶石的产生也呈现出多样性。随着熔体中锂渣含量的增加，熔体的黏度降低，有利于重金属离子向赤铁矿表面扩散，形成尖晶石。因此，锂渣含量的增加会导致尖晶石的峰值强度增加，同时赤铁矿的峰值强度逐渐减小。

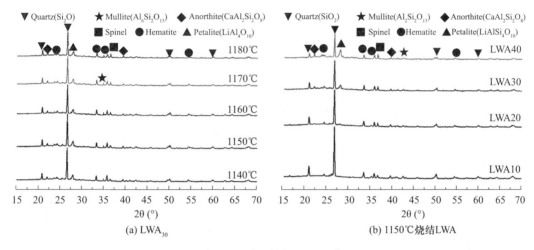

图 3-105　轻骨料 XRD 图谱

如图 3-106 所示，轻骨料 FTIR 光谱图中的主要峰大多分布在 $500 \sim 1200 cm^{-1}$ 范围内，而在 $448 cm^{-1}$ 和 $778 cm^{-1}$ 处的峰基本保持不变。峰值最高的区域在 $1000 \sim 1200 cm^{-1}$ 范围内，代表了 Si-O 四面体的反对称拉伸振动和 Si-O-Al 拉伸振动。需要注意的是，锂渣掺入量的增加使 Si-O 四面体的峰值产生轻微偏移，这意味着锂渣的掺入可以改变 Si-O 四面体之间的连接方式，从而促进 Si-O 四面体的解聚，降低熔融黏度并加速液相的形成。

如图 3-107 所示，锂渣的作用是将形成的小孔相互连接，形成较大的孔隙和间隙。这与锂渣中 SO_2/SO_3 的释放和迁移密切相关。当锂渣的含量达到 40% 时，液相过多会流入大间隙中，导致大间隙的尺寸减小，同时增加小孔的数量。

扫描电镜放大部分区域后，发现轻骨料中的大孔内部存在一些小颗粒。进一步通过面扫分析发现，这些小颗粒内富集了 S 和 Ca 元素，同时还含有 O 和 K 元素。可以推测这些小颗粒是残余的硫酸钙晶体。此外，根据图 3-108 的观察结果，我们可以得知轻骨料的主要元素为 O、Si、Al，主要以石英和莫来石相的形式存在，构成了轻骨料的基体。

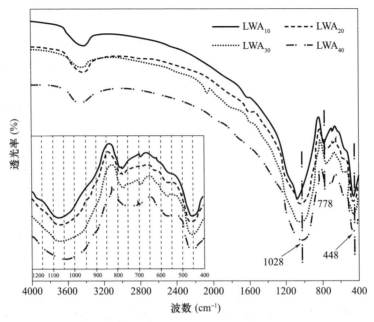

图 3-106　轻骨料红外光谱图

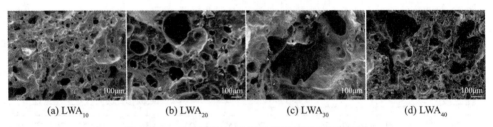

(a) LWA₁₀　　　(b) LWA₂₀　　　(c) LWA₃₀　　　(d) LWA₄₀

图 3-107　1150℃烧结的轻骨料的 SEM 显微照片

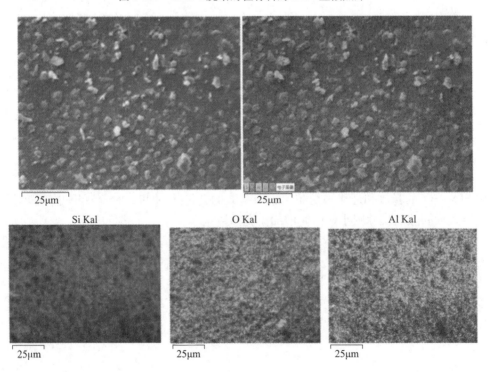

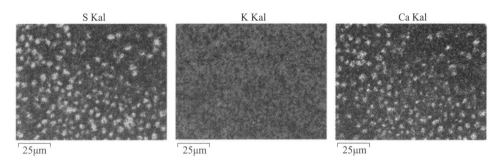

图 3-108 LWA₃₀面扫分析结果

如图 3-109 所示，随着锂渣掺量的增加，轻骨料的微小孔数量逐渐增多。然而，与 LWA₃₀相比，LWA₄₀的表面主要以闭孔为主。轻骨料表面的孔隙数量决定了其吸水率。因此，随着锂渣掺量的增加，轻骨料的吸水率先增加后减小。与 LWA₂₀、LWA₃₀ 和 LWA₄₀ 的样品相比，LWA₁₀ 的内部呈现出更为紧密的微孔结构。

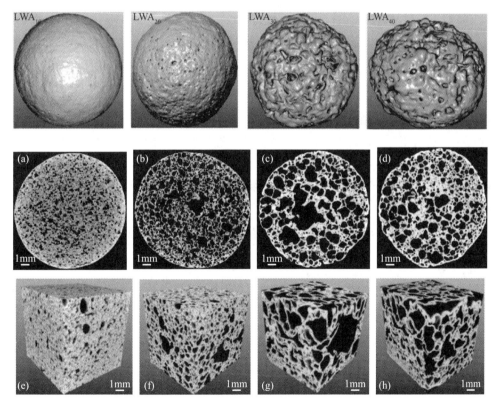

图 3-109 在 1150℃下烧结的轻骨料样品 〔（a）LWA₁₀；（b）LWA₂₀；（c）LWA₃₀；（d）LWA₄₀〕的 YZ 切片图像和内部区域的 3D 立体图像 〔（e）LWA₁₀；（f）LWA₂₀；（g）LWA₃₀；（h）LWA₄₀〕

如图 3-110 所示，LWA₁₀ 的孔径主要在 $0\sim400\mu m$，而其他掺量样品的孔径大多超过 $1000\mu m$。当锂渣含量从 10% 增加至 30% 时，体积大于 $1000\mu m$ 的孔的数量逐渐增加。在 LWA₄₀ 样品中，与 LWA₃₀ 样品相比，小于 $600\mu m$ 等效半径的孔的体积减小，而大于 $1000\mu m$ 等效半径的孔的体积则增加。

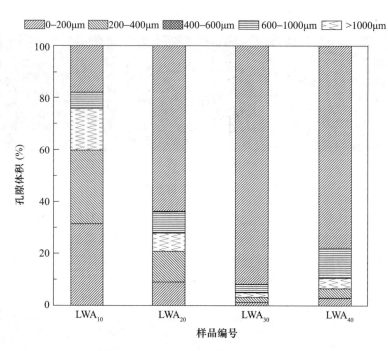

图 3-110　1150℃烧结的轻骨料孔径分布

3.5.3.4　固化能力评价

针对 TCLP 进行了浸出试验，并将结果在表 3-67 中阐述。所有轻骨料试样浸出浓度低于 0.1mg/L，远远低于 EPA 临界值和安全标准。轻骨料烧结过程中，锂渣和受污染土壤的重金属能够在矿物相中稳定固化。一般情况下，重金属可通过进入尖晶石矿物中来实现稳定化。此外，研究指出，部分重金属也可进入玻璃相，从而实现固化。因此，可利用锂渣和污染土壤作为生产轻骨料的原料。

表 3-67　1150℃烧结的轻骨料中重金属的浸出量　　　　　　　单位：mg/L

样品	Cd	Ni	Pb	Mn	Zn	Cr	Cu
LWA$_{10}$	0.0043	0.0058	0.0448	0.0868	0.0436	0.0136	0.0436
LWA$_{20}$	0.0021	0.0014	0.0418	0.0721	0.0238	0.0238	0.0238
LWA$_{30}$	0.0014	0.0023	0.0210	0.0741	0.0019	0.0260	0.0213
LWA$_{40}$	0.0013	0.0012	0.0380	0.0796	0.0013	0.0250	0.1824
EPA 标准极限	1	1	5	—	—	5	15
无害材料极限	0.1	1	1	3	5	1	5

注："--"为未被检测出。

4 无机多源固废建材资源化利用典型案例

4.1 应用背景

在海绵城市建设过程中，首先应在公园、道路、绿化及建筑等区域建设海绵设施，使其结构具备渗水、蓄水、净水功能，效果和海绵相似，同时应更新及优化排水系统建设，如使用新型材料、施工技术等，地上地下联动以获得最佳调节水资源效果。公园作为城市重要的组成元素，建设量和保有量巨大。公园当中有大面积的绿地和景观水体，这些元素都可以很好地调节雨洪、降低地表径流、含蓄水源。通过低影响开发措施来建设公园，使其具有控制地表径流、含蓄水源、调节雨洪、平衡城市人居环境与生态环境的作用，对我国城市可持续发展具有重大意义。

通过对长江中游典型城市无机固废资源化应用示范进行研究，针对固废资源化产品在海绵城市中不同场景应用的适应性进行分析，研究固废再生建材对环境的影响；探索适用于固废再生建材产品的施工工艺、质量控制方法与验收标准体系；对固废再生产品长期性能进行检测与评估，开发适用于各种应用场景的保养与维护措施，以此促进多源无机固废资源化关键技术集成与产业化基地建设，集成项目研究成果，形成道路垃圾原位再生替代碎石集成示范、多源粉状固废协同固化制备道路基层集成示范、有机无机固废复合透水材料示范基地。基于开发的新技术、新装备、新工艺、新产品等各项科技成果及其在海绵城市中的应用，分析其适用性、经济性和社会环境效益，形成符合长江中游城市群特色的固废集约化利用综合性解决方案和商业化运行模式。

4.2 长沙圭塘河海绵城市建设及监测技术应用

4.2.1 工程概况

长沙圭塘河海绵公园项目南起香樟路，北至劳动路，全长 2.3km，总用地面积为 34 公顷（$3.4 \times 10^5 m^2$），其现状为城市杂居区域，自然村落、停车场、驾校、仓库等混杂其中。项目总投资约 14.54 亿元，其中建安费约 9.79 亿元（综合下浮 5.2%）。建成后将成为集河道生态修复、海绵城市建设、周边汇水区合流制污水收集与处理以及城市中心高品质生态公园等多功能于一体的生态城市综合体。其概况见图 4-1。

本项目道路工程中，机动车道垫层全部采用再生骨料，水稳层全部采用再生骨料水稳材料；园中小路垫层全部采用再生骨料，部分道路基层采用再生骨料透水混凝土；滨河跑道面层采用有机无机复合透水材料。植草沟、雨水花园等海绵设施的滤料全部采用再生骨料，种植土全部采用再生骨料进行改性。广场铺装结构中，垫层全部采用再生骨料，基层全部采用再生骨料混凝土，砌体结构采用再生骨料砖。水系工程中，护坡全部采用再生骨料混凝土砌块，河槽防护部分采用废弃混凝土块。

图 4-1　长沙圭塘河海绵公园示范工程

4.2.2　示范内容及技术

4.2.2.1　再生骨料制备技术

根据道路垃圾、建筑垃圾等原料中含杂、含土情况，制定了以下各系统模块：

（1）预破碎系统：处理物料中的渣土，均匀给料，对大块建筑垃圾进行预破碎使其粒径减小便于后续工序操作，以及使夹杂在混凝土中的钢筋等铁质分离开来便于后续磁选分离；

（2）磁选系统：对块状物料除铁；

（3）二级破碎系统：对预破碎分离出的大块轻物质及大件钢筋和铁丝后的物料进行二级破碎，达到再次利用的颗粒度，对物料里面的钢筋等废铁进行去除分离；

（4）筛分系统：一是用于建筑废弃物中渣土等杂物的分离，二是用于破碎后骨料的分级；

（5）杂物分选系统：该部分利用自主研发的水浮选设备，主要功能是分离建筑垃圾和轻质杂物；

（6）制砂系统：对砂石进行粉碎、分选、清洗、脱水、分级等；

（7）智能砂石废水零排放系统：对砂石污水进行回收、无害化处理等。

上述各模块分别由不同设备组成，以达到对多源无机固废的综合处置，制备再生建材。目前，该示范工程可有效处理道路垃圾固废、建筑垃圾固废等，产品性能满足应用指标要求。具体示范工艺流程如图 4-2 所示。

针对再生骨料存在的表观密度小、堆积密度小、吸水率大、孔隙率高、压碎值指标大、强度低等问题，集成了研发的振动整形技术、基于三维扫描进行骨料强化的评价方法、高能层压理论等三种技术，具体集成技术及应用情况见表 4-1。

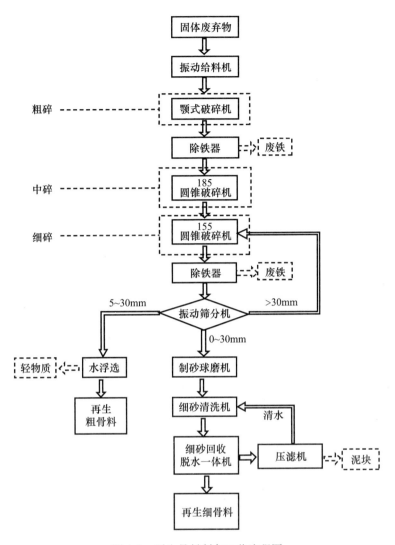

图 4-2 再生骨料制备工艺流程图

表 4-1 技术集成及应用情况

序号	技术名称	技术说明	应用情况
1	再生骨料强化技术	即通过搅拌与振动的双重作用,使物料颗粒间相互激烈碰撞,增加了物料间的挤压与碰撞次数,因而明显地提升被处理骨料的各项性能	该项技术应用于本示范工程的圆锥破碎机优化改造中,改善再生骨料粒型,有效地提高了再生骨料强度,降低其压碎值(降低了 10.15%)
2	基于三维扫描进行骨料强化的评价方法	进行振动搅拌前后的模型变化分析和参数分析,研究振动搅拌强化再生骨料机理并建立粒型定量评价体系,实现再生骨料振动强化效果可视化、定量化评估目标	该评价方法用于本示范工程再生骨料的质量评估,以确保再生骨料质量符合要求
3	高能层压理论	物料在破碎腔中呈多层分布的挤压破碎状态,物料在被破碎过程中,不仅会受到动锥与定锥的挤压力,而且物料之间也会产生挤压碰撞,从而达到破碎和整形的目的	该技术应用于本示范工程圆锥球磨机的优化改造过程,通过将圆锥球磨机衬板改为阶梯状增加层压数,从而增加骨料间碰撞次数以达到更好的整形效果

经过设备改造和工艺优化，制得的再生骨料轻物质含量≤3‰，泥块含量≤5‰，微粉含量≤8%，其中，再生粗骨料和细骨料针片状含量3%～5%、泥块含量＜1‰、含泥量4～6‰、压碎指标值14%～18%。

采用建筑垃圾高效分类回收与集约化处理装备、再生骨料制备与性能优化关键技术、再生骨料混凝土抗压强度稳定控制技术、再生骨料透水混凝土等关键技术，制备得到的再生建材产品的性能指标均能满足设计、标准、规范的要求，通过不断优化施工工艺，探索施工质量控制方法，保证了示范工程的质量。为了对固废再生建材的长期性能进行评估，开展了再生骨料在雨水花园中的应用效果监测，目前正在对再生骨料的蓄水、净水、透水能力进行连续监测。下面以再生骨料制备雨水花园及其性能检测与监测技术为例，介绍再生骨料制备雨水花园施工工艺及其质量控制方法，以及雨水花园性能检测与监测系统的构建（图4-3～图4-7）。

(a) 再生粗骨料用作级配碎石垫层　　　　　　(b) 再生粗骨料用作水泥稳定碎石层

图 4-3　再生骨料在道路工程中的应用

(a) 再生粗骨料用作透水层　　　　　　(b) 再生细骨料用作砂滤层

图 4-4　再生骨料在雨水花园中的应用

4.2.2.2　再生骨料制备雨水花园施工技术

1. 施工工艺

（1）施工程序

测量放线→基坑开挖→铺设渗排管→铺设砂滤层→回填植被及种植土层→铺设种植土壤层→铺设表面雨水滞留层。

(a) 再生粗骨料用作垫层

(b) 再生骨料混凝土用作基层

图 4-5 再生骨料在硬质铺装中的应用

图 4-6 再生透水混凝土在道路基层中应用

图 4-7 再生骨料砌块在河道护坡中的应用

（2）施工工艺方法

①渗排管

对于地基渗透能力低于 1.3cm/h 的雨水花园或者底部进行了防渗处理的其他以入渗为主的雨水花园，底部应设置渗排管。渗排管设置应符合下列规定：

a. 最小直径宜为 100mm。

b. 渗排管可采用经过开槽或者穿孔处理的 PVC 管或者 HDPE 管。

c. 每个雨水花园应至少安装 1 根底部渗排管，且每 100m² 的收水面积应配置至少 1 根底部渗排管。

d. 渗排管的最小坡度为 0.5%。

e. 每 75～90m 应设置未开孔的清淤立管，清淤立管不能开孔，直径最小为 100mm，每根渗排管应设置至少两根清淤立管。

②砂滤层

砂滤层由粗砂层或细砂层和砾石层组成。雨水花园的砾石垫层可采用洗净的再生粗骨料，砾石层的厚度不宜小于 300mm，粒径应不小于底部渗排管的开孔孔径或者开槽管的开槽宽度。当雨水花园底部铺有渗排管时，砾石层厚度应适当加大。砾石层应与种植土壤层隔离，隔离的材料可选用透水土工布或厚度不小于 100mm 粗砂等。

③植被及种植土层

a. 雨水花园的植物类型应具有根系发达、耐旱、耐涝的特点。种植土壤层厚度应依据植物类型确定，草本植物的种植土壤层厚度不宜小于 600mm，灌木不宜小于 900mm，乔木不宜低于1200mm。

b. 种植土层介质类型及深度应满足相关设计规范要求，种植土层出水水质应符合植物种植及园林绿化养护管理技术要求；为防止介质土层介质流失，介质土层底部一般会铺设透水土工布作为介质隔离层，或采用厚度不小于100mm的砂砾层（细砂和粗砂）代替。

④种植土壤覆盖层

雨水花园覆盖层应根据植物特性种植，按照不漏土的原则进行铺设，还应考虑景观效果。采用树皮作为覆盖层时不宜选用轻质树皮，防止漂浮流失。

⑤土工合成材料施工

a. 土工合成材料质量检验应符合设计要求及相关规范规定。土工合成材料包括透水土工布和防渗土工膜。

b. 土工合成材料在铺设时，应从设施的最低部位开始逐渐向上。

c. 透水土工布搭接宽度不应小于200mm，保持平顺和松紧适度。

d. 防渗土工膜宜为两布一膜，布的厚度不应小于1.0mm，质量不应低于300g/m³。

e. 防渗土工膜搭接宽度应大于100mm，采用双道焊缝接缝方式，焊接后，应及时对焊缝焊接质量进行检测。

f. 土工合成材料施工应采取防止尖锐物体损坏措施。

⑥其他

a. 在具有转输功能的生物滞留设施内，市政基础设施不得阻水。

b. 护栏、警示牌、清淤通道及防护等设施位置应醒目、安装牢固。

c. 当雨水花园应用于道路绿化带建设时，如果道路的纵坡坡度超过1%，应设置挡水堰或台坎，以减缓进入雨水花园的径流流速并增加雨水渗透量；同时，设施靠近路基一侧的界面需要进行防渗处理，防止道路径流在雨水花园下渗时对道路路基稳定性造成影响。

d. 屋面雨水径流可由雨落管接入雨水花园，道路径流可通过路缘石豁口接入雨水花园。路缘石豁口尺寸和数量应根据道路设计参数经计算确定。

e. 雨水花园宜分散布置且规模不宜过大，雨水花园面积与汇水面面积之比一般为5%～10%。

2. 质量控制方法

(1) 雨水花园面积根据有效容量、雨水径流量、渗透性等因素计算得到。因此，在进行雨水花园放线测量、开挖时，应严格按照设计要求进行，开挖后的雨水花园应符合设计要求。

(2) 雨水花园近路基部分应铺设防渗土工膜进行防渗处理，防止径流下渗时对道路路基稳定性造成影响。防渗土工膜的质量也符合国家现行有关标准的要求。防渗土工膜搭接宽度应大于100mm，采用双道焊缝接缝方式，焊接后，应及时对焊缝焊接质量进行检测。

(3) 渗排管宜采用透水土工布包裹，防止渗排管开槽或穿孔被堵。渗排管铺设时，其坡度应不小于0.5%，确保渗排管中的水能及时排出。

(4) 雨水花园各结构层铺设时，应避免重型机械碾压，防止各结构层过于压实、渗排管损坏。

(5) 种植土层的渗透性对雨水花园的渗水功能起关键作用。铺设种植土层时，应对其渗透性进行检测，其渗透系数不应低于$1.0×10^{-5}$m/s。若种植土的渗透系数不符合设计要求，可掺加一定比例的砂。

(6) 砂滤层、种植土层对雨水花园的净水功能起决定性作用。铺设砂滤层和种植土层时，其厚度应符合设计要求。

（7）溢流井的功能是为了保证雨水花园在收集、储存雨水径流的同时，还能及时地将多余的雨水径流排放出去。因此，在砌筑溢流井时，其高度应符合设计要求。

（8）排水井施工时，渗排管与排水管应设计高度差，确保渗排管中的水能及时排出来。

3. 质量和检验

（1）原材料、预制构件的质量应符合国家有关标准规定和设计要求。

检查方法：检查原材料、预制构件的质量合格证明书、检验报告，进场验收记录。

（2）砌筑水泥砂浆强度等级、结构混凝土强度等级应符合国家有关标准规定和设计要求。

检查方法：检查水泥砂浆强度、混凝土抗压强度试块检验报告。

检查数量：每 $50m^3$ 砌体或混凝土每浇筑 1 个台班一组试块。

（3）砌筑结构应实现灰浆饱满、灰缝平直，砌筑完成后不应存在通缝、瞎缝，预制装配式构件的坐浆、灌浆应饱满密实，无裂缝，同时结构混凝土应无严重质量缺陷，井室无渗水、水珠现象。

检查方法：逐个观察。

（4）已压实土壤可通过对 300mm 厚度范围以内的基层土壤进行翻土作业，使其恢复渗透性能；当土壤渗透性能无法恢复时，设计单位应重新调整设计渗透值，同时重新校核设施设计渗透量以满足径流入渗需要。

4. 维护和管理

（1）定期测试种植土的渗透系数。当种植土的渗透系数不能满足设计要求时，应进行翻土作业或换填种植土，保证种植土层渗透性能符合设计要求。

（2）定期观察渗排管的排水情况。当渗排管排水不畅时，应对其原因进行分析，并根据渗排管是否堵塞或损坏，进行冲洗或更换处理。

（3）应及时补种修剪植物、清除杂草。

（4）定期清理立管淤泥，清理表面沉积物。

4.2.2.3 雨水花园性能检测与监测技术

1. 雨水花园水质在线监测

现场取样，结合低温保存，在实验室内依据国标测定的水质指标结果较为准确，但也存在运输中水质可能变质、比较难进行时序性分析的问题。在线水质监测探头一般采用电导率及分光光度法，虽然无法准确地体现水质变化的绝对数值，但能够较为明确地反映依时序变化的水质指标。在线水质监测一般采用浮板等漂浮节点方法，可搭载酸碱度（pH）、总溶解固体（TDS）、电导率（COND）、溶解氧（DO）、浊度（NTU）等多种传感器。

本方案拟在每个雨水花园设置 2 个水质监测点，分别设置在表层蓄水层低洼处和砂滤层下面（图4-8），以便对雨水初期水质以及经雨水花园净化后的水质进行对比分析。

在线监测可以得到水质实时变化情况，但是在线监测设备成本高，精度比实验室试剂分析的结果差。现场取水样在实验室开展水质分析，虽然精度高，但是人工成本高，并且存在一定的偶然性。鉴于地表径流中其他水质指标与悬浮物浓度具有一定的相关性，在本项目雨水花园监测中，采取在线监测结合不定期取样水质分析的方式。水质监测的具体指标见表4-2，两个位置的所有水质监测指标均进行对比分析，以研究不同材料构建雨水花园的净水效果。

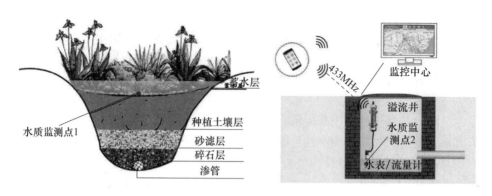

图 4-8　水质监测点位置

表 4-2　水质监测指标

项目	监测指标	采集频率	设置对比
水质	悬浮物（SS）	1min； 根据降雨情况人工取样分析，每次降雨在 0min、5min、10min 3 个时间点取水样	√
	总氮（TN）		√
	总磷（TP）		√
	化学需氧量（COD）		√
	氨氮（NH）		√

2. 雨水花园水量和湿度监测

每个雨水花园设置一个流量计，设置在溢流井出口位置；设置液位计两个，分别布置在溢流井出口处和蓄水层最低处；设置湿度感应器三个，分别布置在土壤种植层和砂滤层，具体设置位置和分布如图 4-9 所示。

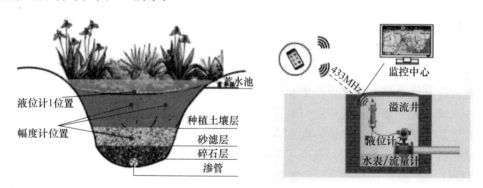

图 4-9　水量监测点位置

流量计根据液位和水流速度得到。由于雨水花园具有一定的蓄水能力，只有在蓄水层接近饱和或者出现溢流时，渗管中才会有较大的流量。土壤湿度传感器监测，只需将设备埋在不同深度的土壤层即可记录土壤水分体积分数的变化。

水量监测参数见表 4-3，主要对雨水花园雨水溢流量、不同位置的水位以及不同功能层的湿度等参数进行实时在线监控，并就不同位置的水位值和湿度值进行对比分析，以对雨水花园的蓄水能力、功能层的持水性能和渗透性能进行评估探讨。

表 4-3 水量监测参数

项目	监测指标	采集步长	设置对比
水量	流量	1min	
	水位 1	1min	√
	水位 2		
	湿度 1	1～3min	√

3. 监测传感器布置

固废再生建材对雨水花园水质、水量和湿度影响的监测传感器现场布置如图 4-10 所示。

(a) 蓄水层液位监测传感器   (b) 渗管水质水量监测计   (c) 砂率层、种植土层含水率监测传感器

图 4-10 雨水花园水质、水量和湿度影响的监测传感器

4.2.3 示范效果

4.2.3.1 再生骨料制备雨水花园及其性能检测与监测技术

1. 雨水径流量控制

在降雨过程中，海绵设施所服务地块地表径流进入海绵设施的流量可通过在入口处安装的流量计监测获取，或者通过雨量监测数据，采用水力模型（如 SWMM、Infoworks 等）进行模拟获得。总外排流量可通过对海绵设施溢流口出水总管的流量监测获取，从而计算出相关海绵设施对所服务汇水区的单场降雨控制量。

在雨水花园的径流入口及溢流雨水排放口末端安装流量计，对海绵设施的雨水进出水量进行连续监测（持续监测，监测频率为 1 次/分钟）。根据监测设备获得的降雨量数据，通过式（4-1）～式（4-3）计算海绵设施的径流总量控制率。

$$Q_{\text{out}} = \sum_{1}^{T} (q_{(\text{out})_i} \times \Delta t) / 10^6 \qquad \text{（式 4-1）}$$

$$Q_{\text{in}} = \sum_{1}^{T} (q_{(\text{in})_i} \times \Delta t) / 10^6 \qquad \text{（式 4-2）}$$

$$K = \frac{Q_{\text{in}} - Q_{\text{out}}}{Q_{\text{in}}} \qquad \text{（式 4-3）}$$

式中 $q_{(\text{in})}$——第 i 时段进入设施的雨水径流平均流量，L/s；

$\quad q_{(\text{out})}$——第 i 时段排水设施的雨水径流平均流量，L/s；

Q_{in}、Q_{out}——监测时段内设施进出水总量，m³。

从 2022 年 5 月至 7 月的雨水花园流量监测数据中选取 9 场进行分析,通过式 4-1～式 4-3 对径流控制率进行计算。

表 4-4 为 9 场降雨的降雨量及径流量控制率数据,9 场降雨的降雨量在 14.5～59.3mm 范围内,雨水径流量控制率在 85.7％～98.1％,且随着降雨量的增大,雨水花园中雨水径流控制率波动较大,无明显变化规律。这说明雨水花园对地表径流控制效果明显,径流量控制率均在 85％以上,但径流量控制率的变化与降雨量的增大与减小无明显规律。

表 4-4 雨水花园雨水径流控制率情况表

序号	降雨时间	降雨量（mm）	降雨等级	径流量控制率（％）
1	2022-05-10	29.1	大雨	94.5
2	2022-05-26	35.0	大雨	94.9
3	2022-05-29	40.1	大雨	86.5
4	2022-06-03	14.5	中雨	97.2
5	2022-06-20	24.9	中雨	94.4
6	2022-06-28	15.4	中雨	85.7
7	2022-07-04	59.3	大雨	96.0
8	2022-07-17	53.8	大雨	98.1
9	2022-07-28	25.8	大雨	97.7

这可能是因为海绵设施对雨水径流的控制除与降雨量大小有关外,降雨强度等因素也可能对设施的雨水径流控制有一定的影响。降雨强度是指某一降雨历时内的平均降雨量,现用 1min 内的降雨量来表示,通过计算选定场次降雨事件中连续降雨时段内的降雨强度,获得降雨强度与雨水径流量的关系,结果如图 4-11 所示。随降雨强度增大,径流量控制率也呈现增大趋势,但降雨强度在 0.06～0.12mm/min 之间时波动较大无明显规律,推测地表径流在进入雨水花园前由植草浅沟进行转输,在降雨强度较低时植草浅沟对雨水径流的控制起主要作用,因此在降雨强度较低时无法观测到明显规律。

2. 种植土层、砂滤层含水率

通过对 2022 年 1 月至 8 月的雨水花园种植土层及砂滤层含水率的监测可知,1 号雨水花园种植土壤层的土壤含水率变化较为稳定,种植土层的两处监测点显示土壤含水率均在 24.17％～45.42％;2 号和 3 号雨水花园的种植土壤层土壤含水率变化范围与 1 号雨水花园相比较大,2 号雨水花园两处种植土壤层监测点显示土壤含水率分别在 21.72％～45.3％和 22.48％～45.2％,3 号雨水花园两处种植土壤层监测点显示土壤含水率分别在 16.93％～46.13％和 14.23％～42.82％,由此可见使用再生混凝土作为砂滤层的 2 号雨水花园种植土层的土壤含水率比使用天然骨料作为砂滤层的 3 号雨水花园种植土层土壤含水率高,这可能是因为底部再生混凝土骨料的蓄水效果更强,使种植土层的水分更加充足。在没有降雨时,土壤含水率呈周期性变化可能是因为绿化的定期浇水或雨水花园旁步行道的定期清洗;而在降雨后三个雨水花园种植土壤层的土壤含水率均随之增大。

由图 4-12 可以看出,1 号雨水花园砂滤层含水率在 8.64％～25.35％,2 号雨水花园砂滤层的含水率在 6.3％～28.85％,3 号雨水花园砂滤层含水率在 9.12％～25.45％。与土壤种植层相比,砂滤层的含水率在无降雨时均较低,在 10％以下,在有降雨时,2 号和 3 号雨水花园砂滤层的含水率变化较为明显,1 号雨水花园砂滤层含水率变化不大。

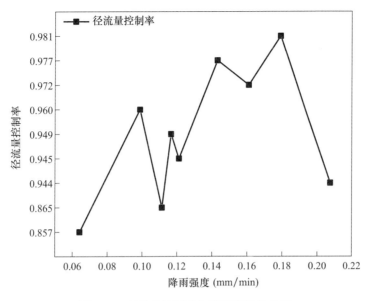

图 4-11　径流量控制率与降雨强度的关系

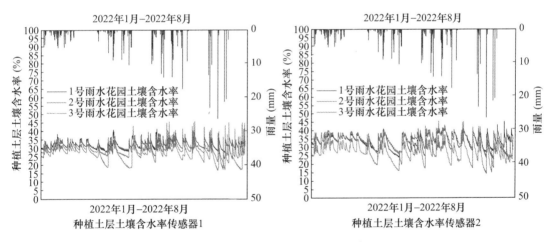

图 4-12　雨水花园种植土层含水率

对于同一雨水花园，种植土壤层与砂滤层的土壤含水率监测仪显示，在不同场次降雨中，种植土层与砂滤层土壤含水率的变化均随降雨量及降雨时间的增大而增大。由图 4-13 可以看出，2 号雨水花园中砂滤层的土壤含水率最大值高于 1 号和 3 号雨水花园的土壤含水率最大值，这表明作为砂滤层的填充材料，再生混凝土的蓄水能力比砖粉及天然骨料要强。这是因为建筑垃圾再生骨料具有较强的蓄水和吸水能力，李显等人的研究表明，再生砖骨料的蓄水能力远高于天然骨料，蓄水系数可达天然骨料的 2 倍以上，同时其吸水率是天然骨料的 140～150 倍，是一种在海绵城市透水蓄水层应用潜力巨大的材料。

3. 悬浮物浓度

对雨水花园底部渗管处的悬浮物浓度进行监测，结果如图 4-14 所示。由图 4-14 可知，降雨时均会有悬浮物随径流渗入，从底部渗管流出，但不同砂滤层填料的出水中悬浮物峰值浓度差别较大，长期来看，三种砂率层填料对悬浮物的控制效果为再生混凝土（2 号雨水花园）＞砖粉（1 号雨水花园）＞天然骨料（3 号雨水花园）。在建设初期，天然骨料对悬浮物

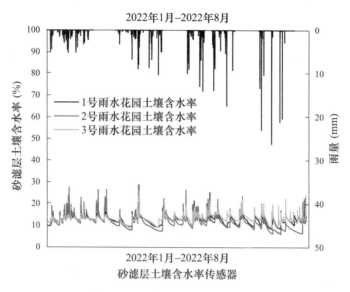

图 4-13　雨水花园砂滤层含水率

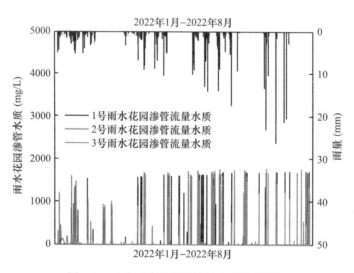

图 4-14　3 个雨水花园渗管处水质及降雨量

的下渗有明显抑制效果，但随着运行周期的增加，其对悬浮物下渗的控制效果逐渐减弱。砖粉对悬浮物下渗的控制效果在建设初期较为明显，比天然骨料的效果差，但同天然骨料一致，随着运行周期的增加其对悬浮物下渗的控制效果逐渐减弱。而天然骨料对悬浮物的控制效果在运行初期较差，渗管处悬浮物浓度较高，可能是因为自身稳定性不够导致随径流入渗的悬浮物随之释放，而随着运行周期的增加，其稳定性逐渐增大，没有悬浮物随径流入渗释放，因而渗管处悬浮物浓度一直处于较低水平，控制效果较好。

　　综上所述，雨水花园对地表径流控制效果明显，可通过滞蓄、下渗等作用实现源头控制，以减少雨水外排总量，以此减轻市政雨水管道的压力。砂滤层由砖粉填充时，种植土层与砂滤层的土壤含水率与再生混凝土和天然骨料相比都较高，这是由于其质地较细、蓄水能力较强、再生混凝土与天然骨料相比蓄水能力更强。从长期运行的监测结果来看，雨水花园不同填料对悬浮物的控制效果是不同的，其顺序为再生混凝土＞砖粉＞天然骨料。

4.2.3.2　再生骨料混凝土连锁砌块生态护坡

在长沙圭塘河海绵公园项目（香樟路—曲塘路段）进行了再生建材河道护坡示范施工，具体位置、长度、结构见表 4-5。

表 4-5　再生骨料混凝土连锁砌块生态护坡

位置	长度（m）	结构
左岸 K1+226.84~K1+356.81	130	连锁砌块生态护坡
左岸 K2+220.47~K2+313.54	93	连锁砌块生态护坡
右岸 K2+220.47~K2+313.54	93	连锁砌块生态护坡

采用再生骨料混凝土砌块替代天然骨料混凝土砌块进行河道生态护坡，在保证工程质量满足设计要求的同时，还能明显降低工程的造价（表 4-6、表 4-7）。

表 4-6　再生骨料混凝土连锁砌块护坡材料成本

序号	项目名称	单位	单价（元/单位）	材料成本（元/m²）
1	C30 再生骨料混凝土连锁砌块 10cm	m³	367.82	36.78
2	反滤土工布	m²	3.08	3.08
3	再生细骨料垫层 10cm	m³	95.58	9.56
合计				49.42

表 4-7　天然骨料混凝土连锁砌块护坡材料成本

序号	项目名称	单位	单价（元/单位）	材料成本（元/m²）
1	C30 天然骨料混凝土连锁砌块 10cm	m³	473.16	47.32
2	反滤土工布	m²	3.08	3.08
3	天然粗砂垫层 10cm	m³	225.71	22.57
合计				72.97

河道连锁砌块生态护坡采用再生建材相较天然材质建材，材料成本下降约 32.27%。

目前，固废再生材料已在本项目成功应用，本项目也被评为"无机固废资源化利用示范工程""海绵城市示范工程"。无机固废的资源化与海绵城市建设实现了完美结合，满足了道路、公园的功能和景观需求，同时将无机固废变废为宝，具有较好的应用示范效果（图 4-15）。

(a) 改造前实景　　　　　　　　　　　(b) 改造后实景

图 4-15　长沙圭塘河（香樟路—劳动路段）海绵化改造前后实景

4.2.4 商业模式

本项目采用环境品质提升带动工程效益最大化，为长江中游地区城市内河道治理提供了一个良好的商业模式模板，以固废特许经营为特征的建筑固废就地利用模式。

在特许经营模式下，处置企业向固废生产企业收取建筑垃圾处置费，政府无须向其支付处置补贴费，企业自行承担全部投融资、设计、建设、运营和维护费用，提供建筑固废处理服务并保证相关设备能够正常运营。在技术支持和成果转化机制方面，利用研发出的再生产品进行试生产，同时共同调节生产工艺，实现再生产品的工厂化生产。在税收方面，根据财政部和税务总局发布的《关于完善资源综合利用增值税政策的公告》，建设用再生骨料、道路材料等综合利用产品满足技术标准的，退税比例可达 50%。

各级政府部门高度重视固废资源化利用工作，密集出台了一系列法律法规及相关政策推动建筑固废资源化利用。企业通过公开招投标，采用 BOO（建设—拥有—运营）等运作方式，在特许经营行政区域内独家享有处置建筑固废和优先销售再生产品的权利。长沙圭塘河海绵城市示范工程的成功建设，首先改善了圭塘河周边的生态环境，增加了周边居民的幸福度，吸引了更多商家在圭塘河沿岸进行投资，提升示范工程周边地区的宜居度，经过调查在示范工程完工后周边地区的房价与建设前相比有较大程度的提升。因采用了建筑固废作为海绵城市建设的原材料替代了天然材料的使用，不仅降低了成本，同时也达到了减碳的目标。同时应用了在线监测系统构建了示范工程排水系统的物联网，通过实时监测以应对超标降雨事件，及时对海绵设施进行维护以延长其使用寿命。此外收集的雨水资源可以代替自来水用于示范工程内的绿化及道路清扫，减少水资源的浪费。

通过在圭塘河海绵公园示范工程中应用示范基地开发的技术及产品，打造长江中游城市河道治理品牌并以此作为基础推广使用。

4.3 常德棚改基础设施工程再生骨料强化技术应用

4.3.1 工程概况

常德市桃花源大桥北端棚户区改造配套基础设施建设 PPP 项目，位于常德市武陵区桃花源大桥北端，旨在为 233.33 公顷（$2.33 \times 10^6 m^2$）片区开发提供便利的基础设施条件。项目总占地约 100 公顷（$1 \times 10^6 m^2$），包括 11 个单位工程，工程内容包括新建道路 9 条、城市公园 1 座、景观水系 1 条。新建道路包括 318m 的岩坪路、1603m 的常丹路、490m 的泽远路、321m 的天源路、503m 的鸿智路、1670m 的欣荣路、873m 的光源路、230m 的盐业路和 887m 的明源路；城市公园为芙蓉公园，包括新建公共绿地和规划新建水系约 66.67 公顷（$6.6 \times 10^5 m^2$）及配套文娱休闲管理用房约 1.5 万 m^2；景观水系为新河与护城河连通工程，将常德市内河新河与护城河水系连通起来，全长约 1000m，宽度约为 27m，局部宽度放大至 75m。无机固废资源化在本项目的应用场景主要包括广场、园路、人行道、植草沟、雨水花园等。

常德棚改配套基础设施 PPP 项目作为"长江中游典型城市无机固废资源化关键技术集成示范"课题的示范工程项目，整体效果如图 4-16 所示。

图 4-16　常德生态智慧城示范工程

4.3.2　示范内容及技术

4.3.2.1　示范内容

1. 再生骨料

建筑垃圾主要来源包括拆除各类建筑物、构筑物过程中产生的固废和施工过程中产生的固废，主要成分为混凝土、砖块和砂浆等。采用破碎、筛分等设备对建筑垃圾进行处理，然后结合水洗或者风选过程，去除轻物质，即可制备得到再生骨料。粒径大于 4.75mm 的为粗骨料，粒径小于 4.75mm 的为细骨料。再生骨料可以替代天然砂石，用于制备低强度混凝土、制备道路水稳料、砌块以及各种蓄水和净水材料等。

2. 再生骨料混凝土

再生骨料混凝土是指将建筑垃圾经过回收、分拣、破碎、筛选、分级和清洗等流程处理后，与其他材料按照一定比例混合，用于制备混凝土，再生骨料可以部分或全部代替天然骨料。

在普通混凝土中，砂石骨料为主要组成物质，占总物料成分的四分之三。再生骨料内部存在大量微裂纹，并且压碎值指标高、吸水率高，力学性能比天然骨料差。如果不采取有效的控制措施，配置的再生骨料混凝土工作性能和耐久性能就难以满足工程要求。国内外学者通过研究和试验证明，对再生骨料进行颗粒整形强化后制备的混凝土，其力学性能、耐久性等指标十分接近天然骨料混凝土。

3. 再生骨料无机混合料

再生骨料无机混合料指的是由再生级配骨料配制的无机混合料，通常包括水泥稳定、石灰粉煤灰稳定和水泥粉煤灰稳定再生骨料无机混合料三种。

4. 道路用再生骨料

建筑垃圾再生骨料的质量主要受建筑垃圾的组分不同影响。为了更为合理地利用再生骨料，将再生骨料按照性能指标及对混合料的影响分为Ⅰ类、Ⅱ类。Ⅰ类再生骨料可用于城镇道路路面的底（基）层以及主干路及以下道路的路面基层，Ⅱ类再生骨料可用于城镇道路路面的底（基）层以及次干路、支路及以下道路的路面基层。

5. 水泥稳定再生骨料无机混合料

水泥稳定再生骨料无机混合料强度的形成和发展主要通过机械压实、水泥的水化作用、化学激发作用以及碳酸化作用实现。

机械压实作用是指采用压路机对摊铺的水泥稳定再生骨料无机混合料进行多次碾压，降低孔隙率、提高密实度，并使内部骨架变得稳定，以此提高道路基层承载与抗变形能力。

水泥的水化作用是指添加在再生骨料无机混合料中的水泥熟料矿物成分与水发生反应，形成可塑性浆体，在骨料孔隙中渗透、扩散，随着时间的推移，水化产物凝结硬化后起到包裹和链接骨料颗粒的作用。

化学激发作用是指在碱性环境下，再生骨料中的部分氧化硅和氧化铝活性被激发出来，与溶液中的钙离子发生反应，生成硅酸钙和铝酸钙等具有胶凝能力的矿物，这些物质包裹着再生骨料，与水泥水化产物一起，将再生骨料无机混合料凝结凝结成一个整体。

碳酸化作用是指水泥水化过程中产生的氢氧化钙与空气中的二氧化碳发生碳化反应，生成碳酸钙晶体，并沉积在骨料颗粒的表面，起到胶凝和提高混合料强度的作用。

水泥稳定再生骨料无机混合料在进行配合比设计时应符合《道路用建筑垃圾再生骨料无机混合料》（JC/T 2281—2014）的规定。

4.3.2.2　示范技术

以再生骨料水稳基层施工技术为例，介绍其施工过程中的质量控制方法。再生骨料水稳基层的施工工艺流程如下：施工准备→再生骨料水稳料拌和→混合料运输→摊铺机摊铺→碾压成型→检测压实度→检查验收→养护→下道工序。

1. 再生骨料生产加工与运输

再生骨料主要委托湖南某建设工程有限公司进行生产加工，其厂房位于常德市郭家铺镇，距离施工现场6～8km。

为了减少运输过程中水分的散失，需采用油毡布对拌和好的水泥稳定再生骨料无机混合料进行覆盖。卸料时，运料车在摊铺机前方20～30cm处停车，防止碰撞摊铺机，由摊铺机推动卸料车，卸料过程中运料车挂空挡，由摊铺机推动前进，保证卸料速度与摊铺速度相协调。

为保证混合料装车的均匀性，应在拌和出料时备满一储存仓后再进行卸料，装车时运输车前后移动，分三次装料，避免混合料离析。

2. 第一层4%水稳基层摊铺

在基层施工前，需将下承层表面松散部彻底清扫干净，在混合料摊铺前30min，根据气候情况洒水浸润下承层。混合料基层施工时，采用流水作业法，确保各工序紧密衔接，尽量缩短从拌和站出料运输到完成碾压施工之间的时间。

水稳基层施工每工作面采用1台摊铺机、2台20t振动压路机。摊铺时1台摊铺机半幅摊铺。摊铺系数暂定为1.30，具体数值根据试验段进行确定。具体数值确定方式是根据碾压完成合格后进行测定，根据测定的结果调整系数再次进行试验确定。基层摊铺根据路幅宽度及机械摊铺宽度进行。两边机械摊铺不到位时，采用人工随跟机械扒料并夯实到位，每边安排3～4人。

水稳基层顶面标高通过采用两边挂钢丝控制，摊铺机靠钢丝一侧伸出纵坡传感器，沿钢丝顶面移动，中间用导梁控制摊铺高程。摊铺机的熨平板频率尽量使用高频率，提高摊铺面的初始密实度。

在有两三台料车到达现场后开始摊铺，摊铺速度控制在1.5～3.0m/min，以保证拌和摊铺及压实机械施工连续。在摊铺过程中应尽量减少拢料（收料斗）的次数，同时每次拢料应在摊铺机料斗内留下一定的混合料，减少混合料的离析。在摊铺机后安排专人检查摊铺面，并对杂物或离析现象进行快速处理。在出现离析情况时，及时补充细料，保持边线顺直。同时，仔细观察拌和料含水量情况，并及时反馈给拌和站进行调整。施工过程中，需要安排专人对松铺高度、厚度、横坡、宽度等进行检测。

在摊铺完成 30～80m（根据实际压实速度调整确定）后检测含水量，碾压时的含水量控制在最佳含水量或略大于最佳含水量，含水率需增加 1～2 个百分点（压实方式确定后可进行含水量调整，找出最合理的含水量），立即进行碾压。直线段应从外侧向内碾压，曲线段由内向外碾压，先静压再振动，每次碾压应重叠 1/2 轮宽。

采用 20t 振动压路机静压 1 遍，弱振 1 遍，碾压速度为 1.5～1.7km/h；然后强振若干次，碾压速度采用 2.0～2.5km/h，此时每遍压实完成后进行压实度检测，做好记录，直至满足压实度要求后确定合适的压实遍数。若最后两遍测得的压实度相差不大，最后一遍碾压可采取弱振或静压。碾压过程中，试验人员检测压实度，根据检测的压实度确定碾压方式、顺序和遍数。用灌砂法分别对碾压 3～5 遍（具体遍数根据试验确定）的道路基层压实度进行检测，并根据每遍碾压后压实度检测评定值绘制曲线，最终达到规定压实度，然后在此基础上，选择平整度满足要求并且表面无裂纹的压实组合方式。碾压过程中认真做好含水量、碾压速率、振动频率等方面的记录。整理出压实度与碾压遍数、含水量与碾压遍数的对应曲线，确定最佳压实遍数及施工时含水量。

碾压过程中，水稳层表面应始终保持湿润，如遇高温和大风天气，水分蒸发过快时，应及时通知拌和站，适当提高混合料拌和的含水量或减少碾压段的长度，及时补洒少量的水，但严禁洒大量水碾压。压实后的表面应平整密实，无轮迹或隆起，不出现高低不同的压实面、隆起、裂缝或松散材料，且断面正确，高程、坡度符合要求。任何混合料离析处需在碾压前挖除，用合格的材料替换。发现含水量不符合要求的混合料立即废除，不进行摊铺碾压。

从拌和至碾压终止不应超过 3h，若摊铺中断时间超过 2h 则应在施工末端挖除未压实的混合料，并使其缝横向断面垂直且规则，当天施工完毕要做好横向接缝，横向接缝的横向断面垂直且规则。压实完毕，压路机不能停置在当天所施工的基层上。基层面要按设计要求及时进行人工拍实整形，必须顺畅。水稳料摊铺施工流程如图 4-17 所示。

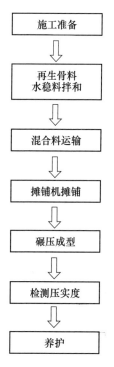

图 4-17 水稳料摊铺
施工流程图

4.3.3 示范效果

1. 再生骨料水稳材料在道路基层中的应用

基于研究成果，在常德生态智慧城项目常丹路、欣荣路等道路中开展再生骨料 100%取代天然砂、碎石制备再生骨料水稳基层示范工程施工。经第三方检测机构检测，结果表明再生骨料水稳基层施工效果良好，施工段再生骨料水稳基层 7d 取芯芯样完整、密实，7d 无侧限抗压强度符合设计要求。

常丹路路段（沅安路—岩坪路），全长 1603m，道路红线宽度为 30m，车行道宽 20m，该道路基层设计为 20cm 厚 4% 再生水稳下基层＋20cm 厚 5% 再生水稳上基层；欣荣路（沅安路—竹叶路）全长 1670m，道路红线宽度 24m，主道宽 13m，水稳层设计方案同常丹路。道路水稳基层采用再生骨料水稳料，其成本较天然砂石水稳料成本低约 55 元/m³，可节省材料成本约 119 万元。同时，通过优化再生骨料水稳料的配合比和再生骨料水稳基层的施工工艺，保证了工程的质量，避免了工程返工，提高了施工效率，降低了施工成本。

2. 再生骨料透水混凝土及透水砖制备技术

基于研发的再生骨料透水混凝土、再生骨料透水砖技术，开展了再生骨料透水砖生产，并分别在常丹路（沅安路—岩坪路）路段和欣荣路（沅安路—竹叶路）路段等人行道基层和面层开展了再生骨料透水混凝土和透水砖应用示范。经第三方检测机构检测，结果表明再生骨料透水混凝土、再生骨料透水砖的性能均满足国家相关标准的要求（表 4-8、图 4-18）。

表 4-8　再生骨料透水混凝土及再生骨料透水砖第三方检测结果

样品	项目		技术要求	检验结果
再生骨料透水砖	劈裂抗拉强度	平均值	≥4.0	4.5
		单块最小值	≥3.2	3.8
	透水系数		≥1.0×10⁻²	1.3×10⁻²
再生骨料透水混凝土	透水系数	A	≥1.0	1.16
		B	≥0.5	

图 4-18　再生骨料透水混凝土基层和透水砖面层

常丹路路段（沅安路—岩坪路）和欣荣路（沅安路—竹叶路）的人行道宽度为 6m，基层采用透水混凝土，厚度为 20cm；面层采用再生透水砖。再生透水混凝土较天然骨料透水混凝土成本低约 50 元/m³，可节约成本约 20 万元；再生透水砖较天然骨料透水砖成本低约 53 元/m³，可节省材料成本约 6 万元。

3. 建筑固废海绵设施透水材料的制备与施工

基于海绵城市"渗、蓄、净"设施需求，利用多源无机固废组分特征，形成了高效蓄水生态陶粒，其主要原料为工业废弃尾矿砂、河道淤泥、生活污泥等，制备过程可实现最高 100% 的固废利用。

对这种高效蓄水生态陶粒进行了示范应用，应用场景主要涉及树围、植草沟、雨水花园等（图 4-19）。应用结果证实，该生态陶粒对磷、重金属的去除率可达到 80% 以上，同时其具备净水、蓄水等多种功能，能够与透水材料形成良好的互补效应。

图 4-19　生态陶粒应用

4.3.4　商业模式

本项目形成一种新的商业模式：以知识产权转化为特征的多源固废再生骨料强化应用模式。

常德市棚改配套基础设施项目应用再生骨料强化技术，该技术已形成企业自有知识专利和相关标准。通过优化工艺使用再生骨料替代天然骨料应用于再生混凝土、道路用再生骨料、水泥稳定再生骨料无机混合料等，既可以减少天然骨料的使用，极大地减少成本和碳排放，又可以具备比天然骨料使用时更好的性能。如再生骨料棱角多，制备砂浆时需水量大，可以通过工艺整形技术对再生骨料进行处理，提升骨料磨圆度，从而降低制备砂浆的水灰比，以增强其强度，同时利用其形态效应，提高砂浆的稠度，使水泥浆体充分包裹再生细骨料，进而提高砂浆的致密度和抗渗性能。

利用该企业已形成的知识产权，该技术相比天然骨料制备成的透水材料，再生骨料水稳料成本可降低约 55 元/m³，再生骨料透水混凝土较天然骨料透水混凝土成本低约 50 元/m³，再生骨料透水砖较天然骨料透水砖成本低约 53 元/m³。由此可见该技术生产的再生骨料，具有良好的抗渗性能，为企业带来十分可观的经济效益。

4.4　常德滨江府有机无机复合再生透水材料技术应用

4.4.1　工程概况

结合常德地区无机固废料的实际情况及处置需求，综合中建滨江府、芙蓉公园桥西片区等海绵设施设计特点，选定以胶黏石和透水沥青作为铺设人行道、公园步道及消防通道的原材料。利用固废材料制备有机-无机复合再生透水材料进行示范应用，并通过相关试验验证，对比分析有机-无机复合再生透水材料与传统天然透水材料的功能。

项目计划在常德棚改 PPP 项目芙蓉公园西区及常丹路开展应用示范的再生建材包括砖渣粗骨料、细骨料，废弃混凝土再生粗骨料、细骨料。实施对比部位有人行道面层透水砖、人行道透水混凝土基层、透水沥青消防通道、雨水花园砂滤层、植草沟、再生砂草坪。

4.4.2 示范内容及技术

4.4.2.1 示范内容

有机-无机复合透水材料的配合比设计，按照体积法来计算聚合物透水材料的配合比。

首先，计算单位体积聚合物透水材料中的铁尾矿砂用量，其计算方式按照式（4-4）：

$$W_T = \alpha \rho_T \qquad \text{（式 4-4）}$$

式中　W_T——聚合物透水材料中铁尾矿砂用量，kg/m^3；

$\quad\quad\alpha$——铁尾矿砂用量修正系数，具体数值在试验中进行修正；

$\quad\quad\rho_T$——铁尾矿砂紧密堆积密度，kg/m^3。

其次，计算聚合物透水材料中单位体积中胶凝材料的用量，由于聚合物透水材料的总体积为铁尾矿、孔隙和胶凝材料体积之和，因此单位体积聚合物透水材料中胶凝材料的用量按式（4-5）计算：

$$V_P = 1 - \alpha(1 - V_C) - R_{Voi} \qquad \text{（式 4-5）}$$

式中　V_P——聚合物透水材料中胶凝材料浆体体积，m^3；

$\quad\quad V_C$——铁尾矿砂紧密堆积孔隙率，％；

$\quad\quad R_{Voi}$——目标孔隙率，％。

为了验证根据体积法计算得到的聚合物透水材料的配合比设计是否合理，进行验证试验，以 E44 环氧树脂和 D230 聚醚胺作为胶凝材料，粒径为 0.15～0.3mm 的铁尾矿砂作为骨料，按照表 4-9 的配合比进行了模拟试验，试验后实际测试得到的孔隙率和根据配合比计算得到的骨料的修正系数见表 4-9。

表 4-7 中的铁尾矿砂修正系数按式（4-6）计算：

$$\alpha = \frac{1 - R - \left(\dfrac{M_1}{\rho_1} + \dfrac{M_2}{\rho_2}\right)}{1 - (V_C)} \qquad \text{（式 4-6）}$$

式中　R——聚合物透水材料中实际测试得到的孔隙率，％；

$\quad\quad M_1$——E44 环氧树脂的质量，g；

$\quad\quad M_2$——D230 聚醚胺的质量，g；

$\quad\quad\rho_1$——E44 环氧树脂的密度，g/cm^3；

$\quad\quad\rho_2$——D230 聚醚胺的密度，g/cm^3。

表 4-9　根据配合比设计的实际孔隙率和尾矿砂骨料修正系数

组别	环氧树脂（g）	聚醚胺（g）	铁尾矿砂（g）	实际孔隙率（％）	尾矿砂修正系数
1	21	6.3		35.65	0.997
2	28	8.4		33.74	0.988
3	35	10.5	700	31.84	1.004
4	42	12.6		30.17	0.981
5	49	14.7		27.97	0.992
6	56	16.8		26.27	0.995

根据表 4-7 统计的实际孔隙率计算铁尾矿砂的修正系数，可以发现尾矿砂修正系数的平均值为 0.993，因此后续试验设计时可以将 α 取为 0.993。

4.4.2.2 施工技术

1. 工艺原理

聚合物透水路面是以高性能聚合物为胶黏剂，将骨料永久地黏结在一起，现场加铺在透水混凝土、普通混凝土或沥青结构层之上的透水铺装路面，其厚度一般不超过 30mm。聚合物透水路面的力学强度和透水性能取决于胶黏剂性能、胶骨比、骨料粒径和级配。根据基层是否透水，聚合物透水路面结构可分为全透水结构和半透水结构。全透水结构是指路表面水能直接通过聚合物透水路面的面层和基层向下渗透至路基中的道路结构体系；半透水结构是指道路铺设在不透水基层上，以致路表面水只能渗透至面层而不渗透至路基中的道路结构体系。全透水结构的聚合物透水路面自上而下都具有透水功能，能及时补地下水，缓解热岛效应。聚合物透水路面可采用天然石、天然彩石、玻璃、水晶石、人造再生骨料为骨料，且胶黏剂一般为透明树脂，因而能较好地突显骨料的质感和颜色，达到优异的景观装饰效果。

2. 施工工艺

（1）施工程序

施工准备→模板支设→物料搅拌、运输→路面铺筑→路面养护。

（2）施工工艺方法

①施工准备

a. 施工前应对施工现场进行勘察，对照设计图纸复核地下隐蔽设施的位置和标高，根据设计文件及施工条件，确定施工方案，编制施工组织设计，并对施工人员进行详细的施工技术交底。

b. 施工现场应配备施工设备、辅助工具、辅助材料以及安全防护措施。

c. 施工前应解决水电供应、交通道路、搅拌和堆放场地、工棚和仓库、消防等设施准备问题。施工现场应配备防雨、防潮材料的堆放场地，材料应分别按标识堆放，装卸和搬运时不得随意抛掷。

d. 在聚合物透水路面面层施工前，应进行道路基层处理，处理后的基层表面应洁净、干燥、无积水。

e. 施工期间应做好路基和基层的临时防水、排水方案。

f. 聚合物透水混凝土施工前，原材料进场检验应合格。

g. 面层施工前，路基和基层检验应合格。

h. 搅拌地点的设置应距作业面在 0.5h 运输时间以内。为防止混凝土污染施工场地，搅拌机下部需采用防护板防护。

②模板支设

a. 模板应选用质地坚实、变形小、刚度大的材料，按设计要求进行分隔支设模板及区域支设模板工作。

b. 当设计有图案时，应做好标记颜色、图形分割线等图形编制工作；分割线切割宜在 1cm 以内，安装分割条。

c. 根据模板材料选择支护方法，钢筋支护间距应小于 50cm，嵌入基层深度应大于 20cm，在使用木胶板时，应在模板背后添加背楞，不应在基层上直接挖槽并嵌入模板。

d. 模板支设中须注意平面位置、高度、垂直度、泛水坡度等问题，模板与骨料接触的表面应涂隔离剂。

e. 应在摊铺前，对模板的高度、支撑稳定情况等进行全面检查。

③搅拌与运输

a. 根据施工进度和施工温度，确定一次搅拌量，一次拌和量应确保 40min 施工完成。胶黏剂称量允许偏差为±0.5%，骨料称量的允许偏差为±2%。

b. 骨料的搅拌宜采用平口搅拌机，便于观察和出料。由于胶黏剂有一定的适用期，因此搅拌时间不宜过长，且拌和后宜尽早施工。

c. 首次搅拌胶黏剂混合料时，搅拌设备会附着一定量的胶黏剂，为避免对工程质量的影响，应适当增加胶黏剂用量，再次搅拌时则无须增加。

d. 不同颜色骨料宜采用不同搅拌机搅拌，以免出现色差，影响美观。当采用同一搅拌机搅拌时，应先将搅拌机用有机溶剂清洗干净。

e. 搅拌方法

采用盘式搅拌机搅拌时，胶黏剂应分两次缓慢均匀加入。具体加料顺序和搅拌时间为：先将 100% 的骨料进行预先搅拌 10s，然后缓慢均匀加入 50% 的胶黏剂，继续搅拌 2min，最后将剩余的 50% 胶黏剂缓慢均匀加入搅拌机，搅拌 2min，整个搅拌过程共 4min。

采用人工搅拌时，骨料应集中倒置在彩条布或垫板上，胶黏剂分 3 次缓慢均匀加入，且应边加入边搅拌；当骨料表层均匀包裹胶黏剂时，方可停止搅拌，搅拌时间宜为 6～8min。

当聚合物路面设计有多种彩石骨料时，应分批次搅拌，不同彩石骨料拌和物间不得混杂。

拌和物从搅拌机出料后，一般采用自卸式翻斗车进行运输，运至施工地点进行摊铺、压实直至浇筑完毕的时间应控制在 30～40min，具体由实验室根据胶黏剂的可操作时间及施工气温确定。

④铺筑

a. 摊铺

拌和物采用人工均匀分摊、铺平，找准平整度与排水坡度，摊铺厚度应考虑其摊铺系数，其摊铺系数宜为 1.1。

当设计图案复杂且铺装面积大时，应分段摊铺，且边角分割应用塑料条保护。

b. 压实

摊铺完后，用刮杠沿着两侧控制边沿找平所铺拌和物，之后使用专用低频振动压实机或平板振动器进行振动，再使用专用滚压工具滚压。使用平板振动器振动时应避免在一个位置上的持续振动。

压实时应设置专人进行人工补料及找平，人工找平时，施工人员应穿上减压鞋进行操作，随时检查模板，如有下沉、变形或松动，应及时纠正。

压实后，宜使用抹平机对面层进行收面，必要时配合人工拍实、抹平，补平缺粒面。整平时必须保持模板顶面整洁，接缝处板面平整。

⑤养护

a. 在胶黏剂完全固化前，不得行人、通车。

b. 在聚合物透水路面表面凝固后，应覆盖薄膜或彩条布。

c. 聚合物透水路面未达到设计强度前不允许投入使用。聚合物透水路面的强度应以试块强度为依据。

d. 拆模时间应根据气温和路面强度增长情况确定；拆模不得损坏聚合物路面的边角，应保持整体砌体完好。

3. 质量控制方法

（1）原材料质量控制

①胶黏剂在适用温度 23℃±2℃下的适用期不应低于 30min，有害物质限量应符合《建筑胶黏剂有害物质限量》（GB 30982—2014）的规定，耐人工气候老化性能应符合《地坪涂装材料》（GB/T 22374—2018）的规定。

②骨料应符合《建筑用卵石、碎石》（GB/T 14685—2022）的规定，并应符合表 4-10 的规定。

表 4-10　骨料的技术要求

项目	技术要求
压碎指标（%）	≤16
含水率（按质量计）	≤0.2
含泥量（按质量计）	≤0.5
泥块含量（按质量计）	0

（2）施工质量控制

①施工用的石子必须干燥，如有潮湿或被雨水淋湿须进行晾晒吹干后使用；

②胶水的配比不能估量，少量必须用电子秤称重使用，如按组使用无须称重；

③须提醒施工方将材料存放至阴凉干燥处，不可放在太阳下直接暴晒，即使放在室外也须用东西遮盖（遮光）；

④摊铺要压实抹平，大面积施工建议用磨光机加压磨平；

⑤每次搅拌设备停用超过 30min，必须先将残留在搅拌设备内的石子清理干净，然后用稀释剂将残留胶清洗干净。再次使用前需等设备内残留稀释剂充分挥发后才可使用；

⑥雨天、扬尘天气、雾霾天气均不可施工（湿度过大不可施工）。

4. 质量和检验

（1）聚合物透水混凝土的抗压强度应符合表 4-11 的规定。

表 4-11　抗压强度　　　　　　　　　　　　单位：MPa

抗压强度等级	平均抗压强度	单块最小抗压强度
Cs5.0	≥5.0	≥4.3
Cs7.5	≥7.5	≥6.4
Cs10	≥10.0	≥8.5
Cs15	≥15.0	≥12.8
Cs20	≥20.0	≥17.0

（2）聚合物透水混凝土的弯拉强度应符合表 4-12 的规定。

表 4-12　弯拉强度　　　　　　　　　　　　单位：MPa

弯拉强度等级	平均弯拉强度	单块最小弯拉强度
Fs3.0	≥3.0	≥2.40
Fs3.5	≥3.5	≥2.80

弯拉强度等级	平均弯拉强度	单块最小弯拉强度
Fs4.0	≥4.0	≥3.20
Fs4.5	≥4.5	≥3.60
Fs5.0	≥5.0	≥4.00

（3）透水系数

聚合物透水混凝土的透水系数应符合表 4-13 的规定。

表 4-13　透水系数

透水等级	透水系数（mm/s）
A 级	≥1.0
B 级	≥0.5

（4）抗滑性

聚合物透水混凝土的抗滑性 BPN 值不应小于 45。

（5）耐磨性

聚合物透水混凝土的耐磨性（磨坑长度）不应大于 35mm。

（6）可溶性重金属含量

聚合物透水混凝土的可溶性重金属含量应符合《中小学合成材料面层运动场地》（GB 36246—2018）的规定。

（7）耐久性能

聚合物透水混凝土的耐久性能应符合表 4-14 的规定。

表 4-14　耐久性能

项目		技术要求
耐水性（168h）		不起泡，不剥落，允许轻微变色，2h 恢复
耐化学性	耐碱性（20%NaOH 溶液，72h）	不起泡，不剥落，允许轻微变色
	耐酸性（10%H_2SO_4 溶液，48h）	不起泡，不剥落，允许轻微变色
	耐油性（12♯溶剂油，72h）	不起泡，不剥落，允许轻微变色
耐人工气候老化性		时间商定（不低于 400h），不起泡，不剥落，无裂纹，粉化≤1 级，变色≤2 级

5. 养护

（1）在胶黏剂完全固化前，不得行人、通车。

（2）在聚合物透水路面表面凝固后，应覆盖薄膜或彩条布。

（3）聚合物透水路面未达到设计强度前不允许投入使用。聚合物透水路面的强度应以试块强度为依据。

（4）拆模时间应根据气温和路面强度增长情况确定；拆模不得损坏聚合物路面的边角，应保持整体砌体完好。

4.4.2.3　透水铺装清洗技术

在示范工程项目中选择 3 个透水铺装试验段，每个试验段长 50m，每个试验段选取 4 个渗透性检测点。分别使用柠檬酸钠、六偏磷酸钠、氯化钠以及自来水对透水铺装进行高压冲洗。3 个试验段在清洗前先测量一次渗透系数，经过不同清洗方式清洗后再测量一次渗透系数。之后使各试验段暴露在其所处的复杂多变的工作环境中，为期一月。其间扬尘、土壤等颗粒物会在空气、水流的作用下对试验段进行不同程度的堵塞，一个月后重复上述测量过程。

如图 4-20 和图 4-21 结果所示，表明柠檬酸钠、六偏磷酸钠和氯化钠都对清洗效果有较好的提升作用，其中可以减小黏聚力的氯化钠溶液效果最佳，与直接使用自来水进行高压冲洗比，再生骨料透水铺装的渗透系数可以提升 20% 以上。

4.4.3　示范效果

在中建滨江府小区内，开展有机-无机固废复合透水材料工程应用示范，包括再生环氧树脂、聚氨酯胶粘石以及再生透水沥青消防通道，结合示范工程建设对其施工工艺进行优化，并对有机-无机固废复合透水材料的性能进行检测，对其透水性能随服役时间的变化情况进行监测。有机-无机固废复合透水材料在透水路面中的应用示范流程图及效果图如图 4-22～图 4-25 所示。

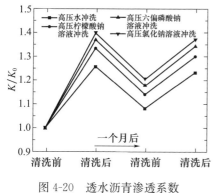

图 4-20　透水沥青渗透系数

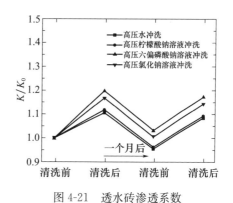

图 4-21　透水砖渗透系数

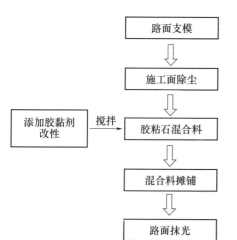

图 4-22　胶黏石透水路面施工流程图

图 4-23　胶粘石透水路面施工效果图

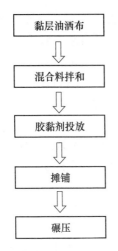

图 4-24　再生透水沥青路面施工流程图　　　图 4-25　再生透水沥青路面施工效果图

有机-无机固废复合透水路面施工后路面平整，各项指标均符合要求。路面开放半年后，经第三方检测机构检测，检测结果见表 4-15。

表 4-15　第三方检测结果

样品	结果	单位
再生环氧树脂胶粘石透水路面透水系数	3.72	mm/s
聚氨酯胶粘石透水路面透水系数	3.61	mm/s
尾矿砂基透水路面透水系数	1.16	mm/s
透水沥青路面的渗水系数	3151	mL/min

由于利用了固废，降低了工程造价，常德中建滨江府透水沥青混凝土用量 8000m³，再生透水沥青混凝土较普通透水沥青混凝土便宜 36 元/m³，可节约成本约 29 万元，经济效益明显。

针对不同类型再生骨料制备透水混凝土技术存在的透水性能差和机械性能低的问题，采用聚合物透水材料配合比调控技术，通过改变聚合物功能组分组成来提高透水混凝土的力学性能，实现透水混凝土孔隙率、透水系数、抗压强度和高耐磨性之间的相关性能优化调控，有效提高了透水材料耐磨性等力学性能，延长了材料使用寿命。

4.4.4　商业模式

本项目通过降本降碳，延长使用寿命，从而提高综合效益。成为一种新的商业模式：以增值差异服务为特征的固废透水材料应用模式，主要包括三个方面：

（1）盈利模式

通过在示范工程中应用示范基地开发的技术及产品，打造品牌，并以此作为基础进行推广。以示范基地产品作为主要盈利手段，加强与政府及其他企业的交流，按照其需求定制化生产有机-无机固废复合透水材料，逐渐扩大市场规模。

（2）销售模式

以示范工程建设为依托，以应用前后的效果进行对比，以生产线的可升级及可创新作为宣传点，为有机-无机固废复合透水材料产品提升知名度从而被更多工程应用，以此进行良性循环，打造知名的有机-无机固废复合透水材料供应商，拓宽市场渠道。

（3）渠道模式

有机-无机固废复合透水材料示范基地应从发展战略和营销规划的高度，构建自己的市场推广策略。首先强调渠道的便利性，可以借助平台及企业进行推广，无须多层步骤；其次是强调渠道的共赢，供应商—平台—消费者应加强沟通交流，打造互利共赢的供应方式；再次是注重为渠道赋能，从市场、销售和售后三个环节给消费者带来良好体验；最后要不断升级渠道模式，面对新的消费需求和市场变化需要，用以变制变的思维切换、优化渠道系统。

以增值差异服务为特征的有机-无机复合再生透水材料，其示范应用主要是结合了渠道模式和销售模式及盈利模式三种综合性商业模式。首先是渠道，通过利用固废建材将再生砖渣粗骨料、细骨料，再生混凝土粗骨料、细骨料制备成透水砖、透水混凝土、水稳、透水沥青、雨水花园、植草沟、再生砂草坪等应用于海绵城市建设中。蓄存的雨水资源可以用于示范工程地区的绿化及道路清扫，减少自来水的使用进一步减少水资源的浪费。应用研发的高压冲洗养护技术可以延长再生透水材料的使用寿命，从全生命周期来看不仅减少了建设成本，同时也降低了碳排放。

有机-无机固废复合透水材料应用成套技术在不同海绵城市工程场景中的应用示范结果表明，相关技术降低了有机-无机固废复合透水材料的生产成本，提升了材料的质量及工程应用效果。同时，消纳了大量道路垃圾等固废，减少了固废排放造成的环境污染和土地占用，具有广泛的社会效益和生态效益。

通过试验对材料可实用性进行探究，为其以后投入工程使用打下基础，这种商业模式也为今后海绵城市建设提供了依据。

5 相关政策及标准

5.1 我国固废资源化利用政策

随着我国经济和社会的不断发展，工业固废和建筑垃圾产生量巨大，践行可持续发展理念，实现固废资源化利用是必经之路。2022 年，《四部门关于印发建材行业碳达峰实施方案的通知》（工信部联原〔2022〕149 号）发布，明确提出了"十五五"期间，建材行业绿色低碳关键技术产业化实现重大突破，原燃料替代水平大幅提高，基本建立绿色低碳循环发展产业体系。该实施方案是建材行业碳达峰的纲领性文件，为建材行业低碳发展明确了具体的路径，其中涉及的原燃料替代、低碳循环发展等均与固废资源化利用有直接关系。工业和信息化部等六部委印发了《关于"十四五"推动石化化工行业高质量发展的指导意见》（工信部联原〔2022〕34 号），提出了石化化工行业与建材行业耦合发展的目标，近年来相关政策及涉及内容见表 5-1。

表 5-1 2022 年前国家层面固废资源化利用相关政策

序号	文件名称	主要内容
1	2015 年循环经济推动计划	鼓励推进战略性稀缺金属回收利用，矿产资源综合利用，推动绿色矿业发展示范区建设，构建绿色矿业发展长效机制
2	建筑垃圾资源化利用行业规范条件	建筑垃圾资源化利用企业应全面接收当地产生的符合相关规范要求的建筑垃圾（有毒有害垃圾除外）。鼓励企业根据进场建筑垃圾的特点，选择合适的工艺装备，在全面资源化利用处理的前提下，生产混凝土和砂浆用骨料等再生产品
3	"无废城市"建设试点工作方案	开展"无废城市"建设试点是深入落实党中央、国务院决策部署的具体行动，是从城市整体层面深化固废综合管理改革和推动"无废社会"建设的有力抓手，是提升生态文明、建设美丽中国的重要举措
4	"十四五"循环经济发展规划	到 2025 年循环型生产方式全面推行，绿色设计和清洁生产普遍推广，资源综合利用能力显著提升，资源循环型产业体系基本建立。其中，到 2025 年，大宗固废综合利用率达到 60%
5	关于开展大宗固废综合利用示范的通知	到 2025 年，建设 50 个大宗固废综合利用示范基地，示范基地大宗固废综合利用率达到 75% 以上
6	关于"十四五"大宗固废综合利用的指导意见	到 2025 年，煤矸石、粉煤灰、尾矿、冶金渣等大宗固废的综合利用能力显著提升，利用规模不断扩大，新增大宗固废综合利用率达到 60%

在国家政策的引领下，各地针对固废资源化利用和当地实际情况，均制定了相应的政策和管理办法。北京市在 2022 年发布的《关于推进北京城市副中心高质量发展的实施方案》中，提出了打造固废资源化循环体系，《北京市国土空间近期规划（2021—2025）》中要求提高固废处理处置能力。上海市在 2022 年发布了《关于进一步优化补强本市固废、污水处置

能力的实施方案》，要求建立全市工业固废申报平台，全面强化一般工业固废等分类申报。河北省出台了关于"无废"城市、绿色低碳循环、循环经济产业园等系统政策，对加大固废资源化综合利用、推广大宗固废利用装备等，提出了到 2025 年大宗固废处理率达到 95% 的目标。内蒙古自治区在《内蒙古自治区国民经济和社会发展十四个五年规划和 2035 年远景目标纲要》中提出，到 2025 年，工业固废综合利用率达到 50% 以上；在科技创新相关规划中，提出了研发固废高值循环利用技术装备、多源固废协同处理技术等。2019 年浙江省在《浙江省工业固废专项整治行动方案》中提出了较高的固废资源化利用目标，到 2021 年底，工业固废综合利用率达到 96% 以上，《浙江省应对气候变化"十四五"规划》提出探索建立各类固废处理收费制度，从源头减少各类固废产生量，合理规划布局资源循环利用基地，实现废弃物的协同处置。福建省建立了固废环境信息化应用管理系统，明确工业固废环境信息化电子台账管理要求，福建省发展改革委等印发的《福建省促进砂石行业健康有序发展实施方案》中，提出推动建筑垃圾和一般固废再生利用，鼓励从建筑垃圾和一般固废中分离、回收砂石料，增加再生砂石供给。山东省从低碳循环发展、节能环保、金融支持等多个方面发布相关政策，引导固废资源化利用有序推进。部分省份固废处理行业发展目标见表 5-2。

表 5-2 部分省份固废资源化利用目标

序号	省份	固废资源化利用目标
1	内蒙古	到 2025 年，工业固废综合利用率达到 50% 以上
2	宁夏	到 2025 年，一般工业固体综合利用率达到 43%，地级城市基本建成生活垃圾分类处理系统
3	青海	到 2025 年，一般工业固废利用率达到 60%
4	河南	到 2025 年，新创建绿色工厂 300 家
5	重庆	"十四五"期间，大宗工业固废利用率保持 70% 以上
6	广东	到 2023 年底，工业固废和生活垃圾减量化资源化利用水平全面提升
7	山西	新增 1～2 个资源综合利用基地，实施循环化改造的省级园区达到 80% 以上
8	天津	主要工业固废综合利用率保持 98% 以上
9	江西	到 2025 年，80% 以上的园区实施循环化改造，一般工业固废综合利用水平明显提高
10	福建	到 2025 年，全省工业固废利用率达到 80%

5.2 固废资源化利用国家和行业标准

国家政策文件的出台，对固废收集处置、资源再生利用起到导向作用，一系列资源再生利用规范也编纂而成，包括固废的收集、加工到产品应用，也包括固废的施工验收和监测处理及对环境影响的评价。目前，相关建筑垃圾的规范标准主要是针对其加工阶段、产品应用阶段、应用技术阶段和检测技术阶段，而建筑垃圾的运输和收集阶段和环境评估阶段较少，这恰恰与现阶段建筑垃圾原材料的管理和运输问题相匹配，同时建筑垃圾原材料来源复杂、质量参差不齐等导致其处置困难，难以得到资源综合化利用。加工技术阶段的相关规范标准主要针对固废原材料的性能检测和再生产品的技术要求。产品应用阶段的规范标准主要针对再生产品的应用场景，对于不同性能的再生产品和限定的应用场景，划定检测范围，规定其性能指标要求。施工验收阶段主要针对再生产品/结构的施工验收阶段的质量验收、规范验收流程、严格控制再生产品质量，以保证人民的安全。环境评估阶段的规范标准主要评估固废再生利用所产生的环境效益和经济效益，以及分析对环境的长期影响。

5.2.1 运输、收集与加工方面标准

固废的回收利用，首先要做的便是对废弃物的安置和运输。部分废弃物具有较强的污染性和毒性，所以废弃物不能随意堆放和运输，以防止有毒有害成分在此过程中泄漏。虽然近几年出台了有关废弃物回收运输的相关标准来规范废弃物的回收安置行为，但有关建筑垃圾的运输与收集的标准较少。而建筑垃圾本身存在来源复杂、质量差异大等问题，如不加以规范管控，很难提供质量稳定且性能较好的建筑再生产品。现有相关标准及主要内容见表5-3。

表5-3 固废资源化利用涉及运输、收集与加工相关标准

序号	标准名称	主要内容
1	《钒钛磁铁矿冶炼废渣处置及回收利用技术规范》（GB/T 32785）	规定了钒钛磁铁矿冶炼废渣处置、回收机利用的技术，环境保护等要求
2	《再生资源回收体系建设规范》（GB/T 37515）	规定了再生资源回收体系的术语和定义、体系的构成、体系建设的基本原则和目标、体系建设的要求
3	《磷尾矿处理处置技术规范》（GB/T 38104）	规定了磷尾矿处理处置的术语和定义、处理处置方法和环境保护要求
4	《一般工业固体废物贮存和填埋污染控制标准》（GB 18599）	规定了一般工业固废贮存、处置场的选址、设计、运行管理、关闭与封场，以及污染控制与监测等内容
5	《建筑垃圾处理技术标准》（CJJ/T 134）	适用于建筑垃圾的收集运输与转运调配、资源化利用、堆填、填埋处置等规划、建设和运行管理
6	《用于水泥和混凝土中的铁尾矿粉》（YB/T 4561）	规定了水泥和混凝土用铁尾矿粉的术语和定义、技术要求、试验方法、检验规则、包装、标志、运输与贮存

5.2.2 产品和应用技术方面标准

固废回收利用之后，可制备许多再生产品，如再生混凝土、再生地面砖等，但再生产品种类繁多，目前还未形成完整的再生建材产品标准体系。针对再生骨料的应用技术，已有《再生骨料应用技术规程》JGJ/T 240，但相应的体系仍未建立和完善。现行相关标准见表5-4。

表5-4 固废资源化产品和应用技术标准

序号	标准名称	主要内容
1	《混凝土和砂浆用再生细骨料》GB/T 25176	规定了混凝土和砂浆用再生细骨料的术语和定义、分类和规格、要求、试验方法、检验规则、标志、储存和运输
2	《混凝土用再生粗骨料》GB/T 25177	规定了再生粗骨料的术语和定义、分类和规格、要求、试验方法、检验规则、标志、储存和运输
3	《再生沥青混凝土》GB/T 25033	规定了道路沥青路面用再生沥青混凝土的术语和定义、分类和应用范围、材料要求及试验方法、再生混凝土要求及试验方法、检验规则和运输
4	《再生骨料地面砖和透水砖》CJ/T 400	规定了再生骨料地面砖和透水砖的术语和定义、缩略语、分类、原材料、要求、试验方法、检验规则、产品合格证、包装、运输和贮存

序号	标准名称	主要内容
5	《建筑垃圾再生骨料实心砖》 JG/T 505	规定了再生骨料实心砖的术语和定义、缩略语、分类、原材料、要求、试验方法、检验规则、产品合格证、包装、运输和贮存
6	《非烧结垃圾尾矿砖》 JC/T 422	规定了非烧结垃圾尾矿砖的术语和定义、缩略语、分类、原材料、要求、试验方法、检验规则、产品合格证、包装、运输和贮存
7	《道路用建筑垃圾再生骨料无机混合料》JC/T 2281	规定了路用建筑垃圾再生骨料无机混合料的术语和定义、分类、原材料、技术要求、配合比设计、制备、试验方法、检验规则以及订货和交货
8	《工程施工废弃物再生利用技术规范》GB/T 50743	适用于建设工程施工过程中废弃物的管理、处理和再生利用；不适用于已被污染或腐蚀的工程施工废弃物的再生利用
9	《再生骨料应用技术规程》 JGJ/T 240	适用于再生骨料在建筑工程中的应用

　　国家层面和地方对固废资源化利用非常重视，中央和各地都出台相应的政策和规定，引导固废有序、安全地应用于工程领域，较多的省市已提出了固废资源化利用率的近期和长期目标。但是，固废资源化利用相关标准建设仍有较长的路要走，国家标准层面重点应放在基础标准和强制性标准等方面，行业标准重点应放在技术标准方面，地方标准重点应根据自身情况对国家标准和行业标准进行理解和补充。需加快固废资源化重要标准的编制修订，推动固废资源化利用标准化，改善和提升我国固废资源化利用效率和质量，全面提升固废资源化利用水平。

参考文献

[1] 戴铁军，王婉君，刘瑞．中国社会经济系统资源环境压力的时空差异 [J]．资源科学，2017，39 (10)：1942-1955.

[2] 工业固废网，中循新科环保科技（北京）有限公司．2019—2020 年度中国大宗工业固废综合利用产业发展报告 [R]．2021.

[3] 工业固废网，北京固废通固废资源化利用有限公司．2020—2021 年度中国大宗工业固废综合利用产业发展报告 [R]．2022.

[4] 黄靓，杨勇．城市工程建设废弃物资源化利用 [M]．北京：中国建材工业出版社，2020.

[5] 郭媛媛，于宝源，陈云敏．固废领域亟须追溯碳排放源头 [J]．环境保护，2022，50 (10)：37-39.

[6] 王宏宇，周旭林，陈志．湖南天然饰面石材资源现状及开发利用建议 [J]．西部探矿工程，2020，32 (08)：148-150＋153.

[7] 张殿彬，任富明，赵红梅，等．富氧顶吹炉-侧吹还原炉处理重金属冶炼废渣工艺研究 [J]．世界有色金属，2022 (10)：8-12.

[8] 宫笑颖．废旧沥青路面材料再生水泥混凝土的性能研究 [D/OL]．哈尔滨：东北林业大学，2021.[2021-07-16]. https：//kns.cnki.net/kcms2/article/abstract? v＝3uoqIhG8C475KOm_zrgu4lQARve p2SAkOTSE1G1uB0_um8HHdEYmZuVdMIIMlYdThESRhkLEXFbKhnYCIWrEGpIpGvSWrln6&unipl atform＝NZKPT.

[9] 魏红俊，闫洪生，朱亚光，等．化学强化对再生粗骨料性能的改性研究 [J]．山东农业大学学报（自然科学版），2021，52 (06)：1009-1016.

[10] 丁菁，朱亚光，徐洪坡，等．水玻璃强化再生混凝土单轴受压本构关系 [J]．青岛理工大学学报，2020，41 (05)：88-95.

[11] 朱勇年，张鸿儒，孟涛，等．纳米 SiO_2 改性再生骨料混凝土工程应用研究及实体性能监测 [J]．混凝土，2014 (7)：138-144.

[12] 丁天平，刘冠国，胡玉兵，等．再生骨料的化学强化对再生混凝土力学性能的影响 [J]．混凝土与水泥制品，2016 (1)：1-4.

[13] 王海超，陈晨，赵倩倩，等．强化再生骨料性能试验研究 [J]．混凝土与水泥制品，2016 (4)：25-28.

[14] ISMAIL S，RAMLI M. Mechanical strength and drying shrinkage properties of concrete containing treated coarse recycled concrete aggregates [J]．Construction and Building Materials，2014，68：726-739.

[15] CUENCA-MOYANO G M，MARTÍN-MORALES M，VALVERDE-PALACIOS I，et al. Influence of pre-soaked recycled fine aggregate on the properties of masonry mortar [J]．Construction and Building Materials，2014，70：71-79.

[16] HOURIA M，OUSSAMA K，HOCINE O，et al. Influence of moisture conditioning of recycled aggregates on the properties of fresh andardened concrete [J]．Journal of Cleaner Production，2013，54：282-288.

[17] 肖建庄，黄一杰．GFRP 管约束再生混凝土柱抗震性能与损伤评价 [J]．土木工程学报，2012，45 (11)：112-120.

[18] 曹万林，张建伟，尹海鹏，等．再生混凝土框架-剪力墙结构抗震研究与应用 [J]．工程力学，2010，

27（s2）：135-141.

［19］白国良，刘超，赵洪金，等 . 再生混凝土框架柱抗震性能试验研究［J］. 地震工程与工程振动，2011，31（1）：61-66.

［20］张向冈，陈宗平，薛建阳，等 . 钢管再生混凝土柱抗震性能试验研究［J］. 土木工程学报，2014，47（9）：45-56.

［21］郝彤，石磊，陈晶晶 . 再生混凝土物理力学性能试验研究［J］. 建筑结构，2013，43（1）：73-75.

［22］王继娜，徐开东，马先伟，等 .CO_2养护对再生混凝土力学性能的影响［J］. 混凝土，2016（12）：12-14.

［23］姜健，徐惠 . 不同改性下再生混凝土抗压性能的试验研究［J］. 混凝土，2014（11）：87-89.

［24］FEDIUK R. S.，IBRAGIMOV R. A.，LESOVIK V. S.，et al. Processing equipment for grinding of building powders［J］. Materials Science and Engineering. 2018，327（4）：042029.

［25］张平，古龙龙，王琴，等 . 激发再生微粉活性的方法研究［J］. 混凝土与水泥制品，2019（2）：90-93.

［26］李琴，宋群玲 . 基于不同激发机理再生微粉活性激发制备砂浆应用性能对比研究［J］. 硅酸盐通报，2017，36（8）：2589-2594.

［27］高闻 . 废弃粘土砖粉自流平砂浆性能研究［D/OL］. 青岛：山东科技大学，2019.［2021-04-16］. https：//kns. cnki. net/kcms2/article/abstract？v＝3uoqIhG8C475KOm _ zrgu4lQARvep2SAkyRJRH-nhEQBuKg4okgcHYnbmOFC0YHlfmIXVQ07h8 _ DE _ kRKtyjNxvhcvdL71ZY9&uniplatform＝NZKPT.

［28］杨久俊，张茂亮，张磊，等 . 非蒸养建筑垃圾砖的制备研究［J］. 混凝土与水泥制品，2007（2）：53-55.

［29］张惠灵，徐克猛，陈永亮，等 . 利用建筑垃圾和碱渣制备蒸压加气混凝土［J］. 环境工程学报，2019，13（2）：441-448.

［30］何博晗 . 建筑垃圾制备蒸压加气混凝土砌块性能试验［D/OL］. 郑州：华北水利水电大学，2019.［2019-12-16］. https：//kns. cnki. net/kcms2/article/abstract？v＝3uoqIhG8C475KOm _ zrgu4lQARvep2SAkEcTGK3Qt5VuzQzk0e7M1z0CTWY3PUphD _ 7sVhgb9x0v4zuzoZBmaqELgdQilyj9f&uniplatform＝NZKPT.

［31］杨京明 . 利用有色金属选矿尾砂制备非烧结砖的试验研究［J］. 砖瓦，2015，43（12）：42-43.

［32］冯志远，罗霄，黄启林 . 余泥渣土资源化综合利用研究探讨［J］. 广东建材，2018，34（2）：69-71.

［33］刘超，王武祥，张磊蕾，等 . 利用铁尾矿砂制备水泥尾矿砖的试验研究［J］. 建筑砌块与砌块建筑，2013，16（1）：37-41.

［34］时浩，马鸿文，田力男，等 . 长英质尾矿制备透水路面砖研究［J］. 硅酸盐通报，2018，37（3）：967-973.

［35］张浩 . 城市建筑垃圾处理现状及资源化利用研究［J］. 绿色环保建材，2021（12）：31-32.

［36］FERRO G A，SPOTO，TULLIANI J M，et al. Mortar Made of Recycled Sand from C&D［J］. Procedia Engineering，2015，（9）：240-247.

［37］RAINI I，JABRANE R，MESRAR L，et al. Evaluation of mortar properties by combining concreteand brick wastes as fine aggregate［J］. Case Studies in Construction Materials，2020，13：1-13.

［38］吕殿友 . 高速公路中修废料再生应用技术研究［D/OL］. 西安：长安大学，2009.［2012-02-16］. https：//kns. cnki. net/kcms2/article/abstract？v＝3uoqIhG8C475KOm _ zrgu4lQARvep2SAkWGEm c0QetxDHbrYw3dr9uilsPoMnulCUy8 _ cX2YMfhZNSGQxIQu5V0fhvt6vRnym&uniplatform＝NZKPT.

［39］赵慧敏 . 热再生沥青的路用性能评价［D/OL］. 大连：大连理工大学，2008.［2008-07-16］. https：//kns. cnki. net/kcms2/article/abstract？v＝3uoqIhG8C475KOm _ zrgu4lQARvep2SAkAYAgqaTO4OyKkcOJ4w _ 0uIewWdDl8CPeVRWboj3S93prQJfR7Y59zCTXFVcGx9Yf&uniplatform＝NZKPT.

［40］黄晓明，赵永利 . 沥青路面再生利用理论与实践［M］. 北京：科学出版社，2014.

[41] 侯睿，李海军，黄晓明．沥青热再生中老化沥青的转移规律分析 [J]．中南公路工程，2006（3）：6-7＋15.

[42] 李东升．高比例 RAP 厂拌热再生沥青混合料应用技术研究 [D/OL]．广州：华南理工大学，2012. [2012-12-16]．https：//kns. cnki. net/kcms2/article/abstract? v＝3uoqIhG8C475KOm _ zrgu4lQARvep2S AkVR3－ _ UaYGQCi3Eil _ xtLb0RUjtN _ BBA-Awh5v02FRb7H2eSDaecYdC6c-fU7mGrr&uniplatform＝NZKPT.

[43] 林翔．沥青路面再生利用关键技术研究 [D/OL]．北京：北京工业大学，2010. [2010-09-16]．https：//kns. cnki. net/kcms2/article/abstract? v＝3uoqIhG8C475KOm _ zrgu4lQARvep2SAk0Wn9WGrcQB-4K-VdUhdGdBG1YQ2tgZaUDpPk63nxmpob1YlqDNiVnK6eVosEyTiV&uniplatform＝NZKPT.

[44] 严春林．欧美公路建设中再生材料的利用 [J]．交通世界，2002（4）：42-44.

[45] 张雄．沥青路面厂拌热再生及其设备改进技术研究 [D/OL]．西安：长安大学，2012. [2013-06-16]．https：//kns. cnki. net/kcms2/article/abstract? v＝3uoqIhG8C475KOm _ zrgu4lQARvep2SAk2oA7tih-FaabEW8yJeO74dZtBS _ Xa8rsrgwfr6PA55Wj25GYth9e6HrgXSsDbM4Z&uniplatform＝NZKPT.

[46] 修金芹．厂拌热再生沥青混合料在阜锦高速公路养护应用研究 [D/OL]．西安：长安大学，2022. [2022-10-14]．https：//kns. cnki. net/kcms2/article/abstract? v＝3uoqIhG8C475KOm _ zrgu4sq25HxUB NNTmIbFx6y0bOQ0cH _ CuEtpsLT34UrAfqBdJL-qGCEej54634FSRBMMJnLeTa5mPHZw&uniplatform＝NZKPT.

[47] OLARD F，POUGET S. Current status of RAP application in France [J]．Application of Reclaimed Asphalt Pavement and Recycled Asphalt Shingles in Hot-Mix Asphalt，2014，49：42.

[48] MOLLENHAUER K，GASPAR L. Synthesis of European knowledge on asphalt recycling：options，best practices and research needs [J]．SYNTHESIS，2012，5：472.

[49] PETKOVIC G，ENGELSEN C J，HÅØYA A-O，et al. Environmental impact from the use of recycled materials in road construction：method for decision-making in Norway [J]．Resources，Conservation and Recycling，2004，42（3）：249-264.

[50] ZAUMANIS M，MALLICK R B，Frank R. 100％ recycled hot mix asphalt：A review and analysis [J]．Resources，Conservation and Recycling，2014，92：230-245.

[51] PRATICÒ F，VAIANA R，Giunta M. Sustainable rehabilitation of porous European mixes [J]．Integrating Sustainability Practices in the Construction Industry，2012：535-541.

[52] 赵占立．基于示踪法再生混合料中新旧沥青微观混合状态的研究 [D/OL]．广州：华南理工大学，2016. [2017-01-16]．https：//kns. cnki. net/kcms2/article/abstract? v＝3uoqIhG8C475KOm _ zrgu 4lQARvep2SAkkyu7xrzFWukWIylgpWWcEl4r3EyFwE9Wi6Rkqiq8xiCbl58W2o9Tzy2z4TiuVqby&unipl atform＝NZKPT.

[53] 陈龙，陈宏斌，李朋，等．高掺 RAP 沥青界面再生融合行为的量化表征 [J]．建筑材料学报：1-12 [2021-12-04].

[54] 刘朝晖，高新文，翟龙，等．再生沥青中新旧沥青扩散特性 [J]．长安大学学报（自然科学版），2018，38（5）：18-24.

[55] 张晓强．再生沥青混合料中旧沥青再生程度影响因素研究 [J]．武汉理工大学学报（交通科学与工程版），2018，42（4）：667-670，675.

[56] 陈龙，何兆益，陈宏斌，等．新-旧沥青界面再生流变特征及分子动力学模拟研究 [J]．中国公路学报，2019，32（3）：25-33.

[57] 张磊．热再生沥青混合料设计及性能试验研究 [D/OL]．重庆：重庆交通大学，2014. [2015-03-16]．https：//kns. cnki. net/kcms2/article/abstract? v＝3uoqIhG8C475KOm _ zrgu4lQARvep2SAkbl4wwVeJ9R mnJRGnwiiNVhhjgNpoU8O2iK _ 9CkZK72ey1p8IFYxICgA139UR9Ahd&uniplatform＝NZKPT.

[58] 董平如，沈国平．京津塘高速公路沥青混凝土路面就地热再生技术 [J]．公路，2004（1）：123-130.

[59] 牛文广. 沥青路面就地热再生技术现状与发展历程 [J]. 中外公路, 2019, 39 (5): 50-59.

[60] 李健. 改性沥青路面就地热再生关键技术研究 [D/OL]. 南京: 东南大学, 2016. [2016-12-16]. https://kns.cnki.net/kcms2/article/abstract? v = 3uoqIhG8C447WN1SO36whLpCgh0R0Z-ifBI1L3ks338 rpyhinzvy7GJlfEQuKsZbQweGVAS3pNSTf3xjarFpFHFZ2dWbljYc&uniplatform=NZKPT.

[61] 凌聪. 温拌再生剂在复拌就地热再生中应用研究 [D/OL]. 重庆: 重庆交通大学, 2022. [2023-02-16]. https://kns.cnki.net/kcms2/article/abstract? v = 3uoqIhG8C475KOm _ zrgu4lQARvep2SAkaWjBDt8 _ rTOnKA7PWSN5MFYNfdVQ92eZwSY3qSE6WG1Ti-WlDMLrMynyN7mBEVu7&uniplatform=NZKPT.

[62] 翟佳. 沥青路面再生利用的技术经济效益分析研究 [D/OL]. 西安: 长安大学, 2013. [2014-05-16]. https://kns.cnki.net/kcms2/article/abstract? v = 3uoqIhG8C475KOm _ zrgu4lQARvep2SAk8URRK9V8kZLG _ vkiPpTeIWhrnw8y2BFS4KQCFg8EEf _ q4a6oeuinAnuNdMT2x3bF&uniplatform=NZKPT.

[63] 孙成东. 改性乳化沥青的研究及应用 [J]. 北方交通, 2005 (7): 44-46.

[64] 刘强. 沥青路面就地热再生环境影响评价 [D/OL]. 南京: 东南大学, 2018. [2019-04-16]. https://kns.cnki.net/kcms2/article/abstract? v = 3uoqIhG8C475KOm _ zrgu4lQARvep2SAkWfZcBycRON98J6vxPv10V2l3D4-NYI-tbhU8i _ ihMWyjA _ W5EgUmqwXFvWK0k3y&uniplatform=NZKPT.

[65] 阳治安. 国外沥青路面的再生利用简介 [J]. 中南公路工程, 1981 (1): 17-22.

[66] 吴聪. 厂拌乳化沥青冷再生在公路建设中的应用研究 [D/OL]. 呼和浩特: 内蒙古农业大学, 2021. [2021-1-16]. https://kns.cnki.net/kcms2/article/abstract? v=3uoqIhG8C475KOm _ zrgu4lQARvep2SAkueNJRSNVX-zc5TVHKmDNkmNztPiIv94yp2ojO084XyCAVX4qyK7KT _ 2gN59EkUIR&uniplatform=NZKPT.

[67] 曹雯. 江苏省公路沥青路面再生利用综合策略研究 [D/OL]. 南京: 东南大学, 2019. [2020-07-16]. https://kns.cnki.net/kcms2/article/abstract? v=3uoqIhG8C475KOm _ zrgu4lQARvep2SAkHr3ADhkADnVu66WViDP _ 3HuLHG _ VXUSG5Rnt58BX31tWZsdOklXMipBrDho0A7se&uniplatform=NZKPT.

[68] 肖曼. 厂拌乳化沥青冷再生在公路中的应用研究 [D/OL]. 西安: 长安大学, 2014. [2015-02-16]. https://kns.cnki.net/kcms2/article/abstract? v = 3uoqIhG8C475KOm _ zrgu4lQARvep2SAkbl4wwVeJ9RmnJRGnwiiNVtDgf-r68fa55gd37j54b2B-9HrBra8gLC3xwCpocaVX&uniplatform=NZKPT.

[69] 胡宗文. 冷再生沥青路面材料性能及结构组合研究 [D/OL]. 西安: 长安大学, 2012. [2013-06-16]. https://kns.cnki.net/kcms2/article/abstract? v=3uoqIhG8C447WN1SO36whHG-SvTYjkCc7dJWN _ daf9c2-IbmsiYfKrNXKJVDgsBvQ02OawZXoOAE3syxhW7Zo3JmxzWXZzpG&uniplatform=NZKPT.

[70] 陈聪. 沥青路面基层冷再生技术研究 [D/OL]. 重庆: 重庆交通大学, 2013. [2014-02-16]. https://kns.cnki.net/kcms2/article/abstract? v = 3uoqIhG8C475KOm _ zrgu4lQARvep2SAk8URRK9V8kZLG _ vkiPpTeIYaJl7KialBX1DsybX4kmVO2evUVqoy4XZPxgNwhZT7w&uniplatform=NZKPT

[71] 向东. 冷再生沥青胶结料试验方法及性能评价研究 [D/OL]. 重庆: 重庆交通大学, 2013. [2014-02-16]. https://kns.cnki.net/kcms2/article/abstract? v=3uoqIhG8C475KOm _ zrgu4lQARvep2SAk8URRK9V8kZLG _ vkiPpTeIXFm1Px7Khk18DLAuVD _ FQvLH-c-NiWv6U _ iH6b1IKnq&uniplatform=NZKPT.

[72] RECYCLING A, ASSOCIATION R. An overview of recycling and reclamation methods for asphalt pavement rehabilitation [J]. Annapolis, USA, 1992.

[73] KANDHAL P S, KOEHLER W C. Cold Recycling of Asphalt Pavements on Low-Volume Roads [J]. Transportation Research Record, 1987, 1106.

[74] DIEFENDERFER B K, APEAGYEI A K, GALLO A A, et al. In-place pavement recycling on I-81 in Virginia [J]. Transportation Research Record, 2012, 2306 (1): 21-7.

[75] DAVIDSON J, BLAIS C, CROTEAU J. Review of In-Place Cold Recycling/reclamation in Canada; proceedings of the 2004 Annual Conference And Exhibition of The Transportation Association of Canada-Transportation Innovation-Accelerating The Pace, F, 2004 [C].

[76] MARTINEZ-ECHEVARRIA M J, RECASENS R M, GAMEZ M D C R, et al. In-laboratory compac-

tion procedure for cold recycled mixes with bituminous emulsions [J]. Construction & Building Materials, 2012, 36: 918-924.

[77] LOIZOS A, PLATI C, WIX R. Assessing the ride quality of a cold in-place recycled pavement [J]. Road & Transport Research, 2007, 16 (1): 3-19.

[78] 满涛. 冷再生技术在公路工程中的应用研究 [J]. 科学之友, 2013, (8): 105-6.

[79] 李艳春, 陈朝霞, 阎峰. 旧路面材料的冷再生利用及力学性能分析 [J]. 公路交通科技, 2001, 18 (5): 15-6.

[80] 姚辉. 沥青混合料冷再生技术研究 [D/OL]. 长沙: 长沙理工大学, 2007. [2007-12-16]. https://kns.cnki.net/kcms2/article/abstract? v=3uoqIhG8C475KOm_zrgu4lQARvep2SAkAYAgqaTO4OyKkcOJ4w_0uNcCCbAF0VTykHHB6-ngO06fns7elSrFboeedEzHJ1RY&uniplatform=NZKPT.

[81] 段炎红. 我国乳化沥青冷再生技术发展及研究现状 [J]. 石油沥青, 2016 (6): 67-72.

[82] 王宏. 全深式水泥稳定就地冷再生基层应用与耐久性能评价 [J]. 公路, 2019, 64 (6): 1-8.

[83] 贾敬立, 张渊龙, 杨玉庆, 等. 水泥就地冷再生基层的级配优化设计 [J]. 人民黄河, 2019, 41 (12): 97-102.

[84] 马在宏, 刘爱华. 半刚性基层水泥就地冷再生技术质量控制关键指标研究 [J]. 公路交通科技: 应用技术版, 2017, 000 (010): 22-25.

[85] 王周凯. 公路路面水泥稳定就地冷再生关键技术与工程应用研究 [D/OL]. 杭州: 浙江大学, 2015. [2015-07-16]. https://kns.cnki.net/kcms2/article/abstract? v=3uoqIhG8C475KOm_zrgu4lQARvep2SAkVNKPvpjdBoadmPoNwLRuZ-DzDVbUVpsRghxfaPguI_y0iAl00ej_rN7RZcwGZdSN&uniplatform=NZKPT.

[86] 王勇. 沥青路面全深式就地冷再生结构设计及经济性研究 [D/OL]. 哈尔滨: 哈尔滨工业大学, 2009. [2011-11-16]. https://kns.cnki.net/kcms2/article/abstract? v=3uoqIhG8C475KOm_zrgu4lQARvep2SAkhskYGsHyiXlyV6jw0YcPLHn6W6yY0iSt6-8QpF9FDSlEb1370YtRLgHj2J2JQ9am&uniplatform=NZKPT.

[87] 樊友庆, 王万平. 泡沫沥青就地冷再生技术在水泥稳定砾石基层中的应用 [J]. 筑路机械与施工机械化, 2015, 32 (5): 63-65.

[88] 赵轩. 改性乳化沥青就地冷再生技术在高速公路中面层的应用研究 [D/OL]. 南京: 东南大学, 2020. [2021-12-16]. https://kns.cnki.net/kcms2/article/abstract? v=3uoqIhG8C475KOm_zrgu4lQARvep2SAkueNJRSNVX-zc5TVHKmDNkgdq3o6iGDiHBRCGh8iOg7wxTgBFCmSEbGYppj3JB0XB&uniplatform=NZKPT.

[89] 刘锐生. 就地冷再生技术在公路沥青路面养护大中修工程中的应用 [J]. 中国公路, 2021, 583 (3): 104-105+107.

[90] 黄伟. 共振破碎机振动系统的动力学研究 [D/OL]. 西安: 长安大学, 2015. [2015-12-16]. https://kns.cnki.net/kcms2/article/abstract? v=3uoqIhG8C475KOm_zrgu4lQARvep2SAk6nr4r5tSd—_pTaPGgq4znLWrSXVGUpGtPqRbXUEwdInDgX6vYArbxEXajrrSSxJ_&uniplatform=NZKPT.

[91] 王海荣. 水泥混凝土路面共振碎石化设计与实践 [J]. 上海公路, 2010 (2): 15-18.

[92] 洪斌, 张灵军, 丁宇平, 等. 共振碎石化技术在白改黑工程中的应用 [J]. 筑路机械与施工机械化, 2009, 26 (11): 42-44.

[93] 中铁科工集团有限公司. 共振破碎机: 201020244151.9 [P]. 2011-09-14.

[94] 中铁科工集团有限公司, 中铁工程机械研究设计院有限公司. 一种用于共振破碎机的振动破碎系统及施工方法: 201510059402.3 [P]. 2016-04-20.

[95] 黄琴龙, 庞腾科, 王邦国, 等. 全浮动共振破碎技术在四川 G212 线水泥路面改建中的应用//中国公路学会养护与管理分会. 中国公路养护技术大会论文集 [C]. 2012: 167-172.

[96] 曾智勇. 全浮式共振碎石化技术在国道 G325 路面改造工程中的应用 [J]. 公路交通技术, 2017, 33

（2）：11-14＋18.

[97] 黄琴龙，杨壮，余路．高速公路旧水泥混凝土路面共振碎石化技术的应用与效果评价［J］．交通科技，2017（1）：31-33.

[98] 胡昌斌．冲击压路机破碎改建旧水泥混凝土路面技术［M］．北京：人民交通出版社，2007.

[99] 苏卫国．冲击压实技术处理旧水泥混凝土路面应用大全［M］．北京：中国建筑工业出版社，2013.

[100] 李淑明，蔡喜棉，许志鸿．防止反射裂缝的沥青加铺层设计方法［J］．华东公路，2001（4）：3-6.

[101] 苏纪开，苏卫国，汪益敏，等．旧水泥混凝土路面修复工程中应用冲击压实技术初探．中国公路2000学术交流论文集．［C/OL］．2000．［2001-12-08］．https：//d. wanfangdata. com. cn/conference/277838.

[102] 苏卫国，李林生，汪益敏．评价旧水泥混凝土路面性能研究［J］．公路，2002；（2）：92-96.

[103] 施瑞欣，黄新元，何培勇．冲击压实技术在旧混凝土路面修复中的应用［J］．广东公路交通，2002（4）：33-35.

[104] 全洪珠．国外再生混凝土的应用概述及技术标准［J］．青岛理工大学学报，2009，30（4）：87-92.

[105] 李秋义，金洪珠，秦原．混凝土再生骨料［M］．北京：中国建筑工业出版社，2011.

[106] 金荣．旧水泥路面再生骨料半刚性基层沥青路面性能预测研究［D/OL］．广州：华南理工大学，2013．［2013-12-15］．https：//kns. cnki. net/kcms2/article/abstract？v＝3uoqIhG8C475KOm_zrgu4lQARvep2SAk9z9MrcM-rOU4mSkGl_LWf3hV4rSMh-RmC1Fq87xDZHEaz9T1iZRV3 Oj0WUIrxzUm&uniplatform＝NZKPT

[107] 赵亚兰．水泥稳定再生碎石路用性能研究［J］．公路与汽运，2013（5）：166-170.

[108] 周静海，何海进，孟宪宏，等．再生混凝土基本力学性能试验［J］．沈阳建筑大学学报（自然科学版），2010，26（03）：464-468.

[109] 易龙生，夏晋，米宏成，等．尾矿活化方法的研究进展综述［J］．矿业科学学报，2022，7（5）：529-537.

[110] 张长青，李其在，李德先，等．尾矿资源化综合利用应用研究：以京津冀崇礼矿产资源集中区为例［J］．中国矿业，2022，31（07）：49-60.

[111] AHAD B G，AHMAD J-Z，HAMIDREZA N. Clinkerisation of copper tailings to replace Portland cement in concrete construction［J］．Journal of Building Engineering，2022.

[112] 汪应玲，罗绍华，姜茂发，等．铁尾矿制备地质聚合物工艺条件［J］．矿产综合利用，2019（5）：121-126.

[113] TCHADJIÉL N，DJOBO J N Y，RANJBAR N，et al. Potential of using granite waste as raw material for geopolymer synthesis［J］．Ceramics International，2016，42（2）：3046-3055.

[114] 陈志量，郗凤明，尹岩，等．鞍山铁尾矿资源化利用方向与效益评估［J］．化工矿物与加工，2022，51（7）：43-47.

[115] 冯丹阳，刘丽霞，彭军．稀土尾矿的综合利用研究进展［J］．能源环境保护，2022，36（4）：12-17.

[116] 和春梅，杨晓杰，张嵩．稀土尾矿对水泥熟料性能的影响［J］．昆明冶金高等专科学校学报，2014，30（3）：14-17.

[117] 王宇琨．以尾矿粉制球替代粗骨料的新型混凝土性能研究［D］．保定：河北农业大学，2019.

[118] 张琛，李犇，余盈，等．石墨尾矿对再生粗骨料混凝土力学性能影响的研究［J］．佛山科学技术学院学报（自然科学版），2021，39（4）：9-14.

[119] SHETTIMA A U，HUSSIN M W，AHMAD Y，et al. Evaluation of iron ore tailings as replacement for fine aggregate in concrete［J］．Construction and Building Materials，2016.

[120] 朱志刚，李北星，周明凯，等．铁尾矿砂应用于混凝土的可行性研究［J］．武汉理工大学学报（交通科学与工程版），2016，40（3）：428-431＋436.

[121] 闫少杰．铁尾矿微粉对混凝土性能的影响［D/OL］．北京：北京建筑大学，2017［2018-02-15］．ht-

tps：//kns. cnki. net/kcms2/article/abstract? v＝3uoqIhG8C475KOm _ zrgu4lQARvep2SAk-6BvX81hrs37A aEFpExs0OJHGp7kbA _ UPhyWm9ZZr20i0huqG7eEXTSdJLwa3mi&-uniplatform＝NZKPT.

[122] 贺行洋，马庆红，罗灿，等．一种采用湿磨发泡制备铜尾矿泡沫混凝土的方法：202111430404.0 [P]．2022-06-21.

[123] 李峰，崔孝炜，刘东，等．钼尾矿制备高性能免烧砖的研究 [J]．非金属矿，2022，45（1）：15-18.

[124] 周龙，周素莲，马华菊．铅锌尾矿免蒸免烧砖的制备及性能 [J]．矿产综合利用，2022（3）：12-16.

[125] KURANCHIE F A，SHUKLA S K，HABIBI D. Utilisation of iron ore mine tailings for the production of geopolymer bricks [J]．International Journal of Mining Reclamation and Environment，2014.

[126] 魏作安，庄孙宁，秦虎，等．金矿尾矿制备烧结砖的力学性能 [J]．材料科学与工程学报，2021，39（6）：961-967.

[127] 池商林．龙岩地区煤矸石/高岭土尾矿制备烧结砖的研究 [J]．福建建材，2012（9）：9-11.

[128] 曹港豪，蹇守卫，魏博，等．铁尾矿砂基环氧树脂透水材料力学性能及界面特性研究 [J]．硅酸盐通报，2022，41（7）：2384-2392.

[129] 赵庆朝，李伟光，李勇，等．斑岩型铜尾矿制备连通孔陶瓷透水材料的试验研究 [J]．矿产保护与利用，2022，42（2）：152-156.

[130] 蹇守卫，徐奥，雷宇婷，等．铅锌尾矿制备轻骨料及重金属固化机理研究 [J]．武汉理工大学学报，2022，44（1）：1-6.

[131] 中南大学．一种铁尾矿、煤矸石球团法协同制备高强轻骨料的方法：CN202210582345.7 [P]．2022-08-23.

[132] VARGAS F，LOPEZ M，RIGAMONTI L. Environmental impacts evaluation of treated copper tailings as supplementary cementitious materials [J]．Resources，Conservation and Recycling，2020，160：104890.

[133] AHMARI S，ZHANG L. Durability and leaching behavior of mine tailings-based geopolymer bricks [J]．Construction and Building Materials，2013，44：743-750.

[134] C. ZHANG et al. ，"Co-benefits of urban concrete recycling on the mitigation of greenhouse gas emissions and land use change：A case in Chongqing metropolis，China" [J]．Clean. Prod. ，2018，201：481-498.

[135] 史璐玉，孙诗兵，吕锋．利用工业废尾矿制备发泡陶瓷的研究及应用现状 [C] //中国绝热节能材料协会．第三届"行业创新大会"暨协会第七届四次常务理事会论文集．四川：工程科技，2019：65-68.

[136] 赵立芳，赵转军，曹兴，等．我国尾矿库环境与安全的现状及对策 [J]．现代矿业，2018，34（6）：40-42.

[137] MÜLLER D. B. ，"Stock dynamics for forecasting material flows-Case study for housing in The Netherlands Dynamic modelling Prospects for resource demand Waste management Vintage effects Diffusion processes" [J]．Ecol. Econ. ，2006，9：142-156.

[138] 张敏，董莉，刘景洋，等．基于物质流分析的建筑垃圾产生量预测 [J]．环境工程技术学报，2021，11（5）：869-878.

[139] SANDBERG N. H. ，BERGSDAL H. ，BRATTEBØ H. ，"Historical energy analysis of the Norwegian dwelling stock," Build. Res. Inf. ，vol. 39，no. 1，pp. 1-15，2011.

[140] VÁSQUEZ F. ，．LØVI A. NK，SANDBERG N. H. ，MÜLLER D. B. ，"Dynamic type-cohort-time approach for the analysis of energy reductions strategies in the building stock" [J]．Energy Build. ，2016，111：37-55，.

[141] MOURA M. C. P. ，SMITH S. J. ，BELZER D. B. ，"120 years of U. S. Residential housing stock and

floor space"[J]. PLoS One, 2015, 8 (10): 1-18.

[142] 王地春, 张智慧, 刘睿劼, 等. 建筑固废治理全生命周期环境影响评价——以废旧黏土砖为例 [J]. 工程管理学报, 2013, 27 (4): 1-5.

[143] Cai W. J, Wan L. Y, Jiang Y. K, et al. "Short-Lived Buildings in China: Impacts on Water, Energy, and Carbon Emissions"[J]. Environ. Sci. Technol., 2015, 24 (49): 13921-13928.

[144] MIATTO A., SCHANDL H., TANIKAWA H., "How important are realistic building lifespan assumptions for material stock and demolition waste accounts"[J]. Resour. Conserv. Recycl., 2017, (122): 43-154.

[145] HU M, VAN DER VOET E. HUPPES G. "Dynamic Material Flow Analysis for Strategic Construction and Demolition Waste Management in Beijing"[J]. Ind. Ecol., 2010, 3 (14): 440-456: .

[146] BERGSDAL H., BRATTEBØ H., BOHNE R. A., MÜLLER D. B., "Dynamic material flow analysis for Norway's dwelling stock"[J]. Build. Res. Inf., 2007, 5 (35): 557-570.

[147] 卢浩洁, 刘宇鹏, 宋璐璐, 等. 福、厦、泉城市群住宅保有量与建筑垃圾产生量多情景预测研究 [J]. 北京师范大学学报 (自然科学版), 2022, 58 (2): 253-260.

[148] HAN J., XIANG W. N., "Analysis of material stock accumulation in China's infrastructure and its regional disparity"[J]. Sustain. Sci., 2013, 4 (8): 553-56.

[149] CHEN B, HE G, QI J, et al. "Greenhouse gas inventory of a typical high-end industrial park in china"[J]. Sci. World, 2013, (2013).

[150] 吕晨, 张哲, 陈徐梅, 等. 中国分省道路交通二氧化碳排放因子 [J]. 中国环境科学, 2021, 41 (7): 3122-3130.

[151] JUNG J S, SONG S H, JUN M H, et al. "A comparison of economic feasibility and emission of carbon dioxide for two recycling processes"[J]. KSCE J. Civ. Eng., 2015, 5 (19): 1248-125: .

[152] 徐晓东. 建筑结构寿命及容积率视角下的城市住宅建筑存量更新策略研究 [D/OL]. 天津: 天津大学, 2018. [2019-07-15]. https://kns.cnki.net/kcms2/article/abstract? v＝3uoqIhG8C475KOm_zrgu4lQARvep2SAkOsSuGHvNoCRcTRpJSuXuqZGv2I3R3j2fqBHpJ6huNfO4b9oRWp7bOLMEtQNK4IPu&uniplatform＝NZKPT.

[153] 唐守娟, 张力小, 郝岩, 等. 城市住宅建筑系统流量-存量动态模拟——以北京市为例 [J]. 生态学报, 2019, 39 (04): 1240-1247.

[154] HUANG T, SHI F, TANIKAWA H, et al. "Materials demand and environmental impact of buildings construction and demolition in China based on dynamic material flow analysis"[J]. Resour. Conserv. Recycl., 2013, (72): 91-10: .

[155] PENG Z, LU W, WEBSTER C J, "Quantifying the embodied carbon saving potential of recycling construction and demolition waste in the Greater Bay Area, China: Status quo and future scenarios"[J]. Sci. Total Environ., 2021, (792): 148427.

[156] 阳凡, 彭琳娜. 以湖南省为例浅析建筑垃圾减量化与资源化发展问题与建议 [J]. 智能建筑, 2021 (12): 55-58.

[157] 汤宏雪. 2022 年我国汽车行业发展及用钢预测 [J]. 冶金管理, 2022 (4): 27-31.

[158] 范德科, 马强, 周宗辉, 等. 石粉对机制砂混凝土性能的影响 [J]. 硅酸盐通报, 2016, 35 (3): 913-917.

[159] SOURAV R et al. Predicting the strength of concrete made with stone dust and nylon fiber using artificial neural network [J]. Heliyon, 2022, 8 (3): 9129.

[160] 孙茹茹. 不同岩性石粉-水泥基复合胶凝材料性能研究 [D/OL]. 北京: 中国铁道科学研究院, 2020. [2021-01-05]. https://kns.cnki.net/kcms2/article/abstract? v＝3uoqIhG8C475KOm_zrgu4lQARvep2SAkyRJRH-nhEQBuKg4okgcHYrjOWJvVvuIfWImUwoG06ysLx5Sju_bvXT7Ro71gm5HL

&uniplatform=NZKPT.

[161] CHEN K W et al. Electroless Ni-P Plating on Mullite Powders and Study of the Mechanical Properties of Its Plasma-Sprayed Coating [J]. Coatings, 2021, 12 (1): 18-18.

[162] 张秀叶. 三级粉煤灰和石粉单掺或复掺对高性能混凝土抗碳化性能的影响 [J]. 散装水泥, 2021 (06): 130-132.

[163] 陈科. 硅灰石粉填充改性聚丙烯复合材料性能研究 [J]. 塑料科技, 2016, 44 (2): 34-36.

[164] 国家质量技术监督局. 铝土矿石化学分析方法, 第 1 部分: 氧化铝含量的测定, EDTA 滴定法: GB/T 3257.1—1999 [S/OL]. 北京: 中国标准出版社. https://max.book118.com/html/2019/0430/8100121057002021.shtm.

[165] 国家质量技术监督局. 铝土矿石化学分析方法 第 2 部分: 二氧化硅含量的测定, 重量-钼蓝光度法: GB/T 3257.2—1999 [S/OL]. 北京: 中国标准出版社. https://max.book118.com/html/2019/0430/6144223115002025.shtm.

[166] 陈晨, 程婷, 贡伟亮, 等. 粉煤灰地聚物反应体系下的反应影响因素分析 [J]. 材料导报, 2016, 30 (24): 118-123.

[167] 贾屹海. Na-粉煤灰地质聚合物制备与性能研究 [D/OL]. 北京: 中国矿业大学 2009. [2011-03-15]. https://kns.cnki.net/kcms2/article/abstract? v=3uoqIhG8C447WN1SO36whNHQvLEhcOy4v9J5uF5Ohr kGID6XhvjmsFio_eLrkWRtOoSQ4bX1GOG3j3oTMfFCsFEMZt6oeVd-&uniplatform=NZKPT.

[168] DAVIDOVITS J. 30 Years of Successes and Failures in Geopolymers Applications. , 2002 [C]. Market Trends and Potential Breakthroughs: Geopolymers 2002 Conference: Melbourne, Australia. 2002.

[169] 黄毅. 地质聚合物的制备、改性及应用于环境治理的研究 [D/OL]. 北京: 中国矿业大学 2012. [2013-04-15]. https://kns.cnki.net/kcms2/article/abstract? v=3uoqIhG8C447WN1SO36whHG-SvTYjk Cc7dJWN_daf9c2-IbmsiYfKgrn0skAb6zlMi4sy2wSrnJLATlXW8_rwdnfnsXV-6tw&uniplatform=NZKPT.

[170] 孙双月. 利用矿渣和粉煤灰制备地聚物胶凝材料的正交试验研究 [J]. 中国矿业, 2019, 28 (11): 118-122+127.

[171] 刘江. 硅钙渣制备水泥和碱激发胶凝材料的研究 [D/OL]. 北京: 中国建筑材料科学研究总院, 2015. [2015-10-15] https://kns.cnki.net/kcms2/article/abstract? v=3uoqIhG8C447WN1SO36whLpCgh0R0Z-i4Lc0kcI_HPe7ZYqSOTP4QmOjzdsxZlrOxsxWqpLxe63RNC3hMw7OedrI0ezjjQ9B&uniplatform=NZKPT.

[172] KUO W T, WANG H Y, SHU C Y. Engineering properties of cementless concrete produced from GGBFS and recycled desulfurization slag [J]. Construction and Building Materials, 2014, 63: 189-196.

[173] 贾屹海, 韩敏芳, 孟宪娴, 等. 粉煤灰地质聚合物凝结时间的研究 [J]. 硅酸盐通报, 2009, 28 (5): 893-899.

[174] REDDY M S, DINAKAR P, RAO B H. Mix design development of fly ash and ground granulated blast furnace slag based geopolymer concrete [J]. Journal of Building Engineering, 2018, 20: 712-722.

[175] BERTOS M F, SIMONS S J R, HILLS C D, et al. A review of accelerated carbonation technology in the treatment of cement-based materials and sequestration of CO_2 [J]. Journal of hazardous materials, 2004, 112 (3): 193-205.

[176] BERNAL S A, PROVIS J L, BRICE D G, et al. Accelerated carbonation testing of alkali-activated binders significantly underestimates service life: The role of pore solution chemistry [J]. Cement and Concrete Research, 2012, 42 (10): 1317-1326.

[177] DUXSON P, FERNÁNDEZJ A, PROVIS J L, et al. Geopolymer technology: the current state of the art [J]. Journal of Materials Science. 2007, 42 (9): 2917-2933.

[178] BOBROWSKI A, STYPUŁA B, HUTERA B, et al. FTIR spectroscopy of water glass-the binder

moulding modified by ZnO nanoparticles [J]. Metalurgija Sisak Then Zagreb, 2012, 51（4）: 477-480.

[179] ALKAN M, HOPA C, YILMAZ Z, et al. The effect of alkali concentration and solid/liquid ratio on the hydrothermal synthesis of zeolite NaA from natural kaolinite [J]. Microporous & Mesoporous Materials, 2005, 86 (1-3): 176-184.

[180] OIKONOMOPOULOS I K, PERRAKI M, TOUGIANNIDIS N, et al. Clays from Neogene Achlada lignite deposits in Florina basin (Western Macedonia, N. Greece): A prospective resource for the ceramics industry [J]. Applied Clay Science, 2015, 103: 1-9.

[181] BOEKE N, BIRCH G D, NYALE S M, et al. New synthesis method for the production of coal flash-based foamed geopolymers [J]. Construction and building materials, 2015, 75: 189-199.

[182] HORGNIES M, CHEN J J, BOUILLON C. Overview about the use of Fourier transform infrared spectroscopy to study cementitious materials [J]. WIT Transactions on Engineering Sciences. 2013, 77: 251-262.

[183] FERNÁNDEZJ A, PALOMO A. Mid-infrared spectroscopic studies of alkali-activated fly ash structure [J]. Microporous & mesoporous materials, 2005, 86 (1-3): 207-214.

[184] ALUJAS A, FERNÁNDEZ R, QUINTANA R, et al. Pozzolanic reactivity of low grade kaolinitic clays: Influence of calcination temperature and impact of calcination products on OPC hydration [J]. Applied Clay Science, 2015, 108: 94-101.

[185] BERNAL S A, PROVIS J L, ROSE V, et al. Evolution of binder structure in sodium silicate-activated slag-metakaolin blends [J]. Cement and Concrete Composites, 2011, 33 (1): 46-54.

[186] 崔潮, 彭晖, 刘扬, 等. 矿渣掺量及激发剂模数对偏高岭土基地聚物常温固化的影响 [J]. 建筑材料学报, 2017, 20（4）: 535-542.

[187] 尚建丽, 刘琳. 矿渣-粉煤灰地质聚合物制备及力学性能研究 [J]. 硅酸盐通报, 2011, 30（3）: 741-744.

[188] 申屠倩芸, 钱晓倩, 钱匡亮. 炉渣基地聚合物抗压强度及微观结构研究 [J]. 新型建筑材料, 2019, 46（5）: 67-70+75.

[189] LI H, DING L Q, REN M L, et al. Sponge City Construction in China: A Survey of the Challenges and Opportunities [J]. Water, 2017, 9 (9), 594.

[190] XIA J, ZHANG Y Y, XIONG L H, et al. Opportunities and challenges of the Sponge City construction related to urban water issues in China [J]. Science China Earth Sciences, 2017, 60（4）652-658.

[191] NGUYEN T T, NGO H H, GUO W, et al. Implementation of a specific urban water management-Sponge City [J]. Science of The Total Environment, 2019, 652: 147-162.

[192] WANG H, MEI C, LIU J, et al. A new strategy for integrated urban water management in China: Sponge city [J]. Science China Technological Sciences, 2018, 61 (3): 317-329.

[193] 陈玉萍, 王月, 刘创, 等. "十三五"期间中国海绵城市研究进展与前沿分析 [J]. 人民珠江, 2021, 42（10）: 49-56.

[194] LI Z M, XU S Y, YAO L M. A Systematic Literature Mining of Sponge City: Trends, Foci and Challenges Standing Ahead [J]. Sustainability, 2018, 10 (4): 1182.

[195] MENDES B C, PEDROT L G, FONTES M P F, et al. Technical and environmental assessment of the incorporation of iron ore tailings in construction clay bricks [J]. Construction and Building Materials, 2019, 227: 116669.

[196] DEBNATH B, SARKAR P P. Pervious concrete as an alternative pavement strategy: a state-of-the-art review [J]. International Journal of Pavement Engineering, 2018, 21 (12): 1516-1531.

［197］LIU Y M, CHENG X P, YANG Z. Effect of Mixture Design Parameters of Stone Mastic Asphalt Pavement on Its Skid Resistance ［J］. Applied Sciences, 2019, 9 (23): 5171.

［198］AHMADI Z. Nanostructured epoxy adhesives: A review ［J］. Progress in Organic Coatings, 2019, 135: 449-453.

［199］MASHOUF ROUDSARI G, MOHANTY A K, MISRA M. Green Approaches To Engineer Tough Biobased Epoxies: A Review ［J］. ACS Sustainable Chemistry & Engineering, 2017, 5 (11): 9528-9541.

［200］JIN N J, YEON J, SEUNG I, et al. Effects of curing temperature and hardener type on the mechanical properties of bisphenol F-type epoxy resin concrete ［J］. Construction and Building Materials, 2017, 156: 933-943.

［201］LI W Q, CHEN F, AI Z B, et al. Influence of Molding Methods on the Polymer Pervious Concrete ［J］. IOP Conference Series: Earth and Environmental Science, 2021, (643).

［202］XU J Y, MA B, MAO W J, et al. Strength characteristics and prediction of epoxy resin pavement mixture ［J］. Construction and Building Materials, 2021, 283: 122682.

［203］TABATABAEIAN M, KHALOO A, KHALOO H. An innovative high performance pervious concrete with polyester and epoxy resins ［J］. Construction and Building Materials, 2019, 228: 116820.

［204］SHEN D Y, SHI S, XU T, et al. Development of shape memory polyurethane based sealant for concrete pavement ［J］. Construction and Building Materials, 2018, 174: 474-483.

［205］SUN M, BI Y F, ZHUANG W, et al. Mechanism of Polyurethane Binder Curing Reaction and Evaluation of Polyurethane Mixture Properties ［J］. Coatings, 2021, 11 (12): 1454-1470.

［206］吴承彬. 聚合物透水混凝土性质及应用技术研究 ［J］. 福建建设科技, 2020 (2): 35-38.

［207］SHIN Y, PARK H M, PARK J, et al. Effect of polymer binder on the mechanical and microstructural properties of pervious pavement material ［J］. Construction and Building Materials, 2022, 325: 126209.

［208］CONG L, WANG T J, TAN L, et al. Laboratory evaluation on performance of porous polyurethane mixtures and OGFC ［J］. Construction and Building Materials, 2018, 169: 436-442.

［209］CHEN J, YIN X J, WANG H, et al. Evaluation of durability and functional performance of porous polyurethane mixture in porous pavement ［J］. Journal of Cleaner Production, 2018, 188: 12-19.

［210］ZHAO B W, DU Y B, REN L Y, et al. Preparation and performance of epoxy resin permeable bricks for sponge city construction ［J］. Journal of Applied Polymer Science, 2020, 137 (34): 49008.

［211］LU G Y, RENKEN L, LI T S, et al. Experimental study on the polyurethane-bound pervious mixtures in the application of permeable pavements ［J］. Construction and Building Materials, 2019, 202: 838-850.

［212］WANG X F, ZHANG X, HE Y, et al. Component Optimization and Seepage Simulation Method of Resin Based Permeable Brick ［J］. Journal of Renewable Materials, 2020, 8 (8): 947-968.

［213］WANG X F, ZHANG X. Preparation and Component Optimization of Resin-Based Permeable Brick ［J］. Materials (Basel), 2020, 13 (12): 2701.

［214］XIE C, YUAN L J, TAN H, et al. Experimental study on the water purification performance of biochar-modified pervious concrete ［J］. Construction and Building Materials, 2021, 285: 122767.

［215］WANG Y Q, ZENG Z, GAO M, et al. Hygrothermal Aging Characteristics of Silicone-Modified Aging-Resistant Epoxy Resin Insulating Material ［J］. Polymers (Basel), 2021, 13 (13): 2145-2164.

［216］WANG Y Q, ZENG Z, HUANG Z Y, et al. Preparation and characteristics of silicone-modified aging-resistant epoxy resin insulation material ［J］. Journal of Materials Science, 2022, 57 (5): 3295-3308.

［217］ DISFANI M M，MOHAMMADINIA A，NARSILIO G A，et al. Performance evaluation of semi-flexible permeable pavements under cyclic loads ［J］. International Journal of Pavement Engineering，2018，21 (3)：336-346.

［218］ LI L Z，TIAN B，LI L，et al. Preparation and characterization of silicone oil modified polyurethane damping materials ［J］. Journal of Applied Polymer Science，2019，136 (22)：47579.

［219］ CZŁONKA S，STRĄKOWSKA A，KAIRYTĖ A，et al. Nutmeg filler as a natural compound for the production of polyurethane composite foams with antibacterial and anti-aging properties ［J］. Polymer Testing，2020，86：106479.

［220］ ERNI S，GAGOEK H，et al. The Acoustical Properties of the Polyurethane Concrete Made of Oyster Shell Waste Comparing Other Concretes as Architectural Design Components ［J］. E3S Web of Conferences，2018，31：05001.

［221］ GOLAFSHANI E M，BEHNOOD A. Application of soft computing methods for predicting the elastic modulus of recycled aggregate concrete ［J］. Journal of Cleaner Production，2018，176：1163-1176.

［222］ ULSEN C，TSENG E，ANGULO S C，et al. Concrete aggregates properties crushed by jaw and impact secondary crushing ［J］. Journal of Materials Research and Technology，2019，8 (1)：494-502.

［223］ 司政凯，闫丽伟，苏向东，等. 透水路面用蓖麻油基无溶剂聚氨酯胶黏剂的制备及性能研究 ［J］. 中国胶粘剂，2021，30 (2)：54-58.

［224］ LU G Y，HE Z J，LIU P F，et al. Estimation of Hydraulic Properties in Permeable Pavement Subjected to Clogging Simulation ［J］. Advances in Civil Engineering，2022，2022：1-13.

［225］ RAZZAGHMANESH M，BORST M. Investigation clogging dynamic of permeable pavement systems using embedded sensors ［J］. Journal of Hydrology，2018，557：887-896.

［226］ LIN Z Z，YANG H M，Chen H. An Experimental Study of Clogging Recovery Measures for Ceramic Permeable Bricks ［J］. Materials (Basel)，2021，14 (14)：3904.

［227］ 国家市场监督管理总局，中国国家标准化管理委员会. 树脂浇筑体性能测试方法：GB/T 2567—2021 ［S/OL］. 北京：中国标准出版社，2021. ［2022-03-01］. https：//max. book 118. com/html/2022/0208/5232021114004141. shtm.

［228］ UTHAIPAN N，JARNTHONG M，PENG Z，et al. Effects of cooling rates on crystallization behavior and melting characteristics of isotactic polypropylene as neat and in the TPVs EPDM/PP and EOC/PP ［J］. Polymer Testing，2015，44：101-111.

［229］ KOCHETKOVA A S，EFIMOV N Y，SOSNOV E A，et al. Effect of the chemical modification of the filler surface on the structure and permeability of a composite film based on polyvinyl chloride ［J］. Russian Journal of Applied Chemistry，2015，88 (1)：110-117.

［230］ Liu J S，Wu S P，Dong E. Effect of coupling agent as integral blend additive on silicone rubber sealant ［J］. Journal of Applied Polymer Science，2013，128 (4)：2337-2343.

［231］ WANG Z H，YUAN L，LIANG G，et al. Mechanically durable and self-healing super-hydrophobic coating with hierarchically structured KH570 modified SiO_2-decorated aligned carbon nanotube bundles ［J］. Chemical Engineering Journal，2021，408.

［232］ 李文东. 浅谈铅锌尾矿资源的合理利用 ［J］. 中国有色金属，2012 (S1)：461-463.

［233］ 刘润华，许珠信，刘畅，等. 尾矿资源现状及综合利用技术的进展 ［J］. 黄金，2011，32 (11)：66-69.

［234］ 叶力佳. 某铅锌尾矿资源化利用技术研究 ［J］. 有色金属 (选矿部分)，2015 (03)：27-31.

［235］ 易龙生，何磊，王泽祥. 铅锌尾矿的资源化利用 ［J］. 矿产综合利用，2017 (01)：12-15.

［236］ 易龙生，米宏成，吴倩，等. 中国尾矿资源综合利用现状 ［J］. 矿产保护与利用，2020，40 (03)：79-84.

[237] 卢瑞桢，甘敏，林欣威．矿山尾矿资源综合利用现状及前景分析 [J]．现代矿业，2020，36（12）：5-7.

[238] 何哲祥，肖祈春，周喜艳，等．铅锌尾矿制备水泥熟料及重金属固化特性 [J]．中南大学学报（自然科学版），2015，46（10）：3961-3968.

[239] 石振武，薛群虎．国内铅锌尾矿建材化研究进展 [J]．硅酸盐通报，2018，37（2）：508-512.

[240] MEHDI M, VAHID A, PEJMAN A, et al. Impact of Fly Ash on Time-Dependent Properties of Agro-Waste Lightweight Aggregate Concrete [J]. Journal of Composites Science, 2021, 5 (6)：156-156.

[241] MORENO-MAROTOJ M, GONZALEZ-CORROCHANO B, ALONSO-AZCARATE J, et al. A study on the valorization of a metallic ore mining tailing and its combination with polymeric wastes for lightweight aggregates production [J]. Journal of Cleaner Production, 2019, 212：997-1007.

[242] LIU T Y, TANG Y, HAN L, et al. Recycling of harmful waste lead-zinc mine tailings and fly ash for preparation of inorganic porous ceramics [J]. Ceramics International, 2017, 43 (6)：4910-4918.

[243] GAO W B, JIAN S W, LI B D, et al. Solidification of zinc in lightweight aggregate produced from contaminated soil [J]. Journal of Cleaner Production, 2020, 265：121784.

[244] LI B D, JIAN S W, ZHU J Q, et al. Effect of sintering temperature on lightweight aggregates manufacturing from copper contaminated soil [J]. Ceramics International, 2021, 47 (22)：31319-31328.

[245] 余后梁．污染土壤制备轻骨料的性能及其重金属固化的研究 [D/OL]．湖北：武汉理工大学，2018. [2019-07-15]．https：//kns. cnki. net/kcms2/article/abstract? v＝3uoqIhG8C475KOm_zrgu4lQARvep2SAkOsSuGHvNoCRcTRpJSuXuqdbE3VjHyW37wuqcYF0S0qu_JPmbMfv95_16OJHBiwvl&uniplatform＝NZKPT.

[246] 塞守卫，赵红晨，王亮，等．重度铜污染土壤制备轻骨料的固化机理研究 [J]．材料导报，2021，35（18）：18104-18108.

[247] YE M, YAN P, SUN S, et al. Bioleaching combined brine leaching of heavy metals from lead-zinc mine tailings：Transformations during the leaching process [J]. Chemosphere, 2017, 168：1115-1125.

[248] 陆聪．水泥基固化污染土炉渣材料在地基路面中的应用及机理研究 [D/OL]．江苏：苏州科技大学，2017. [2018-06-15]．https：//kns. cnki. net/kcms2/article/abstract? v＝3uoqIhG8C475KOm_zrgu4lQARvep2SAk-6BvX81hrs37AaEFPExs0HvTd9UQJC-37jJzbIK8sIqa1X58SDdn3lVxNEQGybXQ&uniplatform＝NZKPT.

[249] 郑兆昱，邓鹏，黄靓，等．基于动态物质流的建筑垃圾减量化与资源化分析——以湖南省为例 [J]．中国环境科学，2023，43（2）：702-711.

[250] 陈宇亮，谢峰，孙剑峰，等．一种建筑废弃物再生骨料分选装置、方法及可读存储介质：202210142584.0 [P]．2022-04-12.

[251] 赵永庆．老城区排水管道升级改造设计思路 [J]．建筑工程技术与设计，2016，10：1434.

[252] 牛童．基于海绵城市背景下的雨水花园规划设计探究 [D]．青岛：青岛理工大学，2016.

[253] 李胜男．沣西新城结合 LID 理念的白马河公园景观设计研究 [D]．西安：西安建筑科技大学，2017.

[254] 张正玲．透水性铺装的应用技术研究 [D]．哈尔滨：哈尔滨工业大学，2019.

[255] 周怀宇，刘海龙．绿色雨水设施的在线监测系统设计 [J]．风景园林，2020，27（5）：88-97.

[256] 王泽阳，关天胜，吴连丰．基于效果评价的海绵城市监测体系构建——以厦门海绵城市试点区为例 [J]．给水排水，2018，54（3）：23-27.

[257] 李显，张悦，陈家珑，等．海绵城市建设中再生骨料蓄水层蓄水能力的研究 [J]．中国给水排水，2016，32（3）：86-88.

［258］贾淑明，赵永花，姚旭. 再生混凝土技术的发展及应用［J］. 中国建材科技，2013，22（1）：22-25 ＋49.

［259］张小娟. 国内城市建筑垃圾资源化研究分析［D］. 西安：西安建筑科技大学，2013.

［260］吴英彪，石津金，刘金艳，等. 建筑垃圾在城市道路工程中的全面应用［J］. 建设科技，2016 （23）：33-36.

［261］周文娟，崔宁. 行业标准《道路用建筑垃圾再生骨料无机混合料》解析［J］. 建设科技，2014 （01）：20-22.

［262］马士玉. 纳米 SiO_2/ZrO_2 作为润滑添加剂抗磨减摩性能研究［D］. 济南：济南大学，2010.

［263］王天航. 建筑垃圾在道路工程中的应用研究［D］. 天津：河北工业大学，2015.

［264］汪子胜. 公路水泥稳定碎石基层施工技术探讨［J］. 科技视界，2013（3）：9＋29.

［265］董熙. 森林大道 LED 设施设计运用［J］. 建筑工程技术与设计，2016，28：985-986.

［266］汪洋，田键，朱艳超. 铜尾矿开发利用现状分析［J］. 环境工程，2015，33（S1）：623-627.

［267］章丽，潘文秀. 我国铜尾矿处理取得阶段性进展［J］. 资源再生，2018（5）：30-31.

［268］朴春爱. 铁尾矿粉的活化工艺和机理及对混凝土性能的影响研究［D］. 北京：中国矿业大学（北京），2017.

［269］谌宏海，邓红飞，罗立群，等. 炼铜炉渣选铜尾矿制备矿微粉［J］. 化工进展，2021，40（8）：4616-4623. DOI：10.16085/j. issn. 1000-6613. 2020-1904.

［270］翟梦怡，赵计辉，王栋民. 锂渣粉作为辅助胶凝材料在水泥基材料中的研究进展［J］. 材料导报，2017，31（5）：139-144.

［271］林星杰. 铅冶炼行业重金属污染现状及防治对策［J］. 有色金属工程，2011，1（4）：23-27.

［272］李凯茂，崔雅茹，王尚杰，等. 铅火法冶炼及其废渣综合利用现状［J］. 中国有色冶金，2012，41 （2）：70- 73.

［273］谢源，付毅，黄沛生，等. 炼铅炉渣胶结充填的试验研究［J］. 矿产保护与利用，2001（4）：47- 50.

［274］王富林，闵晨笛. 炼铅炉渣资源化利用研究及其应用进展［J］. 黄金科学技术，2017，25（6）：127-132.

［275］Albitar M，Ali M S M，Visintin P，et al. Effect of granulated lead smelter slag on strength of fly ash-based geopolymer concrete［J］. Construction & Building Materials，2015，83：128-35.

［276］Buzatu T，Talpos E，Petrescu M I，et al. Utilization of granulated lead slag as a structural material in roads constructions［J］. Journal of Material Cycles and Waste Management，2015，17（4）：707-717.

［277］王亚. 锌冶炼上加压湿法冶金技术的运用［J］. 冶金与材料，2018，38（4）：91.

［278］高丽霞，戴子林，张魁芳，等. 从湿法锌冶炼废渣中提取银和铅［J］. 有色金属（冶炼部分），2018 （05）：29-32.

［279］王鹏星，祝楚微，汪玉碧，等. 电解锰渣有价元素回收及有害物质处理技术研究进展［J］. 化工矿物与加工，2022，51（7）：1-9.

［280］李艳. 贵州某电解锰渣库电解锰渣固废特征研究及其对周边生态环境影响评价［D］. 绵阳：西南科技大学，2022.

［281］蒙正炎，高遇事，贾韶辉，等. 电解锰渣综合治理技术研究应用现状和思考［J］. 中国锰业，2022，40（2）：1-5＋10.

［282］舒建成. 电解锰渣中锰和氨氮的强化转化方法研究［D］. 重庆：重庆大学，2018.

［283］刘宏图，曹亦俊，范桂侠. 铜冶炼渣综合回收利用进展［J］. 矿产保护与利用，2021，41（3）：34.

［284］朱茂兰，熊家春，胡志彪，等. 铜渣中铜铁资源化利用研究进展［J］. 有色冶金设计与研究，2016，37（2）：15.

[285] 赖祥生，黄红军．铜渣资源化利用技术现状 [J]．金属矿山，2017（11）：205.

[286] 周慧娟．冶金化工产生的固体废物处置与资源化利用研究 [J]．中国金属通报，2021（4）：19.

[287] 徐伟，鲁亚，石齐，等．铜尾矿掺合料在预拌混凝土中应用研究 [J]．新型建筑材料，2021，48（8）：12.

[288] Murari K，Siddique R，Jain K K. Use of waste copper slag, a sustainable material [J]. Journal of Material Cycles and Waste Management，2015，17（1）：13.

[289] 何伟，周予启，王强．铜渣粉作为混凝土掺合料的研究进展 [J]．材料导报，2018，32（23）：4125.

[290] 史公初，廖亚龙，张宇，等．铜冶炼渣制备建筑材料及功能材料的研究进展 [J]．材料导报，2020，34（13）：13044.

[291] 尚庆芳，田俊壮，刘宝奎．铜渣/再生混凝土骨料对就地冷再生混合料性能的影响 [J]．内蒙古公路与运输，2016（5）：16.

[292] 唐超凡，张荣良．铜渣高价值化利用研究进展 [J]．粉末冶金工业，2022，32（05）：117-123.

[293] 张朝晖，廖杰龙，巨建涛，等．钢渣处理王艺与国内外钢渣利用技术 [J]．钢铁研究学报，2013，25（7）：1-4.

[294] HAYASHI A，WATANABE T，KANEKO R，et al. Decrease of sulfide in enclosed coastal sea by using steelmaking slag [J]. ISIJ International，2013，53（10）：1894-1901.

[295] 张慧宁，徐安军，崔健，等．钢渣循环利用研究现状及发展趋势 [J]．炼钢，2012，28（3）：74-77.

[296] 田思聪．钢渣制备高效钙基 CO2 吸附材料用于钢铁行业碳捕集研究 [D]．北京：清华大学，2016.

[297] 吴龙，郝以党，张凯，等．熔融钢渣资源高效化利用探索试验 [J]．环境工程，2015，33（12）：147-150

[298] 吴跃东，彭犇，吴龙，等．国内外钢渣处理与资源化利用技术发展现状综述 [J]．环境工程，2021，39（1）：161-165.

[299] 吴福飞，王国强，侍克斌，等．锂渣的综合利用 [J]．粉煤灰综合利用，2012（03）：46-50.

[300] 王雪，王恒，王强．我国锂渣资源化利用研究进展 [J]．材料导报，2022，36（24）：63-73.

[301] 吴福飞．锂渣复合胶凝材料的水化特性及硬化混凝土的性能研究 [D]．乌鲁木齐：新疆农业大学，2017.

[302] 韩乐，刘泽，张延博等．煅烧锂渣基地质聚合物的微观结构及性能研究 [J]．新型建筑材料，2020，47（6）：9-13.

[303] 朱颖灿，张祖华，刘意，等．地质聚合物基废水处理吸附材料研究进展 [J]．硅酸盐通报，2020，39（8）：2458-2467.

[304] 张志鹏．花岗岩废料制备釉面微晶玻璃及其性能研究 [D]．南昌：南昌航空大学，2020.

[305] 贺行洋，马庆红，罗灿，等．一种采用湿磨发泡制备铜尾矿泡沫混凝土的方法 [P]．湖北省：CN114105537B，2022-06-21.

[306] 包婷婷．高碱煤灰渣基地质聚合物的制备研究 [D/OL]．绵阳：西南科技大学，2020. [2020-7-16]. ttps：//kns. cnki. net/kcms2/article/abstract? v=3uoqIhG8C475KOm _ zrgu4lQARvep2SakHr 3ADh kADnVu66WViDP _ 3HVgem2ZB3XNUf9YcypI86J97YSoZeScwEsIqjRQcxzW&uniplatform=NZKPT.